新工科计算机专业卓越人才培养系列教材

汇编语言程序设计

第3版｜微课版

刘慧婷　吕钊◎主编

陈洁　纪霞　钱付兰　徐怡◎副主编

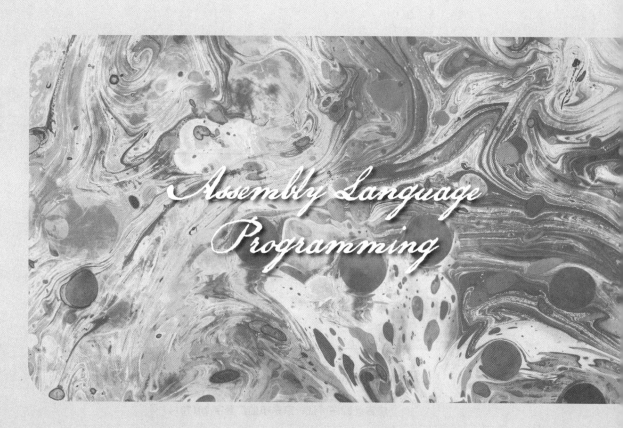

人民邮电出版社

北京

图书在版编目（CIP）数据

汇编语言程序设计：微课版 / 刘慧婷，吕钊主编
. -- 3版. -- 北京：人民邮电出版社，2024.3
新工科计算机专业卓越人才培养系列教材
ISBN 978-7-115-63318-7

Ⅰ. ①汇… Ⅱ. ①刘… ②吕… Ⅲ. ①汇编语言－程
序设计－教材 Ⅳ. ①TP313

中国国家版本馆CIP数据核字(2023)第241475号

内 容 提 要

本书系统地讲解汇编语言程序设计的相关知识，全书共 11 章，系统地论述汇编语言基础知识，计算机基本原理，上机操作步骤，操作数的寻址方式，汇编语言的指令系统和伪指令，汇编语言中分支程序、循环程序和子程序的设计方法，高级汇编语言程序设计，32 位汇编指令和 MIPS 指令系统等。为了让读者能够及时地检验自己的学习效果，把握自己的学习进度，每章后面都附有丰富的习题。

本书既可以作为本科院校、高职高专院校各专业汇编语言课程的教材，也可以作为汇编语言培训或技术人员自学的参考资料。

◆ 主　编　刘慧婷　吕　钊
　 副主编　陈　洁　纪　霞　钱付兰　徐　怡
　 责任编辑　张　斌
　 责任印制　陈　犇

◆ 人民邮电出版社出版发行　　北京市丰台区成寿寺路 11 号
　 邮编 100164　电子邮件 315@ptpress.com.cn
　 网址 https://www.ptpress.com.cn
　 三河市中晟雅豪印务有限公司印刷

◆ 开本：787×1092　1/16
　 印张：16.25　　　　　　　　　2024 年 3 月第 3 版
　 字数：492 千字　　　　　　　2024 年 3 月河北第 1 次印刷

定价：69.80 元

读者服务热线：**(010) 81055256**　印装质量热线：**(010) 81055316**
反盗版热线：**(010) 81055315**
广告经营许可证：京东市监广登字 20170147 号

"汇编语言程序设计"课程是计算机专业的基础必修课程，是集理论性与应用性于一体、将软件与硬件知识相结合的课程。

《汇编语言程序设计（第 2 版）》一书自 2017 年出版以来，被众多高等院校选为教材。为了更好地满足广大高等院校的学生对汇编语言程序设计方法学习的需要，编者结合近几年的教学改革实践和广大读者的反馈意见，在保留第 2 版特色的基础上，进行了全面的修订，这次修订的主要内容如下：

- 对本书第 2 版中存在的一些问题进行了校正和修改；

- 对部分章节进行了整合压缩；

- 增加新的一章介绍 32 位汇编指令及其编程；

- 增加新的一章介绍 MIPS 指令系统；

- 融入课程思政；

- 配套网络资料，提供部分章节的微课和完整的习题答案。

这些方面的完善和扩展，将会让本书更能体现在新形势下的教材建设精神；适当地引入课程思政，可以培养读者的爱国主义情怀。此外，本书在为教师提供教学大纲、多媒体课件、课后习题答案等服务的基础上，配套网络资料。这将进一步方便学生自学，从而促进线上线下混合式课程的开展，提升教学效果。

全书参考总学时为 36 学时，建议采用理论实践一体化教学模式。各章的学时分配见下表。

章	名称	学时数
第 1 章	汇编语言基础知识	2
第 2 章	计算机基本原理	2
第 3 章	汇编语言程序实例及上机操作	2
第 4 章	操作数的寻址方式	4
第 5 章	常用指令系统	8
第 6 章	伪指令与源程序格式	3
第 7 章	分支程序与循环程序设计	4
第 8 章	子程序设计	4
第 9 章	高级汇编语言程序设计	3
第 10 章	32 位汇编指令及其编程	2
第 11 章	MIPS 指令系统简介	2
总计		36

　　本书由安徽大学刘慧婷、吕钊任主编，陈洁、纪霞、钱付兰和徐怡任副主编。其中，第1章、第8章和第10章由刘慧婷编写，第2章、第4章和第11章由钱付兰编写，第3章由吕钊编写，第5章由陈洁编写，第6章和第7章由徐怡编写，第9章由纪霞编写，全书由刘慧婷统稿和定稿。在此，向所有关心和支持本书出版的人表示衷心的感谢！

　　限于编者的学术水平，不妥之处在所难免，敬请专家、读者批评指正，来信请至 htliu@ahu.edu.cn。

编者

2023年12月于安徽大学

目录 CONTENTS

01 第1章 汇编语言基础知识

通过对本章的学习，读者可认识学习汇编语言的意义，重点熟悉计算机中数据和字符的常用表示方法、补码的运算，为后续学习汇编语言程序设计打下基础。

1.1 汇编语言简介

1.1.1 程序设计语言发展历程

计算机程序是由各种程序设计语言根据编程规则实现的，计算机程序设计语言经历了从低级到高级的发展，通常分为 3 种：机器语言（Machine Language）、汇编语言（Assembly Language）、高级语言（High Level Language）。

（1）机器语言：计算机硬件可直接识别的程序设计语言。构成这种程序设计语言的是机器指令，机器指令是用二进制编码的指令，即编码中只含二进制数 0 或 1，如 111001100011 就是一条机器指令。由于计算机主要由数字电路构成，因此机器指令可由计算机直接记忆、传输、识别和加工。

机器语言被称为第一代语言，不仅复杂难记，而且依赖于具体的机型。程序编写难度极大，调试修改困难，无法在不同的机型间移植，基本没有人用机器语言写程序了。

（2）汇编语言：一种面向机器的、用符号表示的程序设计语言，因此也叫符号语言。与机器语言不同的是，汇编语言用直观、便于记忆和理解的英文单词或缩写符号来表示指令和数据变量，例如，"MOV AX,VAL"是一条数据传送指令，其中 MOV 是指令操作码，AX 是 CPU（Central Processing Unit，中央处理器）中的寄存器，VAL 是一个变量的符号表示，指令表示将变量 VAL 的值传给 AX。因此汇编指令也叫符号指令，这些符号称为助记符。汇编指令集和伪指令集及其使用规则统称汇编语言。汇编语言被称为第二代语言。

尽管"MOV AX,VAL"这样的符号指令比较简洁易读，但是计算机并不能识别助记符，只能识别二进制编码的机器指令，因此需要通过一种翻译程序把汇编语言源程序翻译成机器码，才能提交计算机执行。这种翻译程序叫汇编程序，这种对汇编语言源程序的翻译过程简称汇编。汇编语言的出现，大大改善了编程条件，使更多的人可以进行程序设计。

尽管用汇编语言编写的程序要比机器码更容易理解，但每条汇编语言指令均对应一条机器指令，与机器语言并没有本质区别，因此汇编语言仍然属于面向机器的低级语言。

（3）高级语言：为了克服低级语言程序不好理解、编程调试困难以及不易移植的弊端，人们迫切希望有一种近于自然语言或数学表达形式的程序设计语言，使程序设计工作能避开与机器硬件打交道，而着重于解决问题的算法本身，于是便产生了高级语言，例如 Basic、C、Java 等。高级语言被称为第三代语言。

用高级语言编写的源程序必须经过编译和连接，转换为机器语言程序提交给计算机执行，或转换为一种中间代码，通过解释程序解释运行。

无论用什么语言编程，最终在计算机硬件中执行的程序都是由机器码组成的，因此汇编语言是离机器语言最近的一种语言。

1.1.2　计算机指令系统

在计算机指令系统的优化发展过程中，出现过两个截然不同的优化方向：CISC（Complex Instruction Set Computer，复杂指令集计算机）技术和 RISC（Reduced Instruction Set Computer，精简指令集计算机）技术。20 世纪 60 年代至 80 年代，程序员最大的苦恼就是程序的编译（将高级语言转换到汇编语言再转到机器语言的过程）。为了减轻程序员的负担，人们通过设置一些功能复杂的指令，把一些原来由软件实现的、常用的功能改用硬件的指令系统实现，以此来提高计算机的执行速度，而执行这些复杂指令的计算机就叫 CISC。但是随着计算机技术的发展，指令数目也随之增加，复杂指令集变得更复杂。人们发现，复杂指令集中使用率为 80% 的功能单一的指令仅占总指令数的 20%，还有些过于复杂的指令几乎没人使用。另一种优化方法 RISC 技术在 20 世纪 80 年代走红。RISC 技术的精华就是通过简化计算机指令功能，使指令的平均执行周期减少，从而提高计算机的工作主频，同时大量使用通用寄存器来提高子程序执行的速度。虽然程序执行的步骤多了，但整个程序执行的速度比在 CISC 系统中的明显加快。因此一般 RISC 的速度是同等 CISC 的 3 倍左右。当然，现在 CISC 和 RISC 的划分已经不是很清楚了，这是因为在很多 CISC 中也已经采用了 RISC 技术的思想，如流水线技术等。

Intel 80x86 系列 CPU 是美国 Intel（英特尔）公司生产的面向个人微型计算机（后文简称微机）的主流处理器，Intel 80x86 系列 CPU 包括 8086、80286、80386、80486、Pentium 等。其中 8086 和 80286 属于 16 位结构的 CPU，而 80386、80486、Pentium 各代 CPU 被统称为 IA-32 CPU 或 32 位 80x86 CPU。Intel 80x86 系列 CPU 所使用的指令集称为 X86 指令集，X86 指令集属于 CISC 类型的指令集。本书重点介绍 16 位结构的 Intel 80x86 系列 CPU 使用的 16 位指令系统，在第 10 章介绍 32 位结构的 Intel 80x86 系列 CPU 使用的 32 位整数指令系统及其汇编语言程序设计。

20 世纪 80 年代中期，MIPS（Microprocessor without Interlocked Pipeline Stages，无互锁流水站台微处理器）是最畅销的 RISC 处理器。它被广泛应用在 Cisco（思科）的路由器、Sony（索尼）和 SGI 的超级计算机等产品中。由于 MIPS 的授权费相对较低，因此除了 Intel 以外的众多芯片制造商纷纷采用 MIPS 架构。

中国科学院在 2002 年研制出我国第一个可以批量生产的通用 CPU "龙芯一号"，它的成功问世，打破了我国的处理器产品长期依赖外国的局面。我国在计算机的关键技术领域落后的处境也由此改变。龙芯一号的指令系统与国际主流的 MIPS 指令系统相兼容，最高工作频率可以达到 266MHz。

基于 MIPS 64 指令架构的 "龙芯二号" 于 2005 年被开发出来，它是国内首款高性能通用 CPU 芯片，支持 X Window 视窗系统和 64 位 Linux 操作系统。龙芯二号主要应用在多媒体网络终端机、网络防火墙、Linux 桌面网络终端、路由交换机、无盘工作站、低端服务器等领域。

MIPS 使用的指令集称为 MIPS 指令集，MIPS 指令集属于 RISC 类型的指令集。本书在第 11 章介绍 MIPS 指令系统及其相关程序设计方法。

1.1.3　汇编语言的组成

汇编语言由以下 3 类指令组成。

（1）汇编指令：机器码的助记符，有对应的机器码，它是汇编语言的核心。

（2）伪指令：用于对汇编过程进行控制的指令。没有对应的机器码，由编译器执行，计算机并不执行。

（3）其他符号：如+、-、*、/等，由编译器识别，没有对应的机器码。

1.1.4　为什么要学习汇编语言

高级语言易学好用，那为什么还要学习汇编语言呢？

（1）学习汇编语言对于从事计算机应用开发有重要作用。汇编语言程序本质上还是机器语言程序，与具体机型的硬件结构密切相关，可直接、有效地控制计算机硬件，运行速度快，程序短小精悍，占用内存容量少。其在某些特定应用场合更能发挥作用，如在实时控制系统中，需要对硬件设备直接进行数据的输入/输出和控制；又如在嵌入式系统和智能化仪器的开发中，需要更好地利用有限的硬软件资源，发挥硬件的作用。

（2）学习汇编语言是从根本上认识和理解计算机工作过程的良好方法，通过汇编语言指令，读者可以清楚地看到程序在计算机中如何一步步执行，有利于更深入地理解计算机的工作原理和特点，单纯地介绍计算机的硬件知识或一门高级语言的程序设计是不可能做到这点的。汇编语言把软件和硬件紧密地结合在一起，起到连接硬件和软件的作用，掌握汇编语言对今后学习其他计算机相关课程非常有利。

1.2　计算机中数据的表示

1.2.1　不同数制及其相互转换

1. 二进制数

数制是一种记数方法，我们最熟悉的是十进制数，如 423.5 可表示为：

$$423.5=4\times10^2+2\times10^1+3\times10^0+5\times10^{-1}$$

注意，这里的每位数字只能取 0～9 这 10 个数字符号，因此基数为 10，逢 10 进 1。不同位置上的数码代表的"权"是不同的，如百位（4），该位的权值为 10^2，第 k 位的权值为 10^k。

计算机为便于数字电路对数据存储及计算的物理实现，采用二进制数。二进制数只有 0 和 1 两个数码，基数为 2，逢 2 进 1。不同位置上的数码代表的"权"不同，即各位权值为 2^k。例如：

$101101B=1\times2^5+1\times2^3+1\times2^2+1\times2^0=45D$

可以看出，将二进制数按权展开就得到对应的十进制数。为便于明确数制而不致误解，通常在二进制数后面加 B，在十进制数后面加 D（也可用下标 2 和下标 10），即：101101(B)=45(D)，也可表示为 101101B=45D 或 $(101101)_2=(45)_{10}$。

n 位二进制数可以表示 2^n 个数，例如 4 位二进制数可以表示 $2^4=16$ 个数，如表 1-1 所示。

表 1-1　二进制与十进制

进制	数值							
二进制	0000	0001	0010	0011	0100	0101	0110	0111
十进制	0	1	2	3	4	5	6	7
二进制	1000	1001	1010	1011	1100	1101	1110	1111
十进制	8	9	10	11	12	13	14	15

2. 十六进制数

用二进制数表示一个较大的数总是不太方便，为便于程序员表示数据，通常还采用十六进制数。

十六进制数有 16 个数码，基数为 16，逢 16 进 1。第 k 位上的权值为 16^k。每位的数码有如下规定：0、1、2、3、4、5、6、7、8、9、A、B、C、D、E、F，共 16 个。其中 A、B、C、D、E、F 分别表示十进制的 10、11、12、13、14、15。十六进制数后面要加上 H 以示区别。

例如：

$5FH = 5\times16^1+15\times16^0=80+15=95D$

显然用十六进制表示比用二进制表示更简洁，该数用二进制表示为：

5FH =01011111B

注意，一位十六进制数用 4 位二进制数表示即可，反之亦然。可见二进制数与十六进制数之间有着简单、直接的互相转换关系，这是因为十六进制数的基数是 2 的幂。不仅如此，二进制数与 2^k 进制数都可以简单、直接地互相转换。

实际生活中存在多种数制，如计时采用的就是六十进制。

3. 二进制数、十六进制数转换为十进制数

如前所述，各位二进制数乘对应的权值要求和即得到十进制数。

例 1.1 求 N=101101.1B 对应的十进制数。

N=101101.1B $= 1\times2^5+1\times2^3+1\times2^2+1\times2^0+1\times2^{-1}$=45.5D

各位十六进制数乘对应的权值再求和即得到十进制数。

例 1.2 求 N=5FH 对应的十进制数。

N=5FH $= 5\times16^1+15\times16^0$=80+15=95D

4. 十进制数转换为二进制数

这里介绍十进制数转换为二进制数常用的两种方法。

（1）降幂法（适用于数值不大的数）。降幂法就是先写出小于某数的各位二进制权值，再求和。

例 1.3 求 N=13.5D 对应的二进制数。小于此数的各位二进制权值为：

8　　　4　　　2　　　1　　　0.5

显然应选 8，再选 4，而不能选 2（因为 8+4+2=14），再选 1，最后选 0.5，所以：

13.5D=8+4+1+0.5 =1101.1B

```
    1000
    0100
    0001
  +    0.1
    1101.1
```

（2）除法（又叫除 2 取余法，仅适用于整数部分）。除 2 取余法就是将十进制数不断除以 2，记下余数，直到商为 0 为止。

例 1.4 求 N=13D 对应的二进制数。

13/2=6　　　余 1　（b_0）
6/2=3　　　余 0　（b_1）
3/2=1　　　余 1　（b_2）
1/2=0　　　余 1　（b_3）

13D= $b_3b_2b_1b_0$ =1101B

特别注意，对于二进制数的小数部分，除了用降幂法也可用乘法，即不断乘 2，并记下整数，将小数部分再乘 2，直到结果的小数部分为 0 为止。注意，并非所有的十进制小数都能用二进制完全表示，如小数 0.3，这时按实际需要取一定精度表示即可。

例 1.5 求 N=0.625D 对应的二进制数。

0.625×2=1.25　　　（b_{-1}=1）
0.25×2=0.5　　　（b_{-2}=0）
0.5×2=1.0　　　（b_{-3}=1）

N=0.625D= $b_{-1}b_{-2}b_{-3}$ =0.101B

5. 十进制数转换为十六进制数

与十进制数转换为二进制数类似，也有降幂法和除法。

（1）降幂法（适用于数值不大的数）。降幂法就是先写出小于某数的各位十六进制权值，然后求和。

例 1.6　求 N=95D 对应的十六进制数。

小于此数的各位十六进制权值为：

16　　　　1

显然应选 16×5，再选 1×F，因此：

N=95D=80+15=16×5+1×F=5FH

（2）除法（又叫除 16 取余法，仅适用于整数部分）。除 16 取余法就是将十进制数不断除以 16，记下余数，直到商为 0 为止。

例 1.7　求 N=95D 对应的十六进制数。

95/16=5　　　　　　余 15（h_0）

5/16=0　　　　　　　余 5（h_1）

N=95D= $h_1 h_0$=5FH

同样特别注意，对于十进制数的小数部分，除了用降幂法也可用乘法，即不断乘 16，并记下整数，将小数部分再乘 16，直到结果的小数部分为 0 为止，不再举例。

6. 二进制数和十六进制数的相互转换

由于十六进制数的基数 16=2^4，因此一位十六进制数由 4 位二进制数组成，相互转换极为简单。

例 1.8　N=1011111.11(B)=01011111.1100(B)=5F.C(H)

注意，从二进制数转换为十六进制数时，二进制数的整数部分从最低位开始每 4 位一组，不足 4 位的，高位补 0 补足 4 位；小数部分从最高位开始每 4 位一组，不足 4 位的，低位补 0 补足 4 位。

1.2.2　二进制数和十六进制数的运算

1. 二进制数的运算规则

加法规则：0+0=0，0+1=1，1+1=0（进位 1）。

乘法规则：0×0=0，0×1=0，1×1=1。

2. 十六进制数的运算规则

十六进制数的加减运算只要遵循逢 16 进 1 规则即可，当然也可以先把十六进制数转换为二进制数进行运算，运算后的结果再转换为十六进制数。

例 1.9　计算下列十六进制数的和。

```
      43A5
  +   5A34
      ────
      9DD9
```

例 1.10　计算下列十六进制数的差。

```
      5A34
  -   43A5
      ────
      168F
```

十六进制数的乘法、除法运算可以先把十六进制数转换为十进制数进行运算，运算后的结果再转换为十六进制数。十六进制数的乘法也可以用十进制数的乘法规则计算，但结果用十六进制数表示。

例 1.11　计算下列十六进制数的乘积。

```
        2A34
  ×     0025
        ────
        D304
  +     5468
      ─────────
      61984(H)
```

1.2.3　有符号数的补码表示

数分为正数、零和负数，计算机中的数用二进制来表示，数的符号也用二进制来表示，所谓有符号数就是其最高位是符号位，一般规定正数的符号位为 0，负数的符号位为 1。把一个数连同其符号在内的数值化表示叫机器数，机器数的表示可以用不同的码制，常用的有原码、补码、反码。这里只介绍最常用的补码。

补码表示法中的正数和零用"符号位+该数的绝对值"表示，即数的最高位为 0，其余部分为该数的绝对值。例如，用 8 位二进制数来表示时，[+1]补=00000001，[+127]补=01111111，[+0]补=00000000。

将负数用补码表示时，方法是对其正数的各位取反，然后将最低位加 1。我们把这种对二进制数取反加 1 的运算叫作求补运算。负数用补码表示时，其符号位必定为 1。

例 1.12　用 8 位二进制数来表示[-3]补。

先写出+3：　　　　0000 0011

各位取反为：　　　1111 1100

最低位加 1 为：　　1111 1101

[-3]补=1111 1101，或用十六进制数表示，[-3]补=FDH。

读者也许会问，如何用 16 位二进制数来表示[-3]补呢？其实只要在刚求出的[-3]补的前面加上 8 个 1 就可以了，即[-3]补=1111 1111 1111 1101 或[-3]补=FFFDH。这叫符号扩展。对负数进行符号扩展只需在前面补 1，对正数进行符号扩展只需在前面补 0。符号扩展并没有改变数的大小，只是改变了位数，读者可自行验证。

我们已经知道将负数用补码表示时，方法是对其正数取反加 1，即求补运算。其实这个方法是根据补码定义得出的。下面给出证明。

补码定义：

（$X \geq 0$ 时）　　[X]补=符号位+|X|　　　　　　　　　　　　　　　　（1）

（$X < 0$ 时）　　[X]补=2^n -|X|　　　　　　　　　　　　　　　　（2）

其中，n 表示数 X 使用的二进制的位数。

现在我们把（2）式进一步改写，得：

[X]补=2^n -|X| =（2^n -1-|X|）+ 1　　　　　　　　　　　（3）

注意，（3）式右边的(2^n -1-|X|)，就是对|X|取反码。再加 1 就得到[X]补。由此可见，求负数的补码，方法是对其正数取反加 1。

现在我们把（3）式进一步改写，得：

|X|= 2^n -[X]补=(2^n -1-[X]补)+ 1　　　　　　　　　　　（4）

注意，（4）式右边的(2^n -1-[X]补)+1，就是对[X]补再求补码，即得到|X|。由（3）式和（4）式说明了以下结论：

$$[X]补 \quad \xleftrightarrow{\quad 求补 \quad} \quad [-X]补$$

例 1.13　依据补码定义写出以下各数的补码，以 8 位二进制数表示。

[-1]补= 2^8 -1 = 1 0000 0000-1= 1111 1111，直接由（2）式得到。

[-127]补= 2^8 -127=(2^8 -1-127)+ 1

　　　　=(1111 1111-0111 1111)+ 1

　　　　= 1000 0000 + 1

　　　　= 1000 0001

依据补码定义求一个数的补码有些烦琐，用取反加 1 的规则更为简便。

例 1.14　识别以下各数的十进制值。

[a]补=1111 1111，求补后为 0000 0001 = [1]补，所以，a=-1。

[b]补=1000 0000，求补后为 1000 0000 = [128]补，所以，b=-128。

$[c]_{补}$=1000 0001，求补后为 0111 1111 = $[127]_{补}$，所以，c=-127。

前面我们都是以 8 位二进制数讨论的，8 位二进制数可以表示 2^8（256）个数，当它们是补码表示的数时，所能表示的数值的范围是-128≤N≤+127。

1.2.4　补码的加法和减法

计算机中主要用补码表示数据，因此我们应关注补码的加法和减法。

补码的加法规则是：

$$[X+Y]_{补}=[X]_{补}+[Y]_{补} \tag{5}$$

补码的减法规则是：

$$[X-Y]_{补}=[X]_{补}+[-Y]_{补} \tag{6}$$

上述规则说明了用 2 个数的补码相加就可以完成 2 个数的加减法，得到的还是补码。

下面给出证明。

需明确 X>0，Y>0。先看（5）式，由补码定义可知，$[X+Y]_{补}=X+Y=[X]_{补}+[Y]_{补}$，（5）式得证。

再看（6）式：

如果$[X-Y]$≥0，由补码定义可知，（6）式左边应有$[X-Y]_{补}=X-Y$，而（6）式右边为$X+(2^n-Y)=X-Y+2^n=X-Y$。

如果$[X-Y]$<0（或者说 Y>X），应有$[X-Y]_{补}=2^n-|X-Y|=2^n-(Y-X)=2^n-Y+X=[-Y]_{补}+[X]_{补}$，（6）式得证。

下面给出例子说明补码的加法运算。

例 1.15　8 位补码的加法运算。

十进制		二进制
25		0001 1001
+(-32)		+ 1110 0000
-7		1111 1001
32		0010 0000
+(-25)		+ 1110 0111
7		0000 0111

1↙

从例中可以看出补码的加法很简便，不必考虑数的正负，符号位参与运算即可，计算结果都是正确的。从最高有效位向高位的进位由于机器字长的限制而自动丢弃，但结果依然正确。同时这个进位被保存到机器中的标志寄存器中，其作用以后说明。

1.2.5　无符号数的表示

如果要处理的数全是正数，保留符号位就没有必要，我们可以把最高有效位也作为数值位，这样的数就叫无符号数。用 8 位二进制数来表示的无符号数的数值范围是 0≤N≤255，用 16 位二进制数来表示的无符号数的数值范围是 0≤N≤65535。在计算机中最常见的无符号数是内存单元的地址。例如，1100 0010B=C2H=194D，不再表示一个负数。

1.2.6　字符的表示

除了数值以外，人们有时还需要用计算机处理字符或字符串。例如，从键盘和显示器输入或输出信息都是以字符方式实现的。字符如下。

字母：A、B、C、D……

数字：0、1、2、3……

专门符号：+、-、×、/、SP（Space，空格符）……

非打印字符：CR（Carriage Return，回车符）、LF（Line Feed，换行符）……

这些字符必须采用二进制的编码方式来表示，目前采用常用的美国信息交换标准代码（American Standard Code for Information Interchange，ASCII）来表示。

ASCII 用一个字节（8 位二进制码）来表示一个字符，其中低 7 位为字符的 ASCII 值，故能表示 128 个符号和代码，最高位一般用作检测校验位，部分常用字符的 7 位 ASCII 如表 1-2 所示。

为了能表示更多的符号，将 7 位 ASCII 扩充到 8 位，就可以表示 256 个符号和代码，称为扩充的 ASCII。

表 1–2　部分常用字符的 7 位 ASCII（十六进制表示）

字符	ASCII	字符	ASCII	字符	ASCII	字符	ASCII
NUL	0	;	3B	O	4F	i	69
BEL	7	<	3C	P	50	j	6A
LF	0A	=	3D	Q	51	k	6B
FF	0C	>	3E	R	52	l	6C
CR	0D	?	3F	S	53	m	6D
SP	20	@	40	T	54	n	6E
#	23	A	41	U	55	o	6F
$	24	B	42	V	56	p	70
%	25	C	43	W	57	q	71
0	30	D	44	X	58	r	72
1	31	E	45	Y	59	s	73
2	32	F	46	Z	5A	t	74
3	33	G	47	a	61	u	75
4	34	H	48	b	62	v	76
5	35	I	49	c	63	w	77
6	36	J	4A	d	64	x	78
7	37	K	4B	e	65	y	79
8	38	L	4C	f	66	z	7A
9	39	M	4D	g	67		
:	3A	N	4E	h	68		

1.2.7　基本逻辑运算

4 种基本逻辑运算如表 1-3 所示。

表 1–3　4 种基本逻辑运算

A	B	AND	OR	XOR	NOT A
0	0	0	0	0	1
0	1	0	1	1	1
1	0	0	1	1	0
1	1	1	1	0	0

（1）"与"（AND）运算，又叫逻辑乘，可用符号·或∧来表示，只有当逻辑变量 A、B 都为 1 时，"与"运算的结果才为 1。

（2）"或"（OR）运算，又叫逻辑加，可用符号+或∨来表示，只要变量 A、B 其中有一个为 1，"或"运算的结果就为 1。

（3）"异或"（XOR）运算，可用符号 ∀ 来表示，只有当变量 A、B 中仅一个为 1 时，"异或"运算的结果才为 1。

（4）"非"（NOT）运算，对变量 A 取反，即如果 $A=1$，则 $\overline{A}=0$；若 $A=0$，则 $\overline{A}=1$。

逻辑运算都是按位操作的，例如，X=0011，Y=1011（均为二进制数），则有：X(AND)Y=0011，X(OR)Y=1011，X(XOR)Y=1000，(NOT)X=1100。

本章小结

本章介绍了汇编语言的组成，计算机中数和字符的表示方式，补码的加减运算和逻辑运算的规则，为读者对后面内容的学习打下基础。

习题 1

1.1　什么是机器语言？什么是汇编语言？简述汇编语言的特点。

1.2　汇编程序与汇编语言源程序的区别是什么？

1.3　简述 CISC 与 RISC 之间的区别和联系。

1.4　把下列十进制数转换为二进制数和十六进制数。

（1）67　　　　　　　（2）34　　　　　　　（3）254　　　　　　　（4）123

1.5　把下列二进制数转换为十六进制数和十进制数。

（1）01101101　　　　　（2）10110010　　　　　（3）111111

1.6　做下列十六进制数的运算。

（1）5A+64　　　　　（2）86-49　　　　　（3）123-9A　　　　　（4）43×2B

1.7　根据补码定义把下列十进制数表示为 8 位二进制补码。

（1）64　　　　　　　（2）-24

02 第 2 章 计算机基本原理

汇编语言是面向机器的、用符号表示的程序设计语言，因此使用汇编语言进行程序设计时，除了要考虑求解问题的过程或者算法，安排数据在计算机内的存储格式，还要根据程序和算法的需要使用计算机内的资源。因此，作为一名汇编语言程序员，必须了解计算机的基本逻辑结构，了解计算机有哪些可供使用的资源以及如何使用，但无须了解其电子线路组成和电气特性。本章主要结合 16 位 80x86 系列 CPU 8086 来介绍程序员需要掌握的计算机逻辑结构。

2.1 计算机系统组成

计算机的基本工作原理是存储程序和程序控制，该原理最初由美籍匈牙利裔数学家冯·诺依曼于 1945 年提出，故称为冯·诺依曼原理。根据冯·诺依曼原理构造的计算机称为冯·诺依曼机，其体系结构称为冯·诺依曼体系结构。典型冯·诺依曼体系结构如图 2-1 所示，主

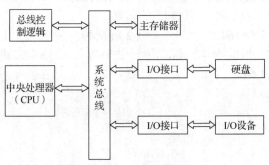

图 2-1 冯·诺依曼体系结构

要由中央处理器（CPU）、存储器（Memory）和输入输出（Input/Output，I/O）子系统三大部分组成，用系统总线（Bus）连接在一起。

（1）CPU 也可以叫微处理器（Microprocessor），主要包括运算器和控制器。运算器负责执行指令，控制器负责计算机的控制，负责从主存储器取指令，对指令进行译码，发出访问主存储器或 I/O 接口的控制信号，完成程序的要求。显然，CPU 是计算机结构中最核心的部件，指令都是在这里执行的。

（2）存储器是计算机记忆部件，以二进制形式存放程序和数据。这里的存储器指主存储器（简称主存）或叫内存储器（简称内存），记为 RAM（Random Access Memory，随机存储器）。硬盘、光盘等大容量存储器称为外部存储器，简称外存。

（3）I/O 子系统包括大容量存储器（如硬盘）和其他外设（如显示器、键盘、打印机、鼠标等）。

（4）系统总线连接 CPU、主存储器和 I/O 子系统三大部分，用以完成各部分的数据交换。系统总线包括数据总线、地址总线和控制总线。数据总线负责传送数据，地址总线负责指示主存地址或 I/O 接口地址，控制总线负责传送控制信号，如时间、方向、状态。16 位 CPU 数据总线的位数为 16 位（bit），

表示一次可以并行传输和处理 16 位二进制数据。32 位 CPU 数据总线的位数为 32 位（bit）。地址总线位数的多少决定了可访问的内存容量的大小。近年来，Intel 公司和 AMD 公司分别推出了酷睿系列CPU 与锐龙系列 CPU，也是目前常见的 CPU，但由于它们的型号比较复杂，因此本书不做具体介绍。部分 CPU 的性能如表 2-1 所示。

表 2–1　部分 CPU 的性能

CPU	处理器字长	数据总线位数	地址总线位数	最大寻址空间
8086	16	16	20	1MB
80386/80486	32	32	32	4GB
Pentium Ⅱ/Ⅲ/4	32	64	36	64GB

2.2　CPU 中的寄存器

寄存器是 CPU 内部用来进行信息存储的部件。

2.2.1　16 位结构的 CPU

8086 是 16 位结构的 CPU，内部结构如图 2-2 所示。16 位结构的 CPU 具有以下 4 方面的结构特征：

（1）数据总线位数为 16；

（2）运算器一次最多可以处理 16 位的数据；

（3）寄存器的最大宽度为 16 位；

（4）寄存器和运算器之间的通路为 16 位。

一般而言，16 位机、字长为 16 位的 CPU 与 16 位结构的 CPU 含义是相同的。8086 是 16 位结构的 CPU，即表示在 8086 内部，能够一次性处理、传输、暂时存储的信息的最大长度是 16 位。内存单元的地址在送上地址总线之前，必须在 CPU 中处理、传输、暂时存储。对于 16 位 CPU 而言，能一次性处理、传输和暂时存储 16 位地址。

此外，从图 2-2 中可以看出 8086 CPU 的地址总线为 20 位，存储部件的位宽均为 16，这需要使用特殊的方式加以解决，在后续章节将介绍存储器分段。

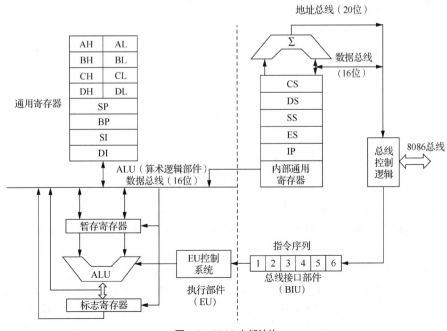

图 2-2　8086 内部结构

2.2.2 寄存器介绍

一个典型的 CPU 由运算器、控制器、寄存器等部件构成，寄存器相当于运算器中的高速存储单元，放置当前参与运算的操作数地址、数据、中间结果、处理器状态等。

汇编语言程序员实际上是通过对寄存器的操作来实现对 CPU 的操作的。也就是说，寄存器是可编程的，因此我们只对寄存器感兴趣。

不同的 CPU，其寄存器的个数、结构是不相同的。8086 CPU 有 14 个寄存器，每个寄存器有一个名称。按照使用类别进行划分，8086 CPU 中的寄存器可以分为通用数据寄存器、通用地址寄存器段寄存器和专用寄存器 4 类。8086 的寄存器组如图 2-3 所示。

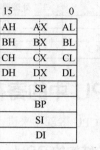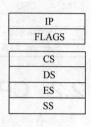

图 2-3　8086 的寄存器组

1. 通用数据寄存器

8086 CPU 的所有寄存器都是 16 位的，可以存放两个字节。AX、BX、CX、DX 这 4 个寄存器通常用来存放一般的数据，有时候也可以用来存放地址，被称为通用数据寄存器。

① AX：累加器，运算时较常使用这个寄存器，有些指令规定必须使用它。

② BX：基址寄存器，除了用来存放数据，它经常用来存放一段内存的起始偏移地址。

③ CX：计数寄存器，除了用来存放数据，它经常用来存放重复操作的次数。

④ DX：数据寄存器，除了用来存放数据，它有时用来存放 32 位数据的高 16 位。

一个 16 位寄存器可以存储一个 16 位的数据。以 AX 为例，其逻辑结构如图 2-4 所示。

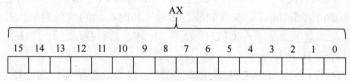

图 2-4　16 位寄存器的逻辑结构

一个字存放在 16 位的寄存器中，这个字的高位字节和低位字节自然就存在这个寄存器的高 8 位和低 8 位中。

数据：83。

二进制表达：01010011。

该数据在寄存器 AX 中的存放情况如图 2-5 所示。

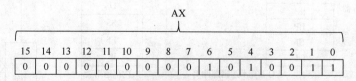

图 2-5　16 位数据在寄存器 AX 中的存放情况

8086 CPU 的上一代 CPU 中的寄存器都是 8 位的，为了保证兼容，使原来基于上一代 CPU 编写的程序稍加修改就可以运行在 8086 CPU 之上，8086 CPU 的 AX、BX、CX、DX 这 4 个寄存器都可以分成两个可独立的 8 位寄存器来用，分别命名为 AH、AL，BH、BL，CH、CL，DH、DL。以 AX 为例，8086 CPU 的 16 位寄存器分为两个 8 位寄存器的情况如图 2-6 所示。

在图 2-7 中，16 位寄存器 AX 中存放的数据为 0000011111011000，所表示的十进制数为 2008；8 位寄存器 AH 中存放的数据为 00000111，所表示的十进制数为 7；8 位寄存器 AL 中存放的数据为 11011000，所表示的十进制数为 216。

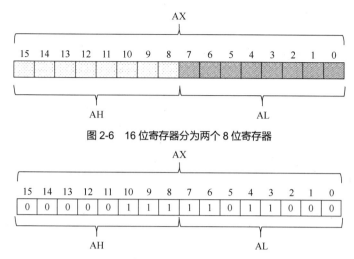

图 2-6　16 位寄存器分为两个 8 位寄存器

图 2-7　16 位寄存器 AX 以及 8 位寄存器的数据存放情况

2. 通用地址寄存器

16 位的 8086 CPU 有 4 个 16 位的通用地址寄存器。它们的主要作用是存放数据的偏移地址，也可以存放数据。这 4 个寄存器不能拆分使用。

① SP：堆栈指针，这是一个专用的寄存器，用来存放堆栈栈顶的偏移地址。

② BP：基址指针，用来存放内存中数据的偏移地址。

③ SI：源变址寄存器，经常用来存放内存中源数据区的偏移地址。所谓变址寄存器，是指在某些指令作用下它可以自动地递增或递减存放在其中的值。

④ DI：目的变址寄存器，经常用来存放内存中目的数据区的偏移地址，并且在某些指令作用下可以自动地递增或递减存放在其中的值。

3. 段寄存器

16 位 8086 CPU 有 4 个 16 位的段寄存器，分别命名为 CS、DS、ES、SS。它们用来存放 4 个段的段基址（段基础地址，简称段基址，也可直接称段地址）。

① CS：代码段寄存器，用来存放当前正在执行的代码段的段基址。

② DS：数据段寄存器，用来存放数据段的段基址。

③ ES：附加段寄存器，用来存放另一个数据段的段基址。

④ SS：堆栈段寄存器，用来存放堆栈段的段基址。

32 位 80x86 CPU 仍然使用 16 位的段寄存器，但是它们存储的内容发生了变化。此外，32 位 80x86 CPU 还增加了两个段寄存器 FS 和 GS，它们的作用与 ES 的作用类似。

4. 专用寄存器

（1）指令指针寄存器

IP：指令指针寄存器，用来存放即将执行的指令的偏移地址。

（2）标志寄存器

FLAGS：标志寄存器，用来存放 CPU 的两类标志。

状态标志：反映 CPU 当前的状态，如有无溢出、有无进位等。状态标志有 6 个：CF、PF、AF、ZF、SF 和 OF。

控制标志：用来控制 CPU 的工作方式，如是否响应可屏蔽中断等。控制标志有 3 个：TF、IF 和 DF。

在汇编环境中可进行标志状态查看，标志位的情况是用两位符号进行描述的，如图 2-8 所示。具体说明如表 2-2 所示。

```
C:\>Debug
-D
AX=0000  BX=0000  CX=0000  DX=0000  SP=00FD  BP=0000  SI=0000  DI=0000
DS=073F  ES=073F  SS=073F  CS=073F  IP=0100     NV UP EI PL NZ NA PO NC
073F:0100 0000          ADD     [BX+SI],AL                    DS:0000=CD
-
```

图 2-8　标志位的描述

表 2-2　标志位的符号说明

标志名	标志为 1	标志为 0
OF　溢出（是/否）	OV	NV
DF　方向（减/增）	DN	UP
IF　中断（允许/不允许）	EI	DI
SF　符号（负/正）	NG	PL
ZF　零（是/否）	ZR	NZ
AF　辅助进位（有/无）	AC	NA
PF　奇偶（偶/奇）	PE	PO
CF　进位/借位（有/无）	CY	NC

各标志位的含义如下。

① OF：溢出标志。OF=1 表示两个有符号数的运算结果超出可以表示的范围，结果是错误的；OF=0 表示没有超出可以表示的范围，结果正确。进行无符号数运算时也会产生新的 OF 标志（CPU 不知道处理对象是否为有符号数），此时程序员可以不关心 OF 标志。

② DF：方向标志。DF=0 时，每次执行字符串指令后，源地址指针或目的地址指针用加法自动修改地址；DF=1 时用减法来修改地址。它用来控制地址指针的变化方向。

③ IF：中断标志。IF=1 表示允许处理器响应可屏蔽中断请求信号，称为开中断；IF=0 表示不允许处理器响应可屏蔽中断请求信号，称为关中断。

④ SF：符号标志。SF=1 表示运算结果的最高位为 "1"。对于有符号数，在溢出标志 OF=0 时，SF=1 表示运算结果为负数，SF=0 表示运算结果为非负数（正数或 0）。OF=1 时，由于结果是错误的，因此符号位和正确值相反。例如，两个负数相加产生溢出，此时 SF=0。对于无符号数运算，SF 无意义（但是可以看出结果的规模）。

⑤ ZF：零标志。ZF=1 表示运算结果为 0，减法运算后结果为 0 意味着两个参加运算的数大小相等；ZF=0 表示运算结果非 0。

⑥ AF：辅助进位标志。在进行字操作时，若低字节向高字节进位，则 AF=1，否则为 0。一般用于两个 BCD（Binary Coded Decimal，二进制编码的十进制）数进行运算后调整结果，对其他数的运算没有意义。

⑦ PF：奇偶标志。PF=1 表示运算结果的低 8 位中有偶数个 "1"；PF=0 则表示有奇数个 "1"。它可以用来进行奇偶校验。

⑧ CF：进位/借位标志。CF=1 表示两个无符号数的加法运算有进位，或者是减法运算有借位，需要对它们的高位进行补充处理；CF=0 表示没有产生进位或借位。同样，进行有符号数运算时也会产生新的 CF 标志，此时程序员可以不关心 CF 标志。

⑨ 控制标志 TF 为陷阱标志。当 TF=1 时，8086 CPU 处于单步状态，每执行一条指令就自动产生一次单步中断；当 TF=0 时，8086 CPU 处于正常状态。由于在 Debug 环境下看不到 TF 标志的取值情况，因此并没有将 TF 列在表 2-2 中。

状态标志的值在每次运算后自动产生，控制标志的值则由指令设置。

2.2.3　CS 和 IP

8086 CPU 的工作过程可以简要描述如下。

（1）从 CS:IP 指向的内存单元读取指令，读取的指令进入指令缓冲器。

（2）IP=IP+所读取指令的长度，从而指向下一条指令。

（3）执行指令，转到步骤（1），重复这个过程。

在 8086 CPU 加电启动或复位后，CPU 刚开始工作时，CS 和 IP 被设置为 CS=FFFFH、IP=0000H，即在 8086 CPU 刚启动时，CPU 从内存 FFFF0H 单元中读取指令执行，FFFF0H 单元中的指令是 8086 CPU 开机后执行的第一条指令。

CS 和 IP 的内容提供了 CPU 要执行的指令的地址。

在内存中，指令和数据都是以二进制的形式存放的，CPU 在工作的时候把有的信息看作指令，有的信息看作数据。CPU 根据什么将内存中的信息看作指令呢？CPU 将 CS:IP 指向的内存单元中的信息看作指令。因为在任何时候，CPU 都将 CS、IP 中的内容当作指令的段基址和偏移地址，用它们合成指令的物理地址，到内存中读取指令，然后执行。如果内存中的一段信息曾被 CPU 执行过的话，那么它所在的内存单元必然被 CS:IP 指向过。

2.2.4　堆栈

堆栈的概念和货栈的概念很相似，存放货物时要从底部往上叠放，而在取货时，应该从最上部的货物开始，一个一个拿，最底下的货物最后一个拿走。堆栈区就是这样一个特殊的存储区，它的末单元称为栈底，数据先从栈底开始存放，最后存入的数据所在单元称为栈顶。当堆栈区为空时，栈顶和栈底是重合的。数据在堆栈区存放时，必须以字存入，每次存入一个字，后存入的数据依次放入堆栈区的低地址单元中。堆栈指针 SP 每次减 2，由堆栈指针 SP 指出当前栈顶的位置，数据存取时采用后进先出的方式，如图 2-9 所示。

堆栈是一个非常有用的概念，堆栈区常常用于保存调用的程序的返回地址以及现场参数，也可以作为一种临时的数据存储区。

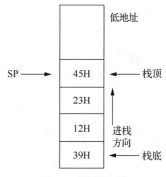

图 2-9　堆栈区示意

2.3　存储器

2.3.1　存储器结构

1. 基本存储单元

计算机存储信息的最小单位是一个二进制位（bit），8 个二进制位组成一个字节（Byte），2 个字节（16 位）组成一个字（Word），2 个字（32 位）组成一个双字。80x86 微机的内存以字节为基本存储单位。也就是说，对内存的读写至少是一个字节。

2. 内存中字的存储

为了与之前的 8 位 CPU 相兼容，8086 CPU 可以一次性处理 8 位（一个字节）和 16 位（2 个字节）两种尺寸的数据。内存是用来存放数据和指令的单元，这些内容均用二进制格式表示，通常每个存储单元可存放 8 位（一个字节）二进制信息。

字节：记作 Byte，一个字节由 8 位（一位也称为一个 bit）组成，可以存放在 8 位寄存器中。

字：记作 Word，一个字由 2 个字节组成，这两个字节分别称为这个字的高位字节和低位字节，如图 2-10 所示。

图 2-10　字和字节的对应关系

一个存储单元中存放的信息称为存储单元的内容。例如，在图 2-11 中，地址为 30003H 的单元存放的内容为 E2H，记作(30003H)=E2H，同理(30002H)=72H。

当处理 16 位数据时，要以字为单位进行表示，需要两个字节单元存放，并且规定低字节数据存放于低地址单元，高字节数据存放于高地址单元。这样从 31200H 单元开始存放的字数据为 A28FH，从 31202H 单元开始存放的字数据为 1234H，分别记为：

(31200H)字=A28FH

(31202H)字=1234H

物理地址	存储单元
30000H	B8H
30001H	23H
30002H	72H
30003H	E2H
......	......
31200H	8FH
31201H	A2H
31202H	34H
31203H	12H
......	......
3FFFFH	C9H

图 2-11　字和字节在内存中的存储

CPU 访问内存单元时，要知道内存单元的地址。每一个内存单元相当于一个房间，地址相当于房间号，用来表示内存单元，每一个内存单元都有唯一的地址。我们将这个唯一的地址称为物理地址。地址的编号从 0 开始，顺序加 1，地址用二进制数表示，为书写方便，通常用十六进制格式表示，一般为无符号数。

8086 CPU 地址总线为 20 位，可以传送 20 位地址，即物理地址有 20 位。使用 20 位地址可以标定的内存单元有 1MB，即寻址能力可达 1MB，可寻址范围为 00000H～FFFFFH。地址 00003H 的值相对于地址 00004H 的值小，于是我们把地址值相对小的叫低地址，地址值相对大的叫高地址。

8086 CPU 采用 16 位结构，在内部一次性处理、传输、暂时存储的地址为 16 位。从 8086 CPU 的内部结构来看，如果将地址从内部简单发出，一次只能送出 16 位的地址，只能寻址 64KB 的空间。如何使用 16 位结构来实现 20 位的物理地址的传送和内存寻址呢？8086 CPU 采用的是在内部将两个 16 位地址合成来形成一个 20 位物理地址的方法。

2.3.2　存储器分段

1. 分段的概念

8086 系统有 20 根地址线，可寻址 1MB 的存储空间，即对存储器寻址要 20 位的物理地址，而 8086 为 16 位 CPU，CPU 内部寄存器只有 16 位，可寻址空间为 64KB。为了解决使用 16 位结构实现 20 位地址的问题，8086 系统把整个存储空间分成许多逻辑段。这里需要说明的是，并不是内存被划分成一个一个的段，每个段有一个段基址，其实内存并没有分段，段的划分来自 CPU。由于 8086 CPU 用"段基址×16+偏移地址=物理地址"的方式给出内存单元的物理地址，因此我们可以用分段的方式来管理内存。每个段的大小为 64KB（偏移地址从 0000H 到 FFFFH），如图 2-12 所示。对于相同的内存区域，图 2-12（a）中 10000H～100FFH 的内存单元组成一个段，该段的起始地址为 10000H，有 100H 个存储单元；在图 2-12（b）中分为两个段，分别为 10000H～1007FH 和 10080H～100FFH。这两个段的起始地址分别为 10000H 和 10080H，都有 80H 个存储单元。

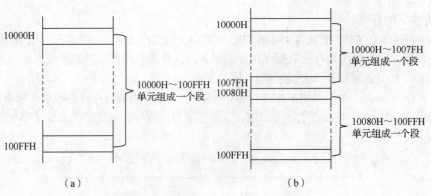

图 2-12　分段示意

8086 系统对存储器的分段采用这种灵活的方法，允许各个逻辑段在整个存储空间中浮动，这样在程序设计的时候可以使程序保持相对的完整性。

2. 段的类型

8086 汇编语言中把逻辑段分为 4 种类型，分别是代码段、数据段、附加段和堆栈段。数据的数值和指令都是以二进制的形式保存在存储器中的，如果不加以区分，CPU 将无法获知读取的数据是数值还是指令。

存储器逻辑分段类型如下：

- 代码段——用于存放指令，代码段段基址存放在段寄存器 CS 中；
- 数据段——用于存放数据，数据段段基址存放在段寄存器 DS 中；
- 附加段——用于辅助存放数据，附加段段基址存放在段寄存器 ES 中；
- 堆栈段——重要的数据结构，用于存放数据、地址和系统参数，堆栈段段基址存放在段寄存器 SS 中。

存储器分段管理的方式符合模块化程序设计思想，程序员在编写程序时可以方便地将程序的各部分安排在不同的段中。这样，计算机就可以根据汇编语言源程序在汇编时得到的指令，到不同的存储区中取得所需的数据或指令了。

在编写汇编程序的时候，必须要有代码段，而数据段、堆栈段和附加段可以根据需要选择，包括代码段在内的每种类型的段在程序中可以有多个。在编写程序时采用的是逻辑地址。

2.3.3 逻辑地址

逻辑地址是用户编程时使用的地址，分为段基址和偏移地址两部分。在 8086 汇编语言中，把内存地址空间划分为若干逻辑段，每个段由一些存储单元构成；用段基址指出是哪一段，用偏移地址标明是该段中的哪个单元。段基址和偏移地址都是 16 位二进制数。由于段基址和偏移地址有多种组合，可能有多种逻辑地址对应到同一物理单元上，因此存储单元的逻辑地址不是唯一的，如图 2-13 所示。

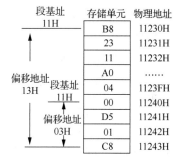

图 2-13　物理地址与逻辑地址对应关系

在图中逻辑地址 A 为 1123H:0013H，逻辑地址 B 为 1124H:0003H。这两个地址指向的是同一个物理地址 11243H。

如何更加直观地理解物理地址呢？下面以一个形象的例子来说明。

在生活中，我们如何描述从宿舍到教室的距离呢？如图 2-14 所示，常用的描述方法有两种：①从宿舍出发走 2345m 到教室，这种描述方法中 2345m 可以看成去教室的物理地址；②从宿舍出发先走 2000m 到食堂，然后以食堂作为起点再走 345m，这种描述方法中第一段距离 2000m 是相对于起点的基础地址，第二段距离 345m 是相对于段基址的偏移地址（以基础地址为起点的地址）。

第一种方法直接给出物理地址 2345m，而第二种方法是用基础地址和偏移地址相加来得到物理地址的。

图 2-14　宿舍、食堂和教室位置关系

如果我们在此问题上再加一些限制条件，例如只能通过纸条来相互通信，告知你从宿舍去教室的距离，那么显然可以将地址写在一张可容纳 4 位数据的纸条上，如图 2-15 所示。

如果限定没有可容纳 4 位数据的纸条，只有两张可容纳 3 位数据的纸条，教室的地址可以通过下面的方式获得，如图 2-16 所示。

2	0	0

2	3	4	5

3	4	5

图 2-15 可以容纳 4 位数据的纸条   图 2-16 可以容纳 3 位数据的纸条

在第一张纸上写上 200（段基址），在第二张纸上写上 345（偏移地址）。假设事先有过约定，得到两个地址后进行这样的运算，200（段基址）×10（十进制，向左移动一位）+345（偏移地址）=2345（物理地址），得到的地址 2345 就是从宿舍到教室的距离。

8086 CPU 内部寄存器只有 16 位，无法存放 20 位的地址，就好比上面的例子中 3 位的纸条写不下 4 位的地址一样。只不过 8086 CPU 存放的数据是二进制数，16 位的段基址和 20 位的物理地址相差 4 位数据，因此在进行计算时，所用公式为：段基址×16（二进制，向左移动 4 位）+偏移地址=物理地址。内在的原理是一样的。

例 2.1 段基址为 18960H，偏移地址为 1655H。其物理地址为多少？

18960H+1655H=19FB5H

例 2.2 段基址与内存分段情况如图 2-17 所示，观察各个段的大小与分布，判断其地址范围，标出每个段首地址和末地址。

从图 2-17 中可看出如下内容。

- 代码段有 64KB，其地址范围为 210E0H～310DFH，已经达到段的最大范围。

- 附加段只有 2KB，其地址范围为 34500H～34CFFH。

- 数据段为 16KB，其地址范围为 34D00H～38CFFH。可知数据段紧接着附加段的最后单元存放，而不必在附加段的 64KB 最大区域之外设置其他段。此方式也称为段重叠，可充分利用现有的存储空间。

- 堆栈段的空间最小，只有 512B，它的地址范围是 84180H～8437FH。

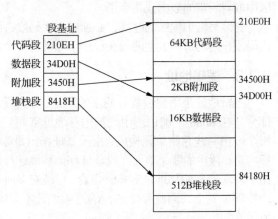

图 2-17 给定段基址和段大小的内存分段示意

2.3.4 CPU 对内存的读写操作

CPU 要从内存中读数据，首先要指定存储单元的地址。也就是说，它要先确定读取哪一个单元中的数据。另外，在一台微机中，不是只有存储器这一种部件。CPU 在读写数据时还要指明，它要对哪一个部件进行操作，进行哪种操作，是从中读出数据，还是向里面写入数据。

通过上面的分析可以得到，CPU 要想进行数据的读写，必须与外部的部件（芯片）进行下面 3 类信息的交互。

（1）存储单元的地址（地址信息）。

（2）部件的选择，读或写命令（控制信息）。

（3）读或写的数据（数据信息）。

CPU 通过专门的导线将地址信息、数据信息和控制信息传送到存储器芯片中，这种导线在计算机中通常称为"总线"。从物理上来讲，总线就是一根根导线的集合。根据传送信息的不同，总线从逻辑上又分为 3 类，分别是地址总线、数据总线和控制总线。

CPU 从地址为 00003H 的内存单元中读取数据的过程如图 2-18 所示。

图 2-18　CPU 读取内存单元数据的过程

（1）CPU 通过地址总线将要进行操作的内存单元地址 "00003H" 发出。

（2）CPU 通过控制总线发出内存读命令，选中存储器芯片，并通知它，将要从中读取数据。

（3）存储器将内存单元地址为 "00003H" 中的数据 "32H" 通过数据总线送入 CPU。

写操作与读操作的步骤相似，如向地址为 "00003H" 的单元写入数据 "FFH"，过程如下。

（1）CPU 通过地址总线将要进行操作的内存单元地址 "00003H" 发出。

（2）CPU 通过控制总线发出内存写命令，选中存储器芯片，并通知它，要向其中写入数据。

（3）CPU 通过数据总线将数据 "FFH" 送入内存地址为 "00003H" 的单元。

从上面的分析中我们可以初步地了解 CPU 是如何对存储器进行数据的读写的。那么，如何命令计算机进行数据的读写呢？

要让计算机或 CPU 工作，应向它输入能够驱动它进行工作的电平信息（即机器码）。

对于 8086 CPU，下面的机器码能够完成从内存地址为 "00003H" 的单元读数据。

机器码：10100001000001100000000。

含义：从内存地址为 "00003H" 的单元读取数据送入寄存器 AX。

CPU 接收到这条机器码后将完成上面所述的读工作。

机器码是二进制字符，难以记忆和书写，因此用汇编指令来表示，具体如下（假设 DS 的值为 0000H）：

```
MOV AX, [00003H]
```

含义同上。

2.4　外部设备和接口

外部设备（简称外设）是计算机系统不可缺少的重要组成部分。输入设备可把程序和数据输入计算机主机（CPU 和内存），输出设备可把结果输出给用户或保存起来。因此，外设也可称为输入输出设备或 I/O 设备。外设大多由机械、电子、光学器件等构成，使用的信号电平或信号格式与主机的有所差异，相对于高速的主机，它们的工作速度较慢。因此，为方便管理和使用外设，系统通过 I/O 接口和主机连接。

接口由电子器件组成，它一方面连接外设，另一方面通过总线与主机相连。接口内有若干寄存器，用于在 CPU 与外设之间传递信息。与内存的存储单元类似，系统对外设接口中的寄存器进行统一编号，给每个寄存器规定一个端口（Port）号。CPU 可以通过端口地址来区分和访问不同的外设。根据用途不同，接口中的寄存器（端口）分为以下 3 类。

（1）数据端口，用来存放要在外设和主机间传送的数据，实际上起数据缓冲作用。数据端口的数据传送方向可以是输入方向，也可以是输出方向。

（2）控制端口，传递 CPU 对外设的控制信号。该信号由 CPU 发出，传递到接口内的控制端口，然后发送到外设，控制端口的传送方向对于 CPU 而言总是输出方向。

（3）状态端口，用来协调外设与主机的同步。外设的工作状态在状态端口得到反映，CPU 需要了解某个外设的状态时，可以通过读状态端口，得到外设的状态，从而确定下一步的操作。例如某设备还没有准备好接收数据，就不能向它发送数据。状态端口的传送方向对于 CPU 而言总是输入方向。

CPU 与 I/O 接口中端口的信息传输都是通过数据总线进行的。

本章小结

本章主要介绍了计算机的基本原理，包括计算机系统组成、CPU 中的寄存器的功能介绍、计算机中的存储器的相关介绍、外设和接口等内容。通过本章的学习，读者可以了解寄存器和内存的相关知识，为后面寻址方式和汇编指令的学习奠定基础。

习题 2

2.1 简述计算机系统组成。

2.2 简述 16 位 CPU 的各类寄存器的主要作用。

2.3 在实模式下，写出段基址和偏移地址为 1234H:2002H、1430H:0042H、FF00H:0FFFH 对应的物理地址。

2.4 下列各数均为十进制数，请采用 8 位二进制补码运算，并回答标志寄存器 FLAGS 中 CF 和 OF 的值，其运算结果所代表的十进制数是多少？如果用 16 位二进制补码运算，其结果所代表的十进制数是多少？FLAGS 中 CF 和 OF 的值是多少？

（1）85+69   （2）85+(-69)   （3）85-(-69)   （4）85-(69)

2.5 给定段基址为 0001H，仅通过变化偏移地址寻址，CPU 的寻址范围为_____到_____。

2.6 有一数据存放在内存单元 20000H 中，现给定段基址为 SA，若想用偏移地址寻到此单元，则 SA 应满足的条件是：最小为_____，最大为_____。

2.7 已知 8086 系统某存储单元物理地址为 52506H，你认为段基址的最大值、最小值分别是多少？8086 微机最多可以有多少个不同的段基址？

2.8 从物理地址为 00100H 开始到 00103H 的单元中顺序存放的数据为：12H、34H、56H、78H。请画出数据存放示意图，并解答以下问题：

（1）写出地址 00101H 字节单元的内容；

（2）写出地址 00102H 字单元的内容。

第 3 章　汇编语言程序实例及上机操作

从本章开始就要正式讲解汇编语言了，如果先讲解每条指令，再讲解编程，这不仅会推迟上机练习的时间，可能前面讲解过的指令也淡忘了。汇编语言程序设计课程实践性很强，结合上机操作进行学习是非常好的方法。一个简单程序，其实涉及的语句很少。本章通过简单的程序实例，介绍如何建立工作环境和进行上机操作。为了解决在 64 位 CPU 中汇编程序的编译、调试等问题，本章还介绍可以在 Windows 系统运行 DOS 程序的环境模拟器，以及与开发、调试程序有关的 Debug（动态调试程序）命令和 DOS 命令。通过本章的学习，读者可初步认识汇编语言程序，熟悉和掌握建立程序和进行上机操作的过程，以后就可以利用学到的指令来动手编制程序了。

3.1　汇编语言的工作环境

3.1.1　汇编语言的系统工作文件

汇编语言程序从设计到形成可执行文件，在计算机上的操作过程分为 3 步：编辑、汇编、连接。即用文本编辑程序写程序，形成 ASM 文件；用汇编程序对 ASM 文件进行汇编，形成 OBJ 文件；再用连接程序对 OBJ 文件进行连接，形成 EXE 文件，如图 3-1 所示。可执行文件一般应先在调试程序的控制下调试运行，以便观察程序的执行过程。调试成功后再直接执行。

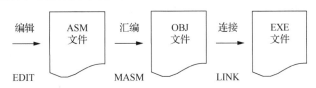

图 3-1　汇编语言程序的建立过程

因此，建立汇编语言程序至少要有以下几类文件。

（1）编辑程序，如 edit.com。

（2）汇编程序，如 masm.exe。

（3）连接程序，如 link.exe。

（4）调试程序，如 debug.exe。

这里需说明的是：本书使用 Microsoft（微软）MASM 6.15。MASM 是一款提供给所有汇编语言初学者们使用的汇编语言学习软件，这款软件集成了编辑程序 edit.com、汇编程序 masm.exe、连接程序 link.exe 和调试程序 debug.exe。MASM 编译器提供的汇编环境不仅能够帮助用户完成各种编程工作，而且可以帮助用户修正各种在编程中出现的问题，让用户能够开发出非常准确的汇编程序。

3.1.2　进入汇编环境的方式

对于汇编语言的初学者，往往需要从 X86 的 16 位的汇编学起，DOSBox 是一个较好的在 64 位操作系统环境下编译 16 位汇编程序的解决方案。DOSBox 官方网站提供下载服务，截至完稿前最新版本为 DOSBox 0.74。本章以 DOSBox 0.74 为例，介绍其使用方法，读者如使用其他版本，可参阅官方网站相关说明文档，方法是类似的。

下载并安装 DOSBox，安装目录默认为 C:\Program Files (x86)\DOSBox-0.74，如图 3-2 所示。运行程序，出现 DOSBox 运行界面，如图 3-3 所示。

图 3-2　DOSBox 默认安装目录　　　　　图 3-3　DOSBox 运行界面

DOSBox 为 Windows 环境下的 DOS 模拟器，可以将 DOS 程序放置在该环境中运行。这个过程为挂载，挂载命令为 mount。

这里需要挂载的 DOS 程序为汇编编译程序 MASM 6.15，本例中其实际存放目录为 D:\MASM6.15，如图 3-4 所示。

在 DOSBox 环境 Z:\>提示符下使用挂载命令 mount C: D:\MASM6.15 进行挂载，如图 3-5 所示。

如果挂载成功，在该命令的下面会自动出现提示语句：

```
DRIVE C IS MOUNTED AS LOCAL DIRECTORY
D:\MASM6.15\
```

语句 mount C: D:\MASM6.15 表示使用挂载命令 mount 将实际存放在 Windows 下 D:\MASM6.15 的文件映射到了 DOSBox 环境下的 C:中。

在 DOSBox 环境下，查看 C:目录下的文

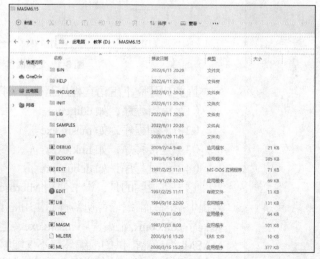

图 3-4　MASM 6.15 实际存放目录

件，如图 3-6 所示，其中的文件和图 3-4 中的 Windows 下 D:\MASM6.15 的文件完全一样。即 mount 命令将原本存放在 Windows 环境下的文件映射到了 DOSBox 中。

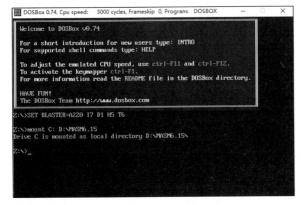

图 3-5　在 DOSBox 中挂载　　　　图 3-6　显示挂载到 DOSBox 环境中的 MASM 文件夹

在 DOSBox 环境下，对 C 盘根目录下文件的访问对应于对 Windows 下 D:\MASM6.15 中文件的访问。

在该环境下的相关操作与在 32 位 CPU 中运行 MASM 6.15 的步骤完全一致。

3.1.3　常用的 DOS 命令

用户在 Windows 图形用户界面下借助鼠标完成有关目录和文件的操作，目录在 Windows 下叫文件夹。进入 DOS 状态后，只能通过键盘输入 DOS 命令来控制计算机操作，下面介绍部分常用的 DOS 命令。前 5 个命令是最常用的，必须掌握。

（1）盘:，选择盘符。

如果屏幕显示为 C:\>，表示当前在 C 盘，若希望切换到 E 盘，则可使用：

```
C:\>E:
```

（2）CD，选择目录。

例如：

```
E:\>CD                    ;显示当前目录，当前目录是根目录
E:\>CD MASM               ;进到 MASM 子目录
E:\>MASM>CD MY            ;从当前目录 MASM 进到下一级 MY 子目录
E:\>MASM\MY>CD··          ;从当前目录 MY 退到上一级目录 MASM
E:\>MASM>CD\              ;从当前目录 MASM 退到根目录
E:\>
```

（3）DIR，显示目录和文件。

例如：

```
E:\>MASM>DIR              ;列出当前目录下的子目录和文件
E:\>MASM\>DIR *.ASM       ;列出所有扩展名为 ASM 的文件，*为通配符
E:\>MASM>DIR ILC.*        ;列出所有名为 ILC 而扩展名不限的文件
E:\>MASM>DIR IL*.???      ;列出所有前 2 个字符为"IL"而扩展名有 3 个字符的文件
```

（4）REN，改变文件名。

例如：

```
E:\>REN  H1.TXT  H2.ASM   ;把文件 H1.TXT 改名为 H1.ASM
```

（5）CLS，清除屏幕。

（6）DEL，删除文件。

例如：

```
E:\>DEL C.TXT                    ;删除文件 C.TXT
```

（7）MD，建立目录。

例如：

```
E:\>MD MASM                      ;建立 MASM 目录
```

（8）RD，删除目录。

例如：

```
E:\>MASM\>RD ASM                 ;删除下级子目录 ASM
```

（9）COPY，复制文件。

例如：

```
E:\>COPY H1.TXT H2.TXT           ;复制文件 H1.TXT 到文件 H2.TXT
E:\>COPY A+B C.TXT               ;把文件 A 和 B 连接后得到文件 C.TXT
```

（10）TYPE，显示文本文件的内容。

例如：

```
E:\>TYPE C.TXT                   ;显示文件 C.TXT 的内容
```

（11）>，输出的重定向操作符。

例如：

```
E:\>DIR >THIS.TXT                ;把 DIR 显示结果输出到文件 THIS.TXT
```

（12）SET PATH，设置或显示可执行文件的搜索路径。

例如：

```
E:\>PATH                         ;显示可执行文件的搜索路径
E:\>SET PATH                     ;设置可执行文件的搜索路径
E:\>SET PATH=E:\MASM;D:\MASM6    ;设置可执行文件的搜索路径
```

EXE 文件、COM 文件、BAT 文件都是可执行文件，设置搜索路径后，文件按路径搜索并执行。

（13）HELP，显示命令格式和用法。

例如：

```
E:\>HELP                         ;显示所有命令的格式
E:\>HELP DIR                     ;显示 DIR 命令的用法
```

3.2 汇编语言程序实例

很多语言的学习是从显示简单的字符串程序开始的，汇编语言也不例外。

例 3.1 显示"I LOVE CHINA！"。

```
DATA SEGMENT                     ; 1
STRING DB 'I LOVE CHINA!$'       ; 2 在数据段定义数据
DATA ENDS                        ; 3
CODE SEGMENT                     ; 4
ASSUME CS:CODE,DS:DATA           ; 5
START:   MOV AX, DATA            ; 6
         MOV DS,AX               ; 7
         MOV DX,OFFSET STRING    ; 8
         MOV AH,9                ; 9
         INT 21H                 ; 10 利用功能调用显示信息
         MOV AH,4CH              ; 11
         INT 21H                 ; 12
CODE ENDS                        ; 13
END START                        ; 14 汇编结束，程序起始点为 START
```

程序解析如下。

程序只有 14 行，分为 2 个段。

第 1～3 行：设立了一个数据段，段名为 DATA，由 DATA　SEGMENT 和 DATA ENDS 这两句说明（语句须成对出现），并在其中定义了一个字符串 STRING。

第 2 行：说明语句，STRING 是字符串的名称，DB 是定义字节说明，字符串内容 "I LOVE CHINA! $" 须用单引号标注。其中 $ 是串的结束标志，分号后面的内容是注释，可不写。

第 4～13 行：设立了一个代码段，段名为 CODE。由 CODE SEGMENT 和 CODE ENDS 这两句说明。

第 5 行：说明语句，指定 CODE 段与 CS 寄存器关联，DATA 段与 DS 寄存器关联。

第 6 行：START: 是一个标号，MOV AX,DATA 表示把 DATA 段的值传送给 AX 寄存器。

第 7 行：再把 AX 寄存器的值传给 DS 寄存器。

第 8 行：把字符串 STRING 的起始偏移地址传给 DX 寄存器。OFFSET STRING 用于求 STRING 的偏移地址，如果没有 OFFSET 说明，那就是求 STRING 的值了。

第 9 行：AH 寄存器得到 9，为下一步调用 DOS 功能的 9 号功能做准备。

第 10 行：INT 21H 指令即调用 DOS 功能，9 号功能用于在屏幕中显示字符串。

第 11、12 行：调用 DOS 功能，4CH 号功能是结束程序并返回到操作系统。

第 14 行：说明语句，告诉汇编程序，汇编到此结束，程序的启动地址为标号为 START 的那条指令（第 6 行）。

该程序运行的结果是在屏幕上显示 "I LOVE CHINA!"。

3.3　程序实例的上机步骤

一个汇编源程序从写出到最终执行，需要经过如下几个步骤：

（1）编辑汇编源程序；

（2）对源程序进行汇编和连接；

（3）执行或调试可执行文件中的程序。

其中，第（2）步汇编、连接后出现错误，则会回到第（1）步。第（3）步执行时可以直接执行，也可以使用 Debug 环境进行调试和跟踪，了解程序的详细信息。下面将详细介绍每一步的实现。

3.3.1　编辑——建立 ASM 源程序文件

下面开始建立第一个程序实例，首先写源程序。编辑 ASM 源程序文件就是在机器上写程序，大多数文字编辑软件都可用来输入和修改汇编语言源程序，DOS 命令行方式下的 EDIT 使用起来很方便。也可以使用 Windows 下的记事本（Notepad）、写字板（Writer）。但要注意，源程序文件一定要存储为纯文本格式。

下面介绍用 EDIT 编辑 ASM 源程序文件的步骤。

（1）假定汇编语言的系统工作文件目录为 D:\MASM6.15\，其中 D:\ 表示 D 盘的根目录。可以通过在 DOSBox 环境 Z:\> 提示符下使用图 3-5 所示的 mount 命令完成挂载：

```
Z:\> MOUNT C: D:\MASM6.15
```

（2）mount 命令将实际存放在 Windows 下 D:\MASM6.15 的文件映射到 DOSBox 环境下的 C 盘，可以通过以下命令指向 DOSBox 环境下的 C 盘：

```
Z:\>C:
```

（3）当屏幕显示进入 DOSBox 环境下的 C 盘后，用如下命令编辑源程序文件：

```
C: \> EDIT ILC.ASM
```

源程序文件须用"ASM"作为扩展名，最好存放在系统工作目录中，便于下一步汇编。

EDIT 编辑源程序文件如图 3-7 所示。如果屏幕显示区太小，可用 Alt 键和 Enter 键的组合扩大显示区。EDIT 以下拉式菜单操作，用 Alt 键可激活菜单。

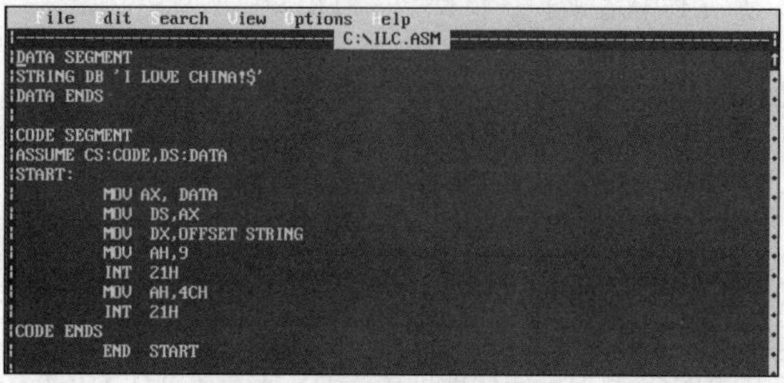

图 3-7　EDIT 编辑源程序文件

3.3.2　汇编——产生 OBJ 二进制目标文件

汇编程序的作用是把汇编语言源程序翻译成机器码，产生二进制格式的目标文件（Object File）。

假定汇编语言源程序文件 ILC.ASM 已经在目录 D:\MASM6.15\下，用如下命令在 DOSBox 环境下进行汇编：

```
C: \> MASM  ILC.ASM
```
或
```
C:\> MASM ILC
```

该命令执行后，将产生一个与汇编语言源程序文件同名的二进制目标文件 ILC.OBJ，如图 3-8 所示。

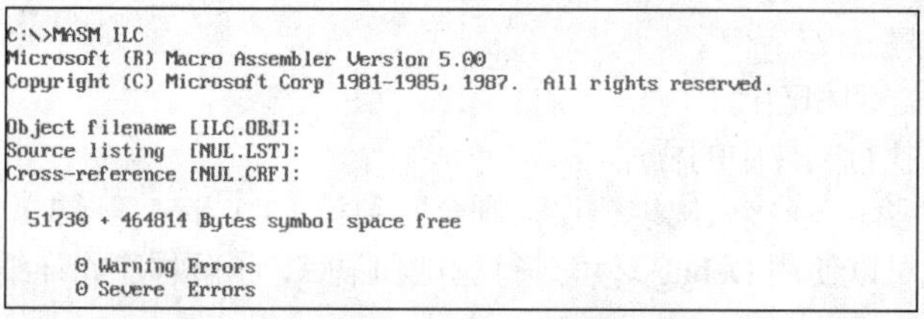

图 3-8　MASM 编辑源程序文件

如果源程序有语法错误，则不会产生目标文件，同时会报错，提示源程序的出错位置和错误原因。

3.3.3　连接——产生 EXE 可执行文件

连接就是使用连接程序 LINK 把目标文件转换为可执行的 EXE 文件。其可使用以下命令：

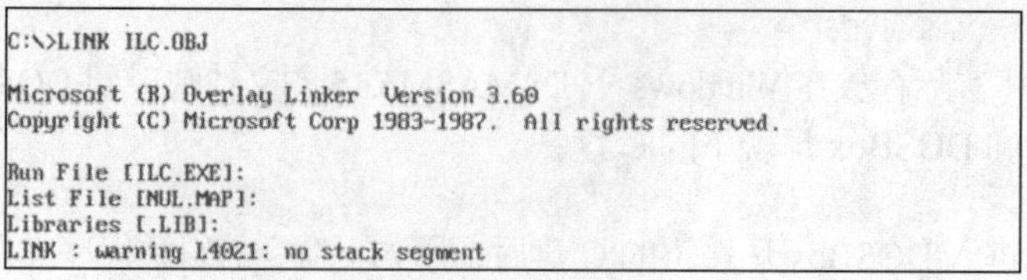

```
C: \> LINK ILC.OBJ
```
或
```
C: \> LINK ILC
```

如果文件 ILC.OBJ 存在，机器有如下回应，要求用户对话，如图 3-9 所示。

图 3-9　LINK 编辑源程序文件

用户只需按 Enter 键认可默认值，就能得到 ILC.EXE 可执行文件。

因为源程序中没有定义堆栈段，所以连接程序给出无堆栈段的警告，其实并不是错误，也并不会影响程序的运行。至此，连接过程已经结束。

3.3.4 LST 列表文件

如果希望在汇编的同时得到一个列表文件，可以用如下命令：

```
C: \> MASM  ILC ILC ILC
```

即给出 3 个 ILC 作为命令参数，以空格分隔，该命令执行后，将产生 ILC.OBJ 和列表文件 ILC.LST。即使源程序有语法错误，得不到目标文件，也会产生列表文件 ILC.LST，如图 3-10 所示。

```
Directory of C:\.
.                <DIR>            26-08-2022 22:10
..               <DIR>            01-01-1980  0:00
BIN              <DIR>            11-06-2022 20:28
HELP             <DIR>            11-06-2022 20:28
INCLUDE          <DIR>            11-06-2022 20:28
INIT             <DIR>            11-06-2022 20:28
LIB              <DIR>            11-06-2022 20:28
SAMPLES          <DIR>            11-06-2022 20:28
TMP              <DIR>            29-01-2009 11:05
DEBUG      EXE             20,634 14-07-2009  5:40
DOSXNT     EXE            393,942 16-06-1993 14:05
EDIT       COM             72,158 25-02-1997 11:11
EDIT       EXE             69,886 28-01-2014 22:26
EDIT       HLP             10,790 25-02-1997 11:11
ILC        ASM                554 26-08-2022 21:50
LIB        EXE            134,144 16-09-1994 22:00
LINK       EXE             64,982 31-07-1987  0:00
MASM       EXE            103,175 31-07-1987  8:00
ML         ERR              9,687 16-03-2000 15:20
ML         EXE            385,072 16-03-2000 15:20
    11 File(s)      1,265,024 Bytes.
     9 Dir(s)     262,111,744 Bytes free.
```

（a）命令执行前

```
..               <DIR>            01-01-1980  0:00
BIN              <DIR>            11-06-2022 20:28
HELP             <DIR>            11-06-2022 20:28
INCLUDE          <DIR>            11-06-2022 20:28
INIT             <DIR>            11-06-2022 20:28
LIB              <DIR>            11-06-2022 20:28
SAMPLES          <DIR>            11-06-2022 20:28
TMP              <DIR>            29-01-2009 11:05
DEBUG      EXE             20,634 14-07-2009  5:40
DOSXNT     EXE            393,942 16-06-1993 14:05
EDIT       COM             72,158 25-02-1997 11:11
EDIT       EXE             69,886 28-01-2014 22:26
EDIT       HLP             10,790 25-02-1997 11:11
ILC        ASM                554 26-08-2022 21:50
ILC        LST              1,746 26-08-2022 22:11
ILC        OBJ                124 26-08-2022 22:11
LIB        EXE            134,144 16-09-1994 22:00
LINK       EXE             64,982 31-07-1987  0:00
MASM       EXE            103,175 31-07-1987  8:00
ML         ERR              9,687 16-03-2000 15:20
ML         EXE            385,072 16-03-2000 15:20
    13 File(s)      1,266,894 Bytes.
     9 Dir(s)     262,111,744 Bytes free.
```

（b）命令执行后

图 3-10　产生列表文件的汇编命令

列表文件记录了汇编过程中产生的很多有价值的参考信息，主要包括源程序和机器语言清单、指令和变量的偏移地址等。列表文件是文本文件，可用 EDIT 调入。列表文件是可有可无的。例 3.1 的列表文件 ILC.LST 如下：

```
MICROSOFT (R) MACRO ASSEMBLER VERSION 5.00                8/26/22 22:11:37
                                                          PAGE    1-1
 0000                                DATA SEGMENT
 0000  49 20 4C 4F 56 45 20          STRING DB 'I LOVE CHINA!$'
       43 48 49 4E 41 21 24
 000E                                DATA ENDS
 0000                                CODE SEGMENT
                                     ASSUME CS:CODE,DS:DATA
 0000                                START:
 0000  B8 ---- R                     MOV AX, DATA
 0003  8E D8                         MOV  DS,AX
 0005  BA 0000 R                     MOV  DX,OFFSET STRING

 0008  B4 09                         MOV  AH,9
 000A  CD 21                         INT  21H
 000C  B4 4C                         MOV  AH,4CH
 000E  CD 21                         INT  21H
 0010                         CODE ENDS
                              END  START
MICROSOFT (R) MACRO ASSEMBLER VERSION 5.00                8/26/22 22:11:37
                                                            SYMBOLS-1

SEGMENTS AND GROUPS:
NAME                  LENGTH    ALIGN    COMBINE CLASS
CODE ..............    0010      PARA      NONE
DATA ..............    000E      PARA      NONE
```

```
SYMBOLS:
NAME              TYPE   VALUE    ATTR
START  ............ L NEAR      0000 CODE
STRING ............ L BYTE      0000 DATA
@FILENAME .......... TEXT      ILC
    16 SOURCE  LINES
    16 TOTAL   LINES
     6 SYMBOLS
 51190 + 465354 BYTES SYMBOL SPACE FREE
     0 WARNING ERRORS
     0 SEVERE ERRORS
```

列表文件 ILC.LST 可以看成上下两个部分。

上面一部分列出程序清单。左边第一列 4 位十六进制数表示程序的偏移地址，第二列若干位十六进制数表示指令的机器码（即机器指令），它们当中有些不是十六进制数，如 B8 ---- R、BA 0000 R，"R" 表示该指令的操作数需要重定位，即地址值在汇编时还无法确定，必须在连接时进行定位后才能确定机器指令。暂时还不能确定的机器指令，只能得到一个指令的半成品。但请特别注意，这条指令的长度已经确定，这样不会影响后面指令偏移地址的确定。第三列显然是汇编语言指令。

下面一部分列出程序中所有名字的信息。对段名，将列出其长度、定位类型和组合类型等信息；对标号和变量，将列出其类型、偏移地址值和其所属的段名等信息。

最后报告的 0 Warning Errors、0 Severe Errors 分别表示无警告性错误、无致命性错误。如果有致命性错误，则不产生 OBJ 目标文件。

无致命性错误，则产生 OBJ 目标文件，这只是说明源程序没有语法错误，至于程序的算法或其他语义错误要在程序的调试过程中来发现。

在实际存放目录 D:\MASM6.15 中新增了汇编程序文件 ILC.ASM、ILC.EXE（扩展名默认省略）、ILC.LST、ILC.OBJ，直接在 DOSBox 中查看对应目录 C:，并没有新文件出现，如图 3-11 所示。图 3-12 所示为重新启动 DOSBox，再次查看 DOSBox 对应目录 C:，新增的 4 个文件出现在其中。因此如果在实际存放目录（本例中为 D:\MASM6.15）中新存放一个事先写好的汇编程序，在 DOSBox 中需要重新启动并进行挂载，才能对该汇编程序进行调试等相关操作。

图 3-11　新增文件的影响

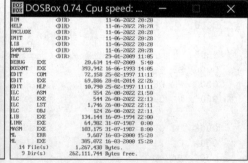

图 3-12　重新挂载后新增文件出现

3.3.5　程序的运行

当汇编源程序编辑完成，经过汇编和连接后将生成 EXE 文件，即一个可以直接在操作系统下执行的程序文件。只需在命令行输入所需执行的文件名称并按 Enter 键，即可得到运行结果。如执行 ILC.EXE，命令如下：

```
ILC.EXE
```

或

```
ILC
```

程序文件必须在当前目录下。这里文件扩展名 EXE 可省略。真正的可执行文件是生成的，不是用改名操作得到的。EXE 文件运行结果如图 3-13 所示，分别给出了不带扩展名和带扩展名的运行结果。

```
C:\>ILC
I LOVE CHINA!
```

```
C:\>ILC.EXE
I LOVE CHINA!
```

（a）不带扩展名的运行结果　　　（b）带扩展名的运行结果

图 3-13　EXE 文件运行结果举例

3.3.6　程序的跟踪和调试

有些程序没有要求显示结果，程序运行结束，结果就已经得到，存放在某寄存器中或内存中，只是没有输出。那么程序执行的结果是否正确呢？此外，即使程序有输出，却是错误的结果，如何知道错在哪里呢？因此，必须经过调试，才能观测结果和发现程序中的错误。调试程序 Debug.EXE 由 MASM 编译器提供的汇编环境自带，使用方便，下面结合例 3.1 的 ILC 程序予以介绍。

在 Debug 下调试运行程序，并输入如下命令：

```
Debug ILC.EXE
```

用 Debug 调入 ILC.EXE，出现 "-" Debug 命令提示符。在 "-" 后可输入 Debug 命令，如图 3-14 所示。

```
C:\>Debug ILC.EXE
```

图 3-14　Debug 界面

1. 反汇编命令 U

U 命令把机器语言反汇编为汇编语言，便于用户查看程序。命令格式为 U[地址范围]。方括号表示可选。图 3-15 所示为反汇编命令 U 的执行结果。

图中执行结果分 3 列，第 1 列表示各条指令的逻辑地址，即段基址:偏移地址，用十六进制表示。如 076B:0000 是第一条指令 MOV AX,076A 的逻辑地址，显然其物理地址是 076B0H。

第 2 列为各条指令的机器码（十六进制），如第一条指令的机器码 B86A07 长度为 3 个字节，占 0～2（共 3 个）内存单元，所以第二条指令的偏移地址是 0003H。

```
C:\>Debug ILC.EXE
-U
076B:0000 B86A07    MOV   AX,076A
076B:0003 8ED8      MOV   DS,AX
076B:0005 BA0000    MOV   DX,0000
076B:0008 B409      MOV   AH,09
076B:000A CD21      INT   21
076B:000C B44C      MOV   AH,4C
076B:000E CD21      INT   21
076B:0010 0E        PUSH  CS
076B:0011 49        DEC   CX
076B:0012 83C404    ADD   SP,+04
076B:0015 50        PUSH  AX
076B:0016 E89F0E    CALL  0EB8
076B:0019 83C404    ADD   SP,+04
076B:001C 3DFFFF    CMP   AX,FFFF
076B:001F 7403      JZ    0024
```

图 3-15　反汇编命令 U 的执行结果

第 3 列为汇编语言指令。本程序只有 7 条指令，在偏移地址 0010H 前就结束了。

那么，程序中定义的字符串 "I LOVE CHINA !$" 在哪里呢？

2. 执行程序命令 G

G 命令用于执行程序，命令格式为 G[=起始地址] [中止地址]。其中[中止地址]是为了给程序设置断点，让程序暂停在某个位置，便于观测。本例中用 G=0 命令，即从偏移地址 0000H 处执行程序，如图 3-16 所示。

```
-G=0
I LOVE CHINA!
Program terminated normally
```

图 3-16　G 命令运行结果

3. 跟踪程序命令 T

T 命令用于单步执行程序，因此又叫跟踪程序命令。命令格式为 T[=起始地址] [指令条数]。其可以控制程序每执行一条指令就暂停，并显示当前机器情况。图 3-17 为跟踪程序命令 T 执行一次的结果。

```
C:\>Debug ILC.EXE
-T=0

AX=076A  BX=0000  CX=0020  DX=0000  SP=0000  BP=0000  SI=0000  DI=0000
DS=075A  ES=075A  SS=0769  CS=076B  IP=0003    NV UP EI PL NZ NA PO NC
076B:0003 8ED8            MOV     DS,AX
```

图 3-17　跟踪程序命令 T 的执行结果

当输入 T=0 命令时，从偏移地址 0000 处开始执行一条指令就暂停，即执行了第一条指令 MOV AX,076A。注意命令执行后的 AX 发生了变化，指令指针寄存器 IP 由 0 变成 3，意味着下条指令位于 0003 处。可见寄存器 IP 总是指向下条将执行的指令。如果继续跟踪，只需用 T 命令即可，无须使用参数。

这里需要特别指出：INT 指令不能使用 T 命令跟踪。INT 指令实质上是调用一个系统例行程序，T 命令使程序进入了一个陌生的系统程序，如图 3-18 所示，当需要执行的单条指令为"INT 21"时，则会出现陌生的系统程序。

```
AX=096A  BX=0000  CX=0020  DX=0000  SP=0000  BP=0000  SI=0000  DI=0000
DS=076A  ES=075A  SS=0769  CS=076B  IP=000A    NV UP EI PL NZ NA PO NC
076B:000A CD21            INT     21
-T

AX=096A  BX=0000  CX=0020  DX=0000  SP=FFFA  BP=0000  SI=0000  DI=0000
DS=076A  ES=075A  SS=0769  CS=F000  IP=14A0    NV UP DI PL NZ NA PO NC
F000:14A0 FB              STI
```

图 3-18　跟踪执行系统例行程序指令的结果

4. 单步执行程序命令 P

针对跟踪程序命令 T 的局限性，出现了 P 命令。P 命令用以执行循环、重复的字符串指令、软件中断或子例程。例如 T 命令无法一次执行的 INT 指令，P 命令就可以一次执行完这个系统例行程序指令，回到用户程序中。其运行结果如图 3-19 所示。

```
AX=076A  BX=0000  CX=0020  DX=0000  SP=0000  BP=0000  SI=0000  DI=0000
DS=076A  ES=075A  SS=0769  CS=076B  IP=0008    NV UP EI PL NZ NA PO NC
076B:0008 B409            MOV     AH,09
-P

AX=096A  BX=0000  CX=0020  DX=0000  SP=0000  BP=0000  SI=0000  DI=0000
DS=076A  ES=075A  SS=0769  CS=076B  IP=000A    NV UP EI PL NZ NA PO NC
076B:000A CD21            INT     21
-P
I LOVE CHINA!
AX=096A  BX=0000  CX=0020  DX=0000  SP=0000  BP=0000  SI=0000  DI=0000
DS=076A  ES=075A  SS=0769  CS=076B  IP=000C    NV UP EI PL NZ NA PO NC
076B:000C B44C            MOV     AH,4C
```

图 3-19　P 命令执行系统例行程序指令后的结果

5. 输入汇编指令 A

汇编指令 A 的功能如下。

（1）从指定起始地址单元开始存放写入的汇编语言的指令语句。若省略起始地址，则从当前 CS:0100 地址开始存放。

（2）每输入一行语句后按 Enter 键，输入的语句有效。若输入的语句中有错，Debug 会显示"^Error"，并需要重新输入。

（3）用 A 命令写入程序语句完毕后，最后一行不输入并直接按 Enter 键（或 Ctrl+C 组合键）退出 A 命令。

（4）A 命令按行汇编，主要是用于小段程序的汇编或对目标程序的修改。

用 A 命令从图 3-15 中地址 076B:000CH 处输入汇编语句：

```
MOV AH,09
INT 21
MOV AH,4C
INT 21
```

结果如图 3-20 所示，通过该汇编语句的输入，源程序中增加了显示字符串的语句。

如果用 G 命令执行利用 A 命令改写后的程序，结果如图 3-21 所示。从图 3-21 可以看出，字符串 "I LOVE CHINA!" 被连续输出两次。

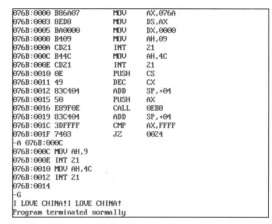

```
C:\>Debug ILC.EXE
-U
076B:0000 B86A07        MOV    AX,076A
076B:0003 8ED8          MOV    DS,AX
076B:0005 BA0000        MOV    DX,0000
076B:0008 B409          MOV    AH,09
076B:000A CD21          INT    21
076B:000C B44C          MOV    AH,4C
076B:000E CD21          INT    21
076B:0010 0E            PUSH   CS
076B:0011 49            DEC    CX
076B:0012 83C404        ADD    SP,+04
076B:0015 50            PUSH   AX
076B:0016 E89F0E        CALL   0EB8
076B:0019 83C404        ADD    SP,+04
076B:001C 3DFFFF        CMP    AX,FFFF
076B:001F 7403          JZ     0024
-A 076B:000C
076B:000C MOV AH,9
076B:000E INT 21
076B:0010 MOV AH,4C
076B:0012 INT 21
```

```
076B:0000 B86A07        MOV    AX,076A
076B:0003 8ED8          MOV    DS,AX
076B:0005 BA0000        MOV    DX,0000
076B:0008 B409          MOV    AH,09
076B:000A CD21          INT    21
076B:000C B44C          MOV    AH,4C
076B:000E CD21          INT    21
076B:0010 0E            PUSH   CS
076B:0011 49            DEC    CX
076B:0012 83C404        ADD    SP,+04
076B:0015 50            PUSH   AX
076B:0016 E89F0E        CALL   0EB8
076B:0019 83C404        ADD    SP,+04
076B:001C 3DFFFF        CMP    AX,FFFF
076B:001F 7403          JZ     0024
-A 076B:000C
076B:000C MOV AH,9
076B:000E INT 21
076B:0010 MOV AH,4C
076B:0012 INT 21
076B:0014
-G
I LOVE CHINA!I LOVE CHINA!
Program terminated normally
```

图 3-20　用 A 命令从图 3-9 中地址 076B:000CH 处输入汇编语句　　　　图 3-21　用 A 命令输入汇编语句后例 3.1 的运行结果

6. 退出命令 Q

用 Q 命令退出 Debug。其运行结果如图 3-22 所示。

以上举例介绍的 U、G、T、P、A、Q 是常用的 Debug 命令，熟练掌握它们就可以有效地进行程序调试。

```
-Q

C:\MASM615>
```

图 3-22　Q 命令运行结果

3.4　常用的 Debug 指令

1. 查看、改变 CPU 寄存器内容的 R 命令

例 3.1 使用反汇编命令 U 得到图 3-15 所示的执行结果后，可以使用 R 命令查看 CPU 中各个寄存器中的内容，如图 3-23 所示。

```
-R
AX=FFFF  BX=0000  CX=0020  DX=0000  SP=0000  BP=0000  SI=0000  DI=0000
DS=075A  ES=075A  SS=0769  CS=076B  IP=0000   NV UP EI PL NZ NA PO NC
076B:0000 B86A07        MOV    AX,076A
```

图 3-23　使用 R 命令查看 CPU 中各个寄存器中的内容

注意 CS 和 IP 的值，图 3-23 中 CS=076B，IP=0000，也就是说，内存 076B:0000 处的指令为 CPU 当前要读取、执行的指令。在所有寄存器的下方，Debug 还列出了 CS:IP 所指向的内存单元处所存放的机器码，并将它翻译为汇编指令。可以看出，CS:IP 所指向的内存单元为 076B:0000，此处存放的机器码为 B86A07，对应的汇编指令为 MOV AX,076A。

还可以用 R 命令来改变寄存器中的内容，如图 3-24 所示。

若要修改一个寄存器中的值，例如 AX 中的值，可用 R 命令后加寄存器名来进行，输入 "R AX" 后按 Enter 键，将出现 ":" 作为输入提示，在后面输入要写入的数据后按 Enter 键，即可完成对 AX 中内容的修改。若想看修改的结果，可再使用 R 命令。

图 3-24   用 R 命令修改寄存器 AX 中的内容

2. 查看内存中的内容的 D 命令

图 3-15 为例 3.1 使用反汇编命令 U 得到的执行结果，由图可以看出，当前数据段的段基址为 076A。则可以用"D 段基址:偏移地址"的格式来查看数据段中定义的字符串"I LOVE CHINA!$"，如图 3-25 所示。

图 3-25   用 D 命令查看内存 076A0H 处的内容

使用"D 段基址:偏移地址"的格式，Debug 将列出从指定内存单元开始的 128 个内存单元的内容。例如图 3-25 中，在使用 D 076A:0 后，Debug 列出了 076A:0～076A:7F 中的内容。

使用 D 命令，Debug 将输出 3 部分的内容（3 列），如图 3-25 所示。

- 左侧是每行的起始地址，以逻辑地址的形式给出。
- 中间是从指定地址开始的 128 个内存单元的内容，用十六进制的格式输出，每行的输出从 16 的整数倍的地址开始，最多输出 16 个单元的内容。从图中可知，内存 076A:0 单元中的内容是 49H，内存 076A:1 单元中的内容是 20H，内存 076A:0～076A:F 中的内存都在第一行；内存 076A:10 中的内容是 B8H，内存 076A:11 处的内容是 6AH，内存 076A:10～076A:1F 中的内容都在第二行。注意在每行的中间都有一个"–"，它将每行的输出分为两部分，这样便于查看。例如，要想从图中找出 076A:6B 单元中的内容，可以从 076A:60 找到行，"–"前面是 076A:60～076A:67 的 8 个单元，后面是 076A:68～076A:6F 的 8 个单元，这样我们就可以从 076A:68 单元向后数 3 个单元，找到 076A:6B 单元，可以看到，076A:6B 中的内容是 00H。
- 右侧是每个内存单元中的数据对应的可显示的 ASCII 字符。例如，内存单元 076A:0、076A:1、076A:2 中存放的数据是 49H、20H、4CH，它们对应的 ASCII 字符分别是"I"" ""L"；内存单元 076A:10 中的数据是 B8H，它没有对应可显示的 ASCII 字符，Debug 就用"."来代替。

3. 改写内存中内容的 E 命令

可以使用 E 命令来改写内存中的内容，例如，要将例 3.1 中定义的字符串改为"I LOVE CHINA!I LOVE CHINA!$"，可以使用"E 起始地址 数据 数据 数据 数据…"的格式来进行，如图 3-26 所示。

图 3-26   用 E 命令修改从 076A:000D 开始的 14 个单元的内容

在图 3-26 中，先用 D 命令查看 076A:0～076A:7F 单元的内容，再用 E 命令修改从 076A:000D 开始的 14 个单元的内容，最后用 D 命令查看 076A:0～076A:7F 中内容的变化。

也可以采用提问的方式来一个一个地修改内存中的内容，如图 3-27 所示。

在图 3-27 中，输入 E 076A:000D，按 Enter 键。Debug 显示起始地址 076A:000D 和第一个单元（即 076A:000D 单元）的原始内容 24H，然后光标停在"."后面提示想要写入的数据，此时可以有两种选择：其一为输入数据（此时输入的数据为"49"），然后按空格键，即用输入的数据改写当前的内存单元；其二为不输入数据，直接按空格键，表示不对当前内存单元进行改写。

```
-D 076A:0
076A:0000  49 20 4C 4F 56 45 20 43-48 49 4E 41 21 24 00 00   I LOVE CHINA!$..
076A:0010  B8 6A 07 8E D8 BA 00 00-B4 09 CD 21 B4 4C CD 21   .j.........!.L.!
076A:0020  00 00 00 00 00 00 00 00-00 00 00 00 00 00 00 00   ................
076A:0030  00 00 00 00 00 00 00 00-00 00 00 00 00 00 00 00   ................
076A:0040  00 00 00 00 00 00 00 00-00 00 00 00 00 00 00 00   ................
076A:0050  00 00 00 00 00 00 00 00-00 00 00 00 00 00 00 00   ................
076A:0060  00 00 00 00 00 00 00 00-00 00 00 00 00 00 00 00   ................
076A:0070  00 00 00 00 00 00 00 00-00 00 00 00 00 00 00 00   ................
-E 076A:000D
076A:000D  24.49    00.20    00.4C
076A:0010  B8.4F    6A.56    07.45    8E.20    D8.43    BA.48    00.49    00.4E
076A:0018  B4.41    09.21    CD.24

-D 076A:0
076A:0000  49 20 4C 4F 56 45 20 43-48 49 4E 41 21 49 20 4C   I LOVE CHINA!I L
076A:0010  4F 56 45 20 43 48 49 4E-41 21 24 21 B4 4C CD 21   OVE CHINA!$!.L.!
076A:0020  00 00 00 00 00 00 00 00-00 00 00 00 00 00 00 00   ................
076A:0030  00 00 00 00 00 00 00 00-00 00 00 00 00 00 00 00   ................
076A:0040  00 00 00 00 00 00 00 00-00 00 00 00 00 00 00 00   ................
076A:0050  00 00 00 00 00 00 00 00-00 00 00 00 00 00 00 00   ................
076A:0060  00 00 00 00 00 00 00 00-00 00 00 00 00 00 00 00   ................
076A:0070  00 00 00 00 00 00 00 00-00 00 00 00 00 00 00 00   ................
```

图 3-27　用 E 命令逐一修改从 076A:000D 开始的 14 个单元的内容

所有希望改写的内存单元改写完毕后，按 Enter 键，E 命令操作结束。

3.5　常用的 DOS 功能调用

在前面介绍的程序实例中，键盘的输入和输出都采用了 DOS 功能调用 INT 21H，大大简化了编程。

所谓功能调用，是指计算机系统设计的简单 I/O 子程序，程序员不必了解烦琐的输入/输出的操作细节，而以一种简单、统一的方式使用外设，从而集中精力于算法编程，来实现程序目标。

DOS 功能调用 INT 21H 的使用方法如下。

（1）将调用功能的功能号存入 AH 寄存器。

（2）如有必要，设置该调用功能的入口参数（调用参数）。

（3）执行 INT 21H 指令。

（4）如有必要，按规定取得出口参数（返回参数）。

DOS 功能调用 INT 21H，有数百种功能供用户使用。下面介绍几个常用的 DOS 功能调用，简要描述如表 3-1 所示。更多的 DOS 功能调用见附录 3。

表 3–1　部分常用的 DOS 功能调用（INT 21H）

AH	功能	调用参数	返回参数
01H	键盘输入单个字符并回显	无	AL=输入字符
02H	输出单个字符	DL=输出字符	无
07H	键盘输入（无回显）	无	AL=输入字符
09H	显示字符串	DS:DX=串地址 字符串以$结束	无
0AH	键盘输入缓冲区	DS:DX=缓冲区首地址 (DS:DX)=缓冲区字节数	(DS:DX+1)=实际字节数 (DS:DX+2)=输入的串地址
4CH	程序结束	AL=返回码	无

I/O 处理操作的都是 ASCII 值，对于键盘输入的数字，做计算时需将 ASCII 值转为二进制数，输出显示时需要将二进制数转为 ASCII 值。

1. 键盘输入单个字符并回显（01H 号功能）

01H 号 DOS 系统调用的功能是等待从键盘输入一个字符，将该字符的 ASCII 值送入 AL 寄存器，并在屏幕显示。

例如：

```
MOV AH,1
INT 21H
```

功能：等待从键盘输入一个字符，将该字符的 ASCII 值送入 AL 寄存器，并在屏幕显示。

2. 显示输出单个字符（02H 号功能）

02H 号 DOS 系统调用的功能是在当前光标位置显示 DL 寄存器中的 ASCII 值对应的字符。

例如：

```
MOV AH,2
MOV DL,'A'
INT 21H
```

功能：在当前光标位置显示字符 A。

执行后 AL 寄存器的值被修改为 DL 的值。

3. 键盘输入单个字符无回显（07H 号功能）

07H 号 DOS 系统调用的功能是等待从键盘输入一个字符，将该字符的 ASCII 值送入 AL 寄存器，不在屏幕显示。

例如：

```
MOV AH, 7
INT 21H
```

功能：等待从键盘输入一个字符，将该字符的 ASCII 值送入 AL 中，不送屏幕显示。

4. 显示字符串（09H 号功能）

09H 号 DOS 系统调用的功能是显示由 DS:DX 所指向的以 "$" 结束的字符串 STR。需要注意的是，执行后 AL 寄存器的值被修改为$的 ASCII 值 24H。

例如：

```
MOV AH,9
LEA DX,STR
INT 21H
```

功能：显示由 DS:DX 所指向的以 "$" 结束的字符串 STR。

执行后 AL 寄存器的值被修改为$的 ASCII 值 24H。

5. 键盘输入到缓冲区（0AH 号功能）

0AH 号 DOS 系统调用的功能：从键盘输入一串 ASCII 字符到缓冲区，按 Enter 键结束输入。DS:DX=BUF 变量的首地址即缓冲区首地址，BUF 缓冲区第 1 个字节是缓冲区大小（含 Enter 键），可见键盘输入缓冲区最大为 255 个字节，是事先定义的。第 2 个字节（DS:DX+1）是实际输入的字节数（不含 Enter 键），当以 Enter 键结束输入时系统自动存入。从第 3 个字节（DS:DX+2）开始存放输入的内容

（含 Enter 键）。数据段中的缓冲区应按上述规定的格式定义。

例如：

```
MOV AH,0AH
LEA DX,BUF
INT 21H
```

下面通过一个例题，进一步讲解 0AH 号 DOS 系统调用的用法和缓冲区的定义方法。

例 3.2　键盘输入缓冲区程序。

```
DATA    SEGMENT
        BUF DB  9           ; 定义缓冲区大小为 9 个字节（含 ENTER 键）
        REAL DB  ?          ; 实际输入的字符个数
        STR DB  9 DUP(?)    ; 输入的字符在这里（含 ENTER 键）
DATA    ENDS
CODE    SEGMENT
        ASSUME  CS:CODE, DS:DATA
START:
        MOV AX, DATA
        MOV DS, AX
        LEA DX, BUF        ; 指向缓冲区
        MOV AH, 0AH
        INT 21H
        MOV AH, 4CH
        INT 21H
CODE    ENDS
        END START
```

6. 结束程序并返回 DOS（4CH 号功能）

4CH 号 DOS 系统调用的功能是结束程序并返回操作系统。

例如：

```
MOV AH,4CH
INT 21H
```

本章小结

本章通过一个简单的程序实例，介绍了如何建立工作环境和进行上机操作。另外，本章还介绍了和开发、调试程序有关的 Debug 命令和 DOS 命令。通过本章的学习，读者可初步认识汇编语言程序，熟悉上机操作的相关步骤以及相关的 Debug 指令，从而在后续章节的学习中，可以边学习边实践。

习题 3

3.1　写出从汇编语言源程序的建立到产生可执行文件的步骤和上机操作命令。

3.2　列出子目录 C:\YOUPRG 下的扩展名为 ASM 的所有文件；在 D 盘根目录下建立一个子目录 MYPRG，并进入子目录 MYPRG；再把 C:\YOUPRG 下的文件 YOU.ASM 复制到 D:\MYPRG 下。写出完成以上要求的 DOS 命令。

3.3　汇编程序中用什么语句来结束程序的执行？用什么语句来表示程序的结束和指出程序执行的开始？

3.4　汇编语言源程序的文件扩展名是什么？把该文件扩展名改为 EXE 后，可以认为其是可执行程序吗？

3.5　LST 列表文件是在什么阶段产生的，其中有哪些内容？

3.6　题图 3-1 所示为 Debug 调入的可执行程序，回答以下问题。

（1）程序的起始物理地址是多少？结束地址是多少？

（2）CS 寄存器的值是什么？

（3）程序的功能是什么？

（4）写出查看 DS:0 处内容的 Debug 命令。

（5）设置断点执行程序，两处的 INT 21H 指令执行后有什么结果？

（6）如果要运行这个程序，应该用什么 Debug 命令？

（7）执行 Debug 命令 T=0 4 之后，寄存器 AX、DS、DX 的值是多少？

```
-U
0B63:0000 B8620B      MOV    AX,0B62
0B63:0003 8ED8        MOV    DS,AX
0B63:0005 BA0000      MOV    DX,0000
0B63:0008 B409        MOV    AH,09
0B63:000A CD21        INT    21
0B63:000C B44C        MOV    AH,4C
0B63:000E CD21        INT    21
0B63:0010 8B4506      MOV    AX,[DI+06]
0B63:0013 8B1ED00D    MOV    BX,[0DD0]
0B63:0017 8907        MOV    [BX],AX
0B63:0019 8306D00D02  ADD    WORD PTR [0DD0],+02
0B63:001E F606544D01  TEST   BYTE PTR [4D54],01
```

题图 3-1　Debug 调入的可执行程序

3.7　解释 Debug 程序中的如下调试命令：D、E、T、G、A、R。

3.8　用 Debug 调入 PROG.EXE 后，若程序列出如下：

```
1234:0100  MOV BX, [4000]
1234:0104  MOV AX, [BP]
1234:0106  MOV AH, 1
1234:0108  INT 21
1234:010A  MOV DL, AL
1234:010C  MOV AH, 2
1234:010E  INT 21
1234:0110  RET
```

列出上面程序的 Debug 命令是（　　　　）。

寄存器 CS 的值为（　　　　），第一条指令的物理地址为（　　　　）。

如果要修改寄存器 BX 为 1200H，应输入 Debug 命令（　　　　）。

若要修改第二条指令中的 BP 为 BX，应输入 Debug 命令（　　　）。

3.9　简述在 64 位 Windows 系统中执行汇编的方法。

3.10　简述 DOS 功能 INT 21H 的调用方法。

3.11　Debug 命令调试含有"INT 21H"指令的程序段时，如何实现单步执行，"T"命令为何无法实现？

3.12　假定数据段存放情况如题图 3-2 所示，请写出代码，输出数据段的字符串"inspire a generation!"。（提示：参考例 3.1）

```
-D 145B:0
145B:0000  69 6E 73 70 69 72 65 20-61 20 67 65 6E 65 72 61   inspire a genera
145B:0010  74 69 6F 6E 21 00 00 00-00 00 00 00 00 00 00 00   tion!...........
145B:0020  B8 5B 14 8E D8 B4 4C CD-21 26 8B 07 89 46 FE 8B   .[....L.!&...F..
145B:0030  D7 03 D1 3B C2 77 2A 8B-DE C1 E3 02 8B 36 B4 52   ...;.w*......6.R
145B:0040  8B 10 8B 18 C1 E3 02 83-38 FF 74 10 8B C7 2B 46   ........8.t...+F
145B:0050  FE 03 C8 8B F2 33 FF 89-7E C8 B8 1D 00 EB          .....3..~.....
145B:0060  5B 89 4E F0 89 7E FA 8B-C6 E8 05 9E 89 46 F6 89   [.N..~.......F..
145B:0070  56 F8 0B D0 75 05 B8 1F-00 EB 41 89 76 FC 8B 5E   V...u.....A.v..^
```

题图 3-2　数据段存放情况

04 第 4 章　操作数的寻址方式

　　汇编语言程序由指令序列构成,指令的操作对象是数据。在一条指令中通常要指出数据所存放的地址,因此计算机中的指令由操作码字段和操作数字段两部分组成。操作码字段指示计算机所要执行的操作,而操作数字段则指示在指令执行操作的过程中所需要的操作数。例如, 1.1.1 节提到的数据传送指令 MOV AX,VAL 中, 操作码指明做数据传送操作, 操作数字段包含两个操作数,表示把内存变量 VAL 的值传送到 CPU 的 AX 寄存器。

　　操作数字段可以有一个、两个或三个, 对应指令通常称为一地址指令、二地址指令或三地址指令。例如, MOV 指令就是二地址指令。此时分别称两个操作数为源操作数和目的操作数。运算型指令似乎使用三地址指令为好, 例如处理算式 $C=A+B$, 人们希望在加法指令中, 除了可以给出参加运算的两个操作数外,还可以指出运算结果的存放地址。但三地址指令必然会增加系统设计的复杂性。

　　实际上运算型指令也是二地址指令, 例如两个操作数相加, 其和存放到目的操作数地址, 虽然和覆盖了原来参加运算的一个操作数, 但如果需要保留的话, 可以将其先转存到别处。可见二地址指令可以处理运算问题。

　　所谓寻址方式（Addressing Mode）就是寻找指令中操作数的方式, 它规定了指令的结构和格式。在学习指令之前先了解操作数的寻址方式, 有助于我们识别和写出正确有效的指令。

　　对于指令的操作数, 80x86 提供了多种表示方法, 以指出操作数或操作数的地址, 提高指令的灵活性和多样性, 同时带来复杂性, 但寻址方式还是有其规则的。在 80x86 系列中, 8086、8088 和 80286 的字长为 16 位, 通常一条指令只处理 8 位和 16 位数据。本章主要介绍 16 位 CPU 的寻址方式, 其对 32 位 CPU 也是适用的。为方便讨论, 寻址方式以数据传送指令为例说明。

4.1　立即寻址方式

　　所要找的操作数直接写在指令中, 这种操作数称为立即数。立即数就在指令中（紧跟在操作码之后）, 这种寻址方式称为立即寻址方式。8086 中立即数为 8 位或者 16 位。立即寻址方式用来指定常数, 需要注意两个问题:①立即寻址方式只能用于源操作数字段;②立即数的类型必须与目的操作数的类型一致, 如目的操作数是字节, 立即数也必须是字节, 或者两者都是字。

　　立即寻址方式的用途:用于直接指定一个常数送给寄存器。

　　立即寻址方式的操作数就在指令里, 而指令本身在代码段中存放, 当机器从内存取指令到 CPU 时, 操作数作为指令的一部分被一起取出来存入 CPU 的指令队列中。当 CPU 开始执行这条指令时, 就可以立即得到操作数而无须再到内存去取。

例 4.1 下面指令中的源操作数使用了立即数寻址方式。

```
MOV AL,6
```

指令执行以后，AL=06H。指令中的立即数 6 在机器中是 8 位而不是 4 位的。

例 4.2 下面指令中的源操作数也使用了立即数寻址方式。

```
MOV AX,12AF
```

指令执行以后，AX=12AFH，即 AH=12H，AL=AFH，遵循高位数据在高地址的规定。

以上两条指令在 Debug 下的实验如图 4-1 所示。要注意，例题指令中的十六进制数需要加 H，图 4-1 中是 Debug 环境，Debug 中十六进制数不加 H。

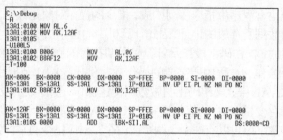

图 4-1 立即寻址示例

由图 4-1 可见，指令 MOV AX,12AF 的机器指令为 B8AF12，指令中直接含有操作数 12AF，而且操作数在指令中遵循"双高"原则存放。立即寻址方式在内存中的存放示意如图 4-2 所示。

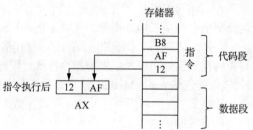

图 4-2 立即寻址方式在内存中的存放示意

4.2 寄存器寻址方式

操作数就是寄存器中的值，这种寻址方式称为寄存器寻址方式，在指令中给出寄存器名。

对于 16 位操作数，寄存器可以是 AX、BX、CX、DX、SI、DI、SP 和 BP 等；对于 8 位操作数，寄存器可以是 AH、AL、BH 、BL、CH、CL、DH、DL 等。

例 4.3 下面指令中的两个操作数均使用了寄存器寻址方式。

```
MOV AX,BX
```

指令执行后，AX=BX，BX 保持不变。

在寄存器寻址方式中，由于操作数在 CPU 内部的寄存器中，指令在执行时不需要访问内存，因而执行速度快，这一点和立即寻址方式相同。不同的是，立即数是指令的一部分，寄存器寻址方式中的操作数在 CPU 内部的寄存器中。

寄存器寻址方式的用途：用于指定两个寄存器作为操作数。

立即寻址方式和寄存器寻址方式的指令在执行时，都无须到存储器中寻找操作数。

4.3 节介绍的各种寻址方式的操作数都在存储器中，要想得到操作数，CPU 必须经过系统总线访问存储器，在指令执行阶段通过采用不同寻址方式求得操作数地址，才能取得操作数。由于存储器各个段的段基址已分别由各个段寄存器存放，因此我们只需要根据操作数的偏移地址就可求出其物理地址，这里也可把偏移地址称为有效地址（Effective Address，EA）。

4.3　存储器寻址方式

4.3.1　直接寻址方式

操作数的有效地址就在指令中，这种寻址方式称为直接寻址方式。这种方式在指令中直接给出了操作数的有效地址，当指令被机器取到 CPU 中并执行时，CPU 就可以马上从指令中获取有效地址。

指令形式如下：

```
MOV AX, DS:[4050H]
```

操作数的有效地址直接写在指令中，用方括号里的数值作为操作数的偏移地址（有效地址）。操作数在数据段，由 DS 指出，即操作数本身存放在数据段中。CPU 在取指令阶段可直接取得操作数的有效地址，因而称为直接寻址方式。CPU 根据有效地址和段基址寄存器 DS 中的段基址计算出物理地址后，再访问存储器取出操作数的数值。

操作数的物理地址=(DS)×10H+有效地址

在书写汇编源程序（ASM 文件）的时候，对于直接寻址方式而言，必须用前缀"DS:"指出存储单元在数据段中。例如，DS:[2000H]代表一个数据段的存储单元，其偏移地址为 2000H。如果没写前缀"DS:"，则系统在用 MASM 汇编时就认为 2000H 是立即数而不是偏移地址。但是如果是用 Debug 的 A 命令输入指令，就不用加上前缀，系统均默认其为数据段。

以上指令在 Debug 下的实验如图 4-3 所示。

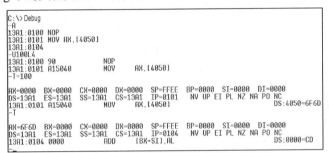

图 4-3　直接寻址方式示例

由图 4-3 可见，在 Debug 中使用 A 命令输入指令 MOV AX,[4050]。使用 U 命令对该指令进行反汇编，可以看到其机器指令为 A15040，指令中直接含有操作数的地址，而且 4050H 在指令中也是遵循"双高"原则存放的。

由图 4-3 可见，DS=13A1H，DS:4050=6F6DH，则指令执行以后，AX=6F6DH。

直接寻址方式适用于处理单个变量。在本书中，我们将存储单元看成变量，存储单元的名字（偏移地址）为变量名，存储单元的内容为变量值。

（1）存储器读操作

例 4.4　下面指令中的源操作数使用了直接寻址方式。

```
MOV AX,DS:[2000H]
```

该指令表示从数据段的 2000H 单元读出一个字送入 AX。

其中(DS)=1500H，(17000H)=31H，(17001H)=65H，(AX)=1020H，则

有效地址=2000H

物理地址=(DS)×10H+有效地址=15000H+2000H=17000H

执行指令后(AX)=6531H。

（2）存储器写操作

如果要实现 CPU 写内存操作，只需把 MOV 指令的目的操作数变为存储单元，源操作数变为 CPU 的寄存器。

例 4.5 下面指令中的目的操作数使用了直接寻址方式。

```
MOV DS: [4000H], AX
```

将 AX 的值写入数据段的 4000H 单元。已知(DS)=1500H，(AX)=3946H。则

有效地址=4000H

物理地址 =(DS)×10H+有效地址=15000H+4000H=19000H

执行指令后：(19000H)=46H，(19001H)=39H。

（3）符号地址

直接寻址方式除了用数值作为有效地址之外，还可以用符号地址。为存储单元定义一个名字，该名字就是符号地址，如果把存储单元看成变量，该名字就是变量名。

采用符号地址时，用数据定义伪指令 DB、DW 等定义的存储单元名字，其对应的段默认为数据段；但是如果用 EQU 符号定义伪指令来定义符号地址，则需要加上前缀"DS:"。

实际上，源程序中的变量总是用符号定义的，通常使用符号来表示操作数地址，这样可以方便程序员的编写和记忆，而不是用具体的数值表示。汇编语言源程序在汇编时，符号地址被转换为实际的偏移地址。

例 4.6 本例题中 VALUE 是变量，两条 MOV 指令中的源操作数均使用了直接寻址方式。

```
VALUE DW 5678H
MOV AX, VALUE
MOV AX, [VALUE]
```

该指令表示从数据段的 VALUE 单元读出数据 5678H 送入 AX。

有效地址=VALUE=1000H，

物理地址=(DS)×10H+有效地址=15000H+1000H=16000H。

若(16000H)=5678H，执行指令后：(AX)=5678H。

（4）段超越前缀

在与内存有关的寻址方式中，操作数在数据段，80x86 规定除了数据段之外，数据还可以存放在其他 3 种段中。如果操作数在其他段中存放，称为段超越，需要在指令中用段超越前缀指出，即在操作数前加上段寄存器名和冒号表示。

例 4.7 本例题中 VALUE 是变量，两条 MOV 指令中的源操作数均使用了直接寻址方式，并使用了段超越修改了存放内存单元段基址的段寄存器。

```
VALUE DW 1000H
MOV AX, DS: [VALUE]
MOV AX, ES: [VALUE]
```

若已知(ES)=3600H，有效地址=VALUE=1000H，则有段超越前缀 ES 的指令源操作数的物理地址计算方法为：

物理地址=(ES)×10H+有效地址=36000H+1000H=37000H。

若字单元(37000H)=9091H，则执行完 MOV AX, ES: [VALUE]后：(AX)=9091H。

需要提醒的是：上面的指令形式是在汇编源程序中的书写格式，在 Debug 下用 A 命令输入寻址方式指令时，不能使用符号地址，要使用具体的偏移地址值；用段超越指令时，需要将段超越前缀单独在一行输入，不要写在 MOV 指令前，如图 4-4 所示。

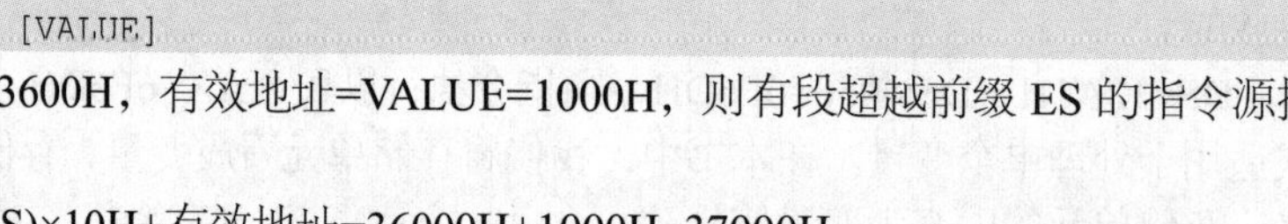

```
C:\>Debug
-A
13A1:0100 MOV AX,[1000]
13A1:0103 ES:
13A1:0104 MOV AX,[1000]
13A1:0107 _
```

图 4-4 Debug 环境使用段超越前缀

直接寻址方式的用途：用于直接指定一个变量作为操作数。

4.3.2 寄存器间接寻址方式

操作数的有效地址就在寄存器中，这种寻址方式称为寄存器间接寻址方式。寄存器间接寻址方式与寄存器寻址方式不同，它不是把寄存器的内容作为操作数，而是把寄存器的内容作为操作数的地址，而操作数还是在内存中，故称为寄存器间接寻址。注意，在寄存器间接寻址中只允许使用 BX、BP、SI 和 DI。

操作数的物理地址=$(DS) \times 10H+(BX)$。

操作数的物理地址=$(DS) \times 10H+(SI)$。

操作数的物理地址=$(DS) \times 10H+(DI)$。

操作数的物理地址=$(SS) \times 10H+(BP)$。

在这种寻址方式中，操作数同样可以用段超越前缀，此寻址方式适用于简单的表格处理。

例 4.8 下面指令中的源操作数使用了寄存器间接寻址方式。

```
MOV AX, [BX]
```

已知$(DS)=1500H$，$(BX)=4580H$，则有效地址=$(BX)=4580H$。

物理地址=$(DS) \times 10H+$有效地址=$15000H+4580H=19580H$。

若$(19580H)=2364H$，则执行指令后：$(AX)=2364H$。

例 4.9 下面指令中的目的操作数使用了寄存器间接寻址方式。

```
MOV ES:[DI], AX
```

已知$(ES)=2500H$，$(DI)=5318H$，则有效地址=$(DI)=5318H$。

物理地址=$(ES) \times 10H+$有效地址=$25000H+5318H=2A318H$。

若$(AX)=2468H$，则执行指令后：$(2A318H)=68H$，$(2A319H)=24H$。

例 4.10 寄存器间接寻址示例。

```
MOV  AX, [BX]      ; 默认 DS 寄存器存放段基址
MOV  DX, [BP]      ; 默认 SS 寄存器存放段基址
MOV  ES:[DI], AX   ; 指定 ES 寄存器存放段基址
```

具体代码如图 4-5 所示。

```
-U100L9
13A1:0100 90          NOP
13A1:0101 8B07        MOV    AX,[BX]
13A1:0103 8B5600      MOV    DX,[BP+00]
13A1:0106 26          ES:
13A1:0107 8905        MOV    [DI],AX
-T=100

AX=0000  BX=0000  CX=0000  DX=0000  SP=FFEE  BP=0000  SI=0000  DI=0000
DS=13A1  ES=13A1  SS=13A1  CS=13A1  IP=0101   NV UP EI PL NZ NA PO NC
13A1:0101 8B07        MOV    AX,[BX]                           DS:0000=20CD
-T

AX=20CD  BX=0000  CX=0000  DX=0000  SP=FFEE  BP=0000  SI=0000  DI=0000
DS=13A1  ES=13A1  SS=13A1  CS=13A1  IP=0103   NV UP EI PL NZ NA PO NC
13A1:0103 8B5600      MOV    DX,[BP+00]                        SS:0000=20CD
-T

AX=20CD  BX=0000  CX=0000  DX=20CD  SP=FFEE  BP=0000  SI=0000  DI=0000
DS=13A1  ES=13A1  SS=13A1  CS=13A1  IP=0106   NV UP EI PL NZ NA PO NC
13A1:0106 26          ES:
13A1:0107 8905        MOV    [DI],AX                           ES:0000=20CD
```

图 4-5 寄存器间接寻址示例

图 4-5 中第一条指令 NOP 为空操作，是为了便于观察跟踪指令有意安排的。由于 BX、BP、SI 寄存器的值为 0，因此由图中右侧可见，上面 3 条指令的操作数逻辑地址分别是：

```
DS:0000
SS:0000
ES:0000
```

巧合的是，这里 3 个内存单元的值都是 20CD。

注意，若指令中指定 BX、SI、DI 寄存器作间接寻址的有效地址，则默认 DS 寄存器作段基址；

若指令中指定 BP 寄存器作间接寻址的有效地址，则默认 SS 寄存器作段基址。

寄存器间接寻址方式的用途：用寄存器间接指向一个内存单元，寄存器的值不同，指向的内存单元的地址就不同，常用于循环程序中。

4.3.3 寄存器相对寻址方式

操作数的有效地址是一个寄存器的值和位移量之和，这种寻址方式称为寄存器相对寻址方式。和寄存器间接寻址方式不同的是，有效地址的构成除了寄存器以外，还要加上位移量。这里允许的寄存器和默认段寄存器的规定与寄存器间接寻址方式中一样，默认搭配也是 DS 段寄存器和 BX、SI、DI，SS 段寄存器和 BP。

操作数的物理地址=(DS)×10H+(BX)+8 位（16 位）位移量。

操作数的物理地址=(DS)×10H+(SI)+8 位（16 位）位移量。

操作数的物理地址=(DS)×10H+(DI)+8 位（16 位）位移量。

操作数的物理地址=(SS)×10H+(BP)+8 位（16 位）位移量。

由于有相对的位移量，因此称为寄存器相对寻址方式。此寻址方式常用于查表操作。可利用寄存器作为首地址，用位移量作为指针寻找表中特定的单元；或用位移量作为表格的首地址，用寄存器作为指针，来连续查表。

例 4.11 下面指令中的源操作数使用了寄存器相对寻址方式。

```
MOV AX, TOP[SI]
```

以上指令中 TOP 为符号地址，即位移量。

已知(DS)=1500H，(SI)=7310H，TOP=25H，则

有效地址=(SI)+TOP=7310H+25H=7335H

物理地址=(DS)×10H+有效地址=15000H+7335H=1C335H

若(1C335H)=2428H，则执行指令后：(AX)=2428H。

例 4.12 下面指令中的目的操作数使用了寄存器相对寻址方式，2623H 是位移。

```
MOV [BX+2623H], AX
```

或写成

```
MOV [BX].2623H, AX
```

已知(DS)=1500H，(BX)=6854H，则有效地址=(BX)+2623H=8E77H，物理地址=(DS)×10H+有效地址=15000H+8E77H=1DE77H。

若(AX)=3567H，则执行指令后：(1DE77H)=3567H。

例 4.13 寄存器相对寻址方式示例。

```
MOV AX, ARRY[BX]
MOV AX, [ARRY][BX]
MOV AX, [ARRY+BX]
MOV AL, BUF[BX]
MOV AL, [BX+8H]
MOV AL, [BX].8H
```

上面的前 3 条指令写法不同，但都是等效的。其中的位移量 ARRY 通常是 16 位的变量，因为要和 16 位的寄存器匹配。注意，这里源操作数的有效地址是由 ARRY 的偏移地址加上 BX 的值组成的。ARRY 也可以是常量，第 4 条指令中的 BUF 通常是 8 位的变量，也可以是常量。

寄存器相对寻址方式的用途：特别适合用于访问一维数组，寄存器中的值可作为数组下标（或数组元素的位置），利用修改寄存器的值来定位数组中的各个元素。

4.3.4 基址变址寻址方式

操作数的有效地址是一个基址寄存器和一个变址寄存器的内容之和，这种寻址方式称为基址变址

寻址方式。允许使用的基址寄存器为 BX 和 BP，变址寄存器为 SI 和 DI。默认段寄存器的规定与寄存器间接寻址方式中的规定一样。

操作数的物理地址=(DS)×10H+(BX)+(DI)。

操作数的物理地址=(DS)×10H+(BX)+(SI)。

操作数的物理地址=(SS)×10H+(BP)+(SI)。

操作数的物理地址=(SS)×10H+(BP)+(DI)。

例 4.14　下面指令中的源操作数使用了基址变址寻址方式。

```
MOV AX, [BX+DI]
```

已知(DS)=2100H，(BX)=0158H，(DI)=10A5H，(221FD)=34H，(221FE)=95H，(AX)=0FFFFH，则

有效地址=(BX)+(DI)=0158H+10A5H=11FDH

物理地址=(DS)×10H+有效地址=21000H+11FDH=221FDH

执行后，(AX)=9534H。

例 4.15　基址变址寻址方式示例。

```
MOV  AX, [BX][SI]       ; 默认 DS 寄存器作段基址
MOV  AX, [BP][DI]       ; 默认 SS 寄存器作段基址
MOV  AX, ES:[BX][DI]    ; 指定 ES 寄存器作段基址
MOV  DX, [BP][SI]       ; 默认 SS 寄存器作段基址
MOV  [BX+DI], CX        ; 默认 DS 寄存器作段基址
MOV  [BP+SI], AL        ; 默认 SS 寄存器作段基址
```

这种寻址方式可用于一维数组的处理，数组的首地址可放在基址寄存器中，利用修改变址寄存器的内容来定位数组中的各元素。由于基址寄存器和变址寄存器都可以修改，因此访问数组中的各个元素更加灵活。

4.3.5　相对基址变址寻址方式

操作数的有效地址是一个基址寄存器的值和一个变址寄存器的值以及一个位移量之和，这种寻址方式称为相对基址变址寻址方式。它所允许使用的基址寄存器为 BX 和 BP，变址寄存器为 SI 和 DI。默认段寄存器的规定与寄存器间接寻址方式中的一样。位移量可以是常量，也可以是符号地址。

操作数的物理地址=(DS)×10H+(BX)+(DI)+8 位（16 位）位移量

操作数的物理地址=(DS)×10H+(BX)+(SI)+8 位（16 位）位移量

操作数的物理地址=(SS)×10H+(BP)+(SI)+8 位（16 位）位移量

操作数的物理地址=(SS)×10H+(BP)+(DI)+8 位（16 位）位移量

例 4.16　相对基址变址寻址方式示例。

```
MOV  AX, MASK[BX][SI]    ; 默认 DS 寄存器作段基址
MOV  AX, [MASK+BX+SI]    ; 默认 DS 寄存器作段基址
MOV  AX, [BX+SI].MASK    ; 默认 DS 寄存器作段基址
```

以上 3 种表示形式实现的功能是一样的。其有效地址=MASK+(BX)+(SI)，物理地址=(DS)×10H+EA。

这种寻址方式可用于二维数组的处理，数组的首地址为 ARRY，基址寄存器指向数组的行，变址寄存器指向该行的某个元素。

本章小结

本章主要介绍了操作数的寻址方式。常用的寻址方式有 7 种之多，到底选择哪一种较为合适？选择寻址方式有两个原则：第一，实用；第二，有效。最终都应达到实现运行速度快、指令代码短的高效率目标程序的目的。立即寻址和寄存器寻址无论从指令长度还是指令执行时间来看，都比存储寻

址要好，但是也要依据情况灵活选用。

基址变址寻址和相对基址变址寻址稍微复杂一些，一般用于一维数组和二维数组的处理。另外关于双操作数的指令有两点提示，后面将在伪指令中进行更加详细的介绍。

CPU 与内存交换数据，通过地址线选中内存单元，经数据线对该内存单元进行读出或写入操作。如果要用一条指令把内存单元 A 的数据传送到另一个内存单元 B，需要在地址线上同时给出这两个变量的地址，显然不现实。如果一定要设计一条指令做这件事，那指令的操作也只能分两步进行，第一步是读出 A 单元的数据，此时地址线上是 A 单元的地址；第二步是将数据写到 B 单元，此时地址线上是 B 单元的地址。为了便于设计，双操作数指令中规定不能两个操作数同为内存单元。但有些单操作数指令是可以完成两个内存单元直接传送的。

习题 4

4.1 何为段基址？何为有效地址？何为逻辑地址？何为物理地址？用指令举例说明。

4.2 指出以下指令的寻址方式，ARRAY 是变量。

（1）MOV　　AX, 9

（2）MOV　　BYTE PTR[BX],9

（3）MOV　　BX,[DI]

（4）MOV　　AX,BX

（5）MOV　　[SI+BX],9

（6）MOV　　ARRAY[BX],CX

（7）MOV　　AX, ARRAY+9

（8）MOV　　AX, ARRAY[BX+DI]

4.3 假定(DS)=1200H，(SS)=4400H，(BX)=463DH，(BP)=2006H，(SI)=6A00H，位移量 D=4524H，以 AX 寄存器为目的操作数，试写出以下各种寻址方式下的传送指令，并确定源操作数的有效地址和物理地址。

（1）立即寻址。

（2）直接寻址。

（3）使用 BX 的寄存器寻址。

（4）使用 BX 的寄存器间接寻址。

（5）使用 BP 的寄存器相对寻址。

（6）基址变址寻址。

（7）相对基址变址寻址。

4.4 在数据段定义了 ARRAY 数组，其中依次存储了 5 个字数据，ARRAY 的起始地址（第一个数据的地址）为 24H，请用不同寻址方式的指令，把第 5 个字送 AX 寄存器，指令条数不限。

第 5 章　常用指令系统

05

每种计算机都有一组指令集供用户使用，这组指令集称为计算机的指令系统。汇编语言常用指令进行软件的加密和解密、计算机病毒的分析和防治，以及程序的调试和错误分析等各个方面。计算机病毒的分析和防治关乎网络安全，甚至国家安全，是安邦定国的重要基石。2022 年以来，加密行业黑客攻击事件频发，据报告，2022 年上半年，全球加密行业黑客攻击事件共计 187 起，损失高达 20 亿美元。维护国家安全是人民根本利益所在，掌握汇编常用指令系统是计算机类专业学生培养的重要目标之一。

本章主要介绍 16 位结构的 Intel 80x86 系列 CPU 使用的 16 位指令系统，但其对于 32 位 CPU 来说也是完全兼容的。通过本章的学习，读者应该掌握汇编语言常用指令的格式和功能，并能使用这些指令编写汇编源程序。

80x86 汇编语言指令的一般格式为：

```
[标号:]    指令助记符    [操作数]    [;注释]
```

例如：

```
START: MOV AX, DATA  ; DATA 送入 AX
```

一般格式中的方括号"[]"内的内容为可选项，可见一条指令中，只有指令助记符是必不可少的。

各部分的意义说明如下。

1. 标号

标号是一个符号地址，用来表示指令在内存中的位置，以便程序中的其他指令能引用该指令。它通常作为转移指令的操作数，以表示转向的目标地址。当一条指令使用标号时，应加冒号":"，不可省略。

2. 指令助记符

指令助记符表示指令名称，是指令功能的英文缩写。如"MOV"表示传送指令。

3. 操作数

操作数表示指令要操作的数据或数据所在的地址。操作数可以是寄存器、常量、变量，也可以是表达式。80x86 指令一般带有 0 个、1 个或 2 个操作数。对于双操作数指令，左边的操作数参与指令操作并存放操作结果，因此称作目的操作数（DST）；而右边的操作数仅仅参与指令操作，指令运行结束后，内容不变，因此称作源操作数（SRC）。另外，2 个操作数之间用逗号","分隔。如上面的例子中，AX 寄存器是目的操作数，DATA 是源操作数。

4. 注释

注释由分号";"开始，是为了使程序更容易理解而用来对指令的功能加以说明的文字。汇编程序对源程序进行汇编时，对注释部分不做处理。若注释超过一行，则在每行都必须以分号开头。

指令分为以下 5 类：

- 数据传送指令；
- 算术运算指令；
- 逻辑指令与移位指令；
- 串操作指令；
- 程序转移指令（将在第 7 章和第 8 章讲解）。

5.1 数据传送指令

数据传送指令负责在寄存器、存储单元或 I/O 端口之间传送数据，是最简单、最常用的一类指令，可分为 4 种：通用数据传送指令、累加器专用传送指令、地址传送指令、标志寄存器传送指令。

5.1.1 通用数据传送指令

通用数据传送指令有如下几种。

（1）MOV 传送指令

格式：

```
MOV  DST,SRC
```

操作：

```
(DST)←(SRC)
```

将源操作数传送到目的操作数。

其中，DST 表示目的操作数，SRC 表示源操作数。

MOV 指令为双操作数指令，须遵循双操作数指令的规定。

① 源操作数的长度与目的操作数的长度必须明确且一致，即必须同时为 8 位或 16 位。

② 目的操作数与源操作数不能同为存储器，不允许在两个存储单元之间直接传送数据。

③ 目的操作数不能为 CS 或 IP，这里因为 CS:IP 指向的是当前要执行的指令所在的地址。

④ 目的操作数不可以是立即数。

例 5.1 立即数与寄存器的传送。

```
MOV  AH, 22                    ; 十进制数
MOV  AX, 2022H                 ; 十六进制数，后面加 H
MOV  AX, 0ABCDH                ; 十六进制数，因非数字（0～9）开头，前面加 0
MOV  AL, 10001011B             ; 二进制数，后面加 B
MOV  AL, 'A'                   ; 字符'A'的 ASCII 值是 41H，相当于立即数
```

说明：这 5 条指令中，源操作数均采用立即数寻址，但目的操作数是寄存器，其长度是明确的，只要立即数的长度不大于寄存器的位数即可。

以下指令是错误的：

```
MOV  AH, 2022H
```

由于源操作数 2022H 表示成二进制数超出 8 位，也就是其长度比目的寄存器的位数大，因此指令是错误的。

例 5.2 内存访问。

```
MOV  [BX], AX
```

上述指令的源操作数是寄存器 AX，明确是 16 位的，内存单元[BX]可以表示指向一个字单元，因此长度是一致的，指令合法。

以下指令是错误的：

```
MOV  [BX],0
```

上述指令的源操作数是立即数，其长度是不确定的；目的操作数是内存单元，但以低地址访问内存单元时，[BX]并不能说明是字节单元还是字单元，因此其长度也是不确定的。

为了解决这个问题，可以在指令中指定内存单元的类型，将上述指令改写为下面两种形式：

```
MOV  BYTE PTR[BX],0  ; BYTE PTR 说明是字节操作，写一个字节单元
MOV  WORD PTR[BX],0  ; WORD PTR 说明是字操作，写一个字单元
```

这样目的操作数的长度就是明确的，指令是正确的。

例 5.3　段基址寄存器的传送。

```
MOV AX, DATA_SEG
MOV DS, AX
```

段基址寄存器须通过寄存器得到段基址，不能直接由符号地址、段寄存器、立即数得到。

以下指令是错误的：

```
MOV  DS, DATA_SEG        ; 段寄存器不接受符号地址
MOV  DS, ES              ; 段寄存器之间不能直接传送
MOV  DS, 2022H           ; 段寄存器不接受立即数
MOV  CS, AX              ; 指令合法，但代码段寄存器不能赋值
```

例 5.4　传送变量。

```
MOV BX,  TABLE           ; 假定 TABLE 是 16 位的变量
```

把变量 TABLE 的值送给 BX 寄存器。

以下指令是错误的：

```
MOV  BL, TABLE           ; TABLE 是 16 位的变量，操作数长度不一致
MOV  [BX], TABLE         ; 两个操作数不能同为内存单元
```

例 5.5　传送地址。

```
MOV BX,  OFFSET TABLE
```

OFFSET 为偏移地址属性操作符，通常是把变量 TABLE 的偏移地址送给 BX 寄存器。

以下指令是错误的：

```
MOV  BL, OFFSET  TABLE
```

不管变量的类型如何，其有效地址总是 16 位。

（2）PUSH 进栈指令

格式：

```
PUSH  SRC
```

操作：

$$(SP) \leftarrow (SP) - 2$$
$$((SP)+1,(SP)) \leftarrow (SRC)$$

其中 SRC 表示源操作数。

该条指令表示将源操作数压入堆栈（目的操作数），目的操作数地址由 SS:SP 指定，指令中无须给出。堆栈是后进先出（Last In First Out，LIFO）内存区，SP 总是指向栈顶。因此入栈时，先将栈顶指针 SP 减 2（2 表示 2 个字节，即 16 位机器字长），以便指向新的内存地址接收 16 位源操作数，同时指向新的栈顶。堆栈操作以字为单位进行。

（3）POP 出栈指令

格式：

```
POP  DST
```

操作：

$$(DST) \leftarrow ((SP)+1,(SP))$$
$$(SP) \leftarrow (SP)+2$$

其中 DST 表示目的操作数。

该条指令将堆栈中源操作数弹出到目的操作数，源操作数地址由 SS:SP 指定，指令中无须给出。源操作数弹出后，SP 加 2，下移一个字，指向新的栈顶。

例 5.6 进栈和出栈。

```
MOV  BX, 2022H
PUSH  BX
POP  AX
```

指令执行情况如图 5-1 所示，进栈时 SP−2，SP 向低地址移动；出栈时 SP+2，SP 向高地址移动。

例 5.7 主存内容的堆栈操作。

实际上在 Debug 下，我们会发现如下指令也是合法的：

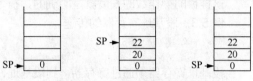

图 5-1　PUSH 和 POP 指令执行情况

```
PUSH  [2022]      ;把地址为 DS:[2022]的字送往栈顶（SS:SP 所指内存）
POP  [2022]      ;把栈顶（SS:SP 所指内存）的字送往 DS:[2022]的内存
```

指令执行的内存情况如图 5-2 所示。

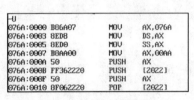

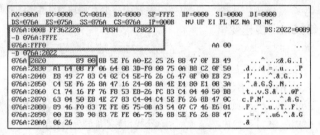

（a）反汇编的汇编程序段　　　　　　（b）执行 PUSH 命令前的堆栈单元以及[2022]内存单元

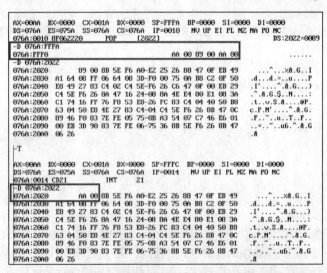

（c）执行 PUSH 命令后的堆栈状况以及执行 POP 命令后的[2022]内存单元

图 5-2　PUSH 和 POP 指令执行的内存情况

这两条指令都为单操作数指令，但实际上另一个默认的操作数是栈顶，即 SS:SP 所指向的内存。而做的操作是从内存到内存的传送！这在双操作数 MOV 指令中是不允许的。

（4）XCHG 交换指令

格式：

```
XCHG  OPR1, OPR2
```

操作：

```
(OPR1) ← →(OPR2)
```

其中 OPR1、OPR2 为操作数。

该条指令把两个操作数互换位置。

XCHG 为双操作数指令，两个操作数均是目的操作数，即使遵循双操作数指令的规定，也不能用立即数寻址。

例 5.8 XCHG 指令举例。

```
XCHG AX,  BX          ; 两个寄存器长度相等
XCHG AX,  [BX]        ; AX 要求[BX]也取字单元
XCHG AX,  VAR         ; VAR 必须是字变量
```

以下指令是错误的：

```
XCHG AX,  5H          ; 操作数不能为立即数
XCHG [BX], VAR        ; 操作数不能同为内存单元
XCHG AX,  BH          ; 操作数长度要一致
```

5.1.2 累加器专用传送指令

I/O 端口是 CPU 与外设传送数据的接口，单独编址，不属于内存。端口地址范围为 0000H～FFFFH。累加器专用传送指令只限于 AX、AL（也称累加器）。常用的累加器专用传送指令如下。

（1）IN 输入指令

把端口号 PORT 或由 DX 指向的端口的数据输入累加器，根据端口号的长度，分为长格式和短格式两种形式。

① 长格式：

```
IN  AL,PORT(字节)
IN  AX,PORT(字)
```

操作：

```
AL ←(PORT)
AX ←(PORT)
```

其中 PORT 为端口号，端口号范围为 00H～FFH 时，可以使用长格式指令。所谓长格式指令，是指其机器指令长度为 2 个字节（端口号占 1 个字节）。

② 短格式：

```
IN  AL,DX(字节)
IN  AX,DX(字)
```

操作：

```
AL ←((DX))
AX ←((DX))
```

其中 DX 为端口号，端口号范围为 0100H～0FFFFH 时，必须使用短格式指令。短格式指令长度为 1 个字节，这是因为端口号存放在 DX 寄存器中。

例 5.9 读端口 1。

```
IN  AX,  61H
MOV BX,  AX
```

把端口 61H 的 16 位数据输入累加器 AX，再转送 BX 寄存器。

例 5.10 读端口 2。

```
MOV DX,  2F8H
IN  AL,  DX
```

把端口 2F8H 的 8 位数据输入累加器 AL。

以下指令是错误的：

```
IN   AX,  2F8H     ; 端口 2F8H 超出 8 位，不能用长格式
IN   AX,  [DX]     ; 端口地址不能加方括号
```

（2）OUT 输出指令

把累加器的数据输出到端口 PORT 或由 DX 指向的端口。与输入指令相同，其根据端口号的长度，分为长格式和短格式两种形式。

① 长格式：

```
OUT  PORT,AL(字节)
OUT  PORT,AX(字节)
```

操作：

```
PORT ← AL
PORT ← AX
```

② 短格式：

```
OUT  DX,AL(字节)
OUT  DX,AX(字节)
```

操作：

```
(DX) ← AL
(DX) ← AX
```

例 5.11 写端口。

```
OUT  61H,  AL
OUT  DX,   AL
```

（3）XLAT 换码指令

格式：

```
XLAT
```

操作：

```
AL ← (BX+AL)
```

把 BX+AL 的值作为有效地址，取出其中的一个字节送入 AL 寄存器。

例 5.12 换码。

```
DATA SEGMENT
   ORG 0100H
   STRING DB 'ABCDEFG'
DATA ENDS

CODE SEGMENT
MAIN PROC FAR
   ASSUME CS:CODE,DS:DATA
   START:
       MOV AX,DATA
       MOV DS,AX
       MOV BX,0100H
       MOV AL,04H
       XLAT
       INT 21H
       MOV AH,4CH
       INT 21H
MAIN ENDP
CODE ENDS
END START
```

换码指令执行情况如图 5-3 所示。

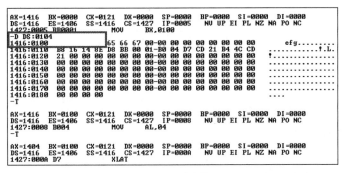

（a）XLAT 执行前

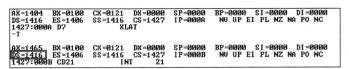

（b）XLAT 执行后

图 5-3　换码指令执行情况

5.1.3　地址传送指令

常用的地址传送指令具体如下。

（1）LEA 有效地址送寄存器指令

格式：

```
LEA REG,SRC
```

操作：

```
REG ← SRC
```

把源操作数 SRC 的有效地址送到指定的寄存器（REG）。

例 5.13　取变量的有效地址。

```
LEA  BX, TABLE
MOV  BX, OFFSET TABLE
```

上面两条指令是等效的。无论 TABLE 是何种类型的变量，其有效地址总是 16 位。

例 5.14　取变量的有效地址。

```
LEA  BX, [2022H]
MOV  BX, OFFSET [2022H]
```

指令执行后，BX=2022H。

（2）LDS 指针送寄存器和 DS 指令

格式：

```
LDS REG,SRC
```

操作：

```
REG ← (SRC)
DS  ← (SRC+2)
```

把源操作数 SRC 所指向的内存单元中两个字送到指定的寄存器 REG 和 DS。

例 5.15　LDS 指令举例。

```
LDS SI, [BX]
```

指令执行前，若 DS=2000H，BX=0400H，(2000:0400)=1234H，(2000:0402)=5678H，则指令执行后，SI=1234H，DS=5678H。

（3）LES 指针送寄存器和 ES 指令

格式：

```
LES   REG,SRC
```

操作：

```
REG ← (SRC)
ES ← (SRC+2)
```

把源操作数 SRC 所指向的内存单元中两个字送到指定的寄存器 REG 和 ES。

5.1.4　标志寄存器传送指令

常用的标志寄存器传送指令有 4 条，它们的格式相同，只有指令助记符部分，操作对象为固定默认值，如表 2-2 所示，且传送类指令（除 SAHF、POPF 外）均不影响标志位。具体介绍如下。

例 5.16　标志寄存器传送

```
LAHF              ; 标志寄存器低字节送入 AH 寄存器
SAHF              ; AH 内容送入标志寄存器
PUSHF             ; 标志入栈
POPF              ; 标志出栈
```

指令执行情况如图 5-4 所示。

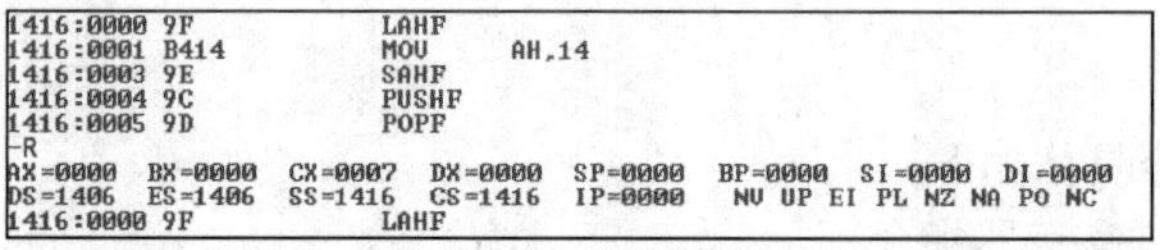

（a）指令执行前

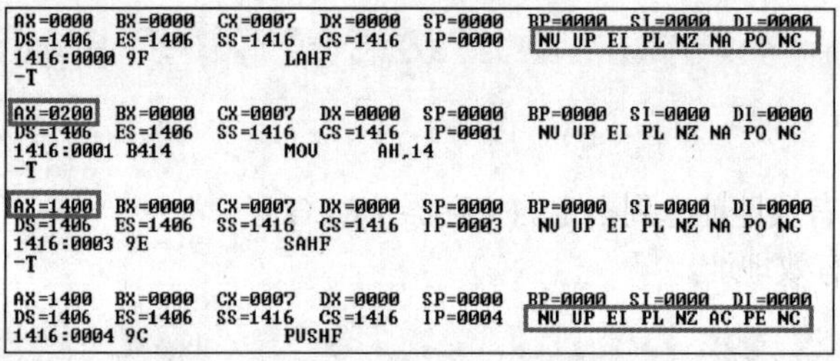

（b）LAHF 和 SAHF 执行后

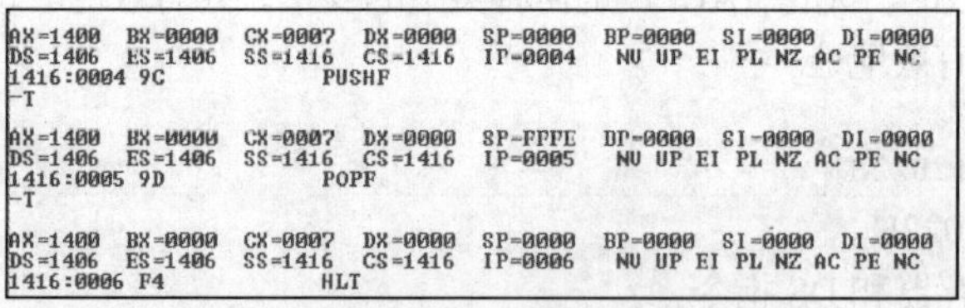

（c）PUSHF 和 POPF 执行后

图5-4　标志寄存器传送指令执行情况

5.2　算术运算指令

加、减、乘、除四则运算是计算机经常进行的基本操作。算术运算指令通常只需要一个操作数，另一个操作数则为默认寄存器，因此进行相关指令操作时，应注意默认的寄存器具体是何种类型。

5.2.1　数据类型扩展指令

当指令需要双操作数时，通常要求两个操作数的长度一致。为了解决操作数长度的一致性问题，有时需要将某一操作数的数据类型进行扩展。下面先介绍两条指令，其将操作数视为有符号数，从而将数据类型从字节扩展成字，或从字扩展成双字。

◆ CBW（Convert Byte to Word）：字节扩展成字。
◆ CWD（Convert Word to Double word）：字扩展成双字。

这两条指令的格式相同，只有操作码部分，无操作数部分。操作数默认为累加器，无须在指令中给出。当执行 CBW 时，默认将 AL 寄存器的内容扩展到 AX 寄存器中，扩展方法为符号扩展，即若 AL 的最高位为 1（负数），则 CBW 指令扩展时使 AH=FFH；若 AL 的最高位为 0（正数），则 CBW 指令扩展时使 AH=00H。当执行 CWD 时，默认将 AX 寄存器的内容扩展到 DX、AX 中，其中 DX 存放双字中的高位，AX 存放双字中的低位。若 AX 的最高位为 1（负数），则 CWD 指令扩展时使 DX=FFFFH；若 AX 的最高位为 0（正数），则 CWD 指令扩展时使 DX=0000H。

例 5.17 正数的扩展。

```
MOV  AH, 11H      ; AH 赋值为 11H
MOV  DX, 1111H    ; DX 赋值为 1111H
MOV  AL, 52H      ; AL 中的 52H 是正数
CBW               ; 指令执行后，AX=0052H
CWD               ; 指令执行后，DX=0000H、AX=0052H
```

指令执行情况如图 5-5 所示。

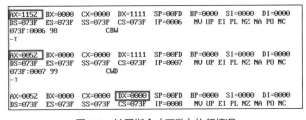

图 5-5 扩展指令（正数）执行情况

例 5.18 负数的扩展。

```
MOV  AH, 11H      ; AH 赋值为 11H
MOV  DX, 1111H    ; DX 赋值为 1111H
MOV  AL, 88H      ; AL 中的 88H 是负数
CBW               ; 指令执行后，AX=FF88H
CWD               ; 指令执行后，DX=FFFFH、AX=FF88H
```

指令执行情况如图 5-6 所示。

图 5-6 扩展指令（负数）执行情况

5.2.2 加法指令

（1）ADD 加法指令

格式：

```
ADD  DST,SRC
```

操作：

```
(DST) ← (DST)+(SRC)
```

ADD 指令将源操作数与目的操作数相加，结果存入目的操作数中。特别需要注意，加法指令执行后会影响标志寄存器中的 CF 和 OF 标志位。

例 5.19 考查无符号数的溢出标志位 CF。

```
MOV  AL, 72H
ADD  AL, 93H
```

指令运算结果如图 5-7 所示。

① 当 93H 和 72H 被视为无符号数时，该指令在机器中执行后，AL 寄存器中的内容为 05H，而不是我们希望的结果 93H+72H=105H。因为 AL 寄存器只能存放 8 位二进制数，而 105H 需要至

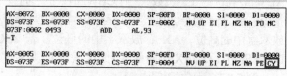

图 5-7 无符号数加法运算结果

少 9 位二进制数才可以表示，显然 AL 寄存器不可能存放入 105H，而只是存放入了低 8 位的数值，即 05H。

那么最高位的进位 1 到哪里去了呢？事实上，最高位的 1 进到标志寄存器中的 CF 位了，我们把这种情况叫作产生进位，也叫无符号数的溢出。

② 当 93H 和 72H 被视为有符号数时，则这两个数据都是补码形式的，其十进制原码转换可得：

72H=01110010B=[114D]=[114D]$_{补}$

93H=10010011B=[-109D]$_{补}$

则上述加法运算等同于十进制数 114 和-109 的加法，显然 AL 寄存器的内容等于 05H 是正确的。

由此可见，当我们用加法运算时，首先自己对参与运算的数要做到心中有数，如果是无符号数，则加法运算的结果是否正确，可参看标志寄存器中的 CF 位。如果 CF=0，表明结果是正确的；如果 CF=1，表明结果是错误的。如果参与运算的数是有符号数，则不需考虑 CF 的结果。

例 5.20 考查有符号数的溢出标志位 OF。

```
MOV  AL, 92H
ADD  AL, 93H
```

指令运算结果如图 5-8 所示。

当 92H 和 93H 均是有符号数时，则其十进制原码转换可得：

92H=10010010B=[-110D]$_{补}$

93H=10010011B=[-109D]$_{补}$

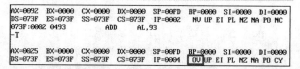

图 5-8 有符号数加法运算结果

则上述加法运算等同于十进制数-110 和-109 的加法，其运算结果应该是-219，但实际运算后 AL 寄存器的内容为 25H。因为 AL 寄存器只有 8 位，其能表示的最小负数为-128，所以结果肯定是溢出了。此时机器对标志寄存器中的 OF 位置 1，表示有符号数的补码加法结果出现溢出。因此，我们根据 OF 位来判断有符号数的补码加法运算结果是否正确。

下面我们以 8 位二进制运算为例，来全面考查无符号数和有符号数运算后的结果以及进位与溢出的情况。8 位二进制数可以表示的十进制数的范围是：无符号数为 0～255，有符号数为-128～+127。

① 无符号数和有符号数运算都正常。

二进制加法	看作无符号数	看作有符号数
0000 0011	3	+3
+0000 0100	+ 4	+(+4)
0000 0111	7	+7
	CF=0	OF=0

② 无符号数运算有溢出。

二进制加法	看作无符号数	看作有符号数
0000 0011	3	+3
+1111 1111	+255	+(−1)
0000 0010	258	+2
	CF=1	OF=0

③ 有符号数运算有溢出。

二进制加法	看作无符号数	看作有符号数
0000 0011	3	+3
+0111 1110	+126	+(+126)
1000 0001	129	+129
	CF=0	OF=1

④ 无符号数运算和有符号数运算都溢出。

二进制加法	看作无符号数	看作有符号数
1000 0001	129	(−127)
+1000 0010	+130	+(−126)
0000 0011	259	−253
	CF=1	OF=1

由上面的分析可知，不管看作无符号数的加法还是有符号数的补码加法，计算机只是做二进制加法，结果是唯一的，但可能是错误的，即存在溢出现象。

当参与运算的数为无符号数时，其最高位的进位将传给 CF 标志位，此时 CF 标志位为 1，反映无符号数运算有溢出。

当参与运算的有符号数一个是正数，一个是负数时，其结果无论是正数或负数，都不会发生溢出。

当两个有符号数的符号相同时，则运算有可能发生溢出，此时需要根据 OF 标志位判断有符号数的加法结果是否溢出。当有符号数发生溢出时，OF 标志位置 1。

出现溢出的原因是用 8 位表示的数据范围太小，此时可以采用 16 位运算。如果 16 位运算还是不行，则可以采用 32 位双字长运算。

（2）ADC 带进位加法指令

格式：

```
ADC  DST,SRC
```

操作：

```
(DST) ← (DST)+(SRC)+CF
```

上面的 CF 为运算前 CF 标志位的值。

例 5.21 用 16 位指令实现 32 位的双精度数的加法运算。设数 A 存放在目的操作数寄存器 DX 和 AX 中，其中 DX 存放高位字；数 B 存放在寄存器 BX 和 CX 中，其中 BX 存放高位字。求数 A 和 B 的和。

设：

```
DX=2000H, AX=8000H
BX=4000H, CX=9000H
```

则指令序列为：

```
ADD  AX, CX              ; 低位字加
ADC  DX, BX              ; 高位字加
```

指令运算结果如图 5-9 所示。

① 第一条指令执行后，AX=1000H，CF=1，OF=1，因为这条指令运算的是数据的低位，所以不必考虑溢出问题，但 CF=1 表示运算有进位，此进位应该是合法的进位。

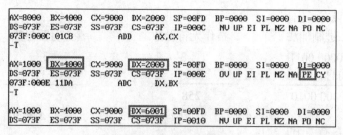

图 5-9　双字加法运算结果

② 第二条指令为 ADC 指令，相比 ADD 指令，其将 CF 标志位的值代入加法中，充分考虑了低位的进位，保证了运算结果的正确性。最终 DX=6001H，CF=0，OF=0，表示结果正常，无溢出。

可以看出，为实现双精度加法，必须用两条指令分别完成低位字和高位字的加法，并在高位字相加时使用 ADC 指令，从而把低位字相加时产生的进位值加进来。这时，不论是无符号数还是有符号数，低位字相加时无须考虑溢出，只有在高位字相加时所产生的 CF 位和 OF 位的值才是判断是否溢出的依据。当用 16 位指令实现 64 位的加法运算时，其道理是一样的。

（3）INC 加 1 指令

格式：

```
INC    OPR
```

操作：

```
(OPR) ← (OPR)+1
```

该指令用于操作数自增 1，不影响 CF 标志位。

5.2.3　减法指令

（1）SUB 减法指令

格式：

```
SUB  DST,SRC
```

操作：

```
(DST) ← (DST)-(SRC)
```

SUB 指令将目的操作数与源操作数相减，结果存入目的操作数中。减法指令与加法指令类似，执行后会影响标志寄存器中的 CF 和 OF 标志位。

（2）SBB 带借位减法指令

格式：

```
SBB  DST,SRC
```

操作：

```
(DST) ← (DST)-(SRC)-CF
```

其中，CF 为运算前 CF 标志位的值。

（3）DEC 减 1 指令

格式：

```
DEC  OPR
```

操作：

```
(OPR) ← (OPR)-1
```

该指令不影响 CF 标志位。

（4）NEG 求补（求相反数）指令

格式：

```
NEG  OPR
```

操作：

```
(OPR) ← -(OPR)
```

需要注意，本条指令功能与求一个数的补码是不同的，本条指令相当于执行常数 0 减去操作数 OPR。

（5）CMP 比较指令

格式：

```
CMP  OPR1,OPR2
```

操作：

```
(OPR1)-(OPR2)
```

本条指令的功能与 SUB 指令相比，唯一的不同在于不回送结果，对标志位的影响相同，目的操作数要求也与 SUB 指令相同。

注意　减法运算的标志位情况与加法运算的类似，CF 标志位指明无符号数的溢出，OF 标志位指明有符号数的溢出。

例 5.22　考查减法中的 CF、OF 标志位。

```
MOV  AL, 72H
SUB  AL, 93H
```

指令运算结果如图 5-10 所示。

指令执行后，AL 寄存器的内容为 DFH。

① 当将 72H 和 93H 视为无符号数时，被减数 72H 比减数 93H 小，不够减，这个结果显然应该是错误的。在实际运算时，计算机允许被减数

```
AX=0072  BX=0000  CX=0000  DX=0000  SP=00FD  BP=0000  SI=0000  DI=0000
DS=073F  ES=073F  SS=073F  CS=073F  IP=0002     NU UP EI PL NZ NA PO NC
073F:0002 2C93          SUB   AL,93
-T

AX=00DF  BX=0000  CX=0000  DX=0000  SP=00FD  BP=0000  SI=0000  DI=0000
DS=073F  ES=073F  SS=073F  CS=073F  IP=0004     NU UP EI NG NZ AC PO CY
```

图 5-10　减法运算结果

向高位借位，因为不存在实际的高位，所以就体现在 CF 标志位。当减法运算中需要借位时，将 CF 标志位置 1，此时说明无符号数运算的溢出，则上式相当于运算 172H-93H=DFH。

② 当将 72H 和 93H 视为有符号数时，被减数 72H 是正数（符号位为 0），减数 93H 是负数（符号位为 1），正数减去负数，其结果应该为正数。而本题运算结果为 DFH（符号位为 1），是一个负数，此时机器对标志位 OF 置 1，说明有符号数运算的溢出。93H 是-109D 的补码，72H 是 114D 的补码，72H-93H=114D-（-109D）=223D，超出了 8 位有符号数的表示范围，因此确实会发生溢出。

与加法运算相反，当参与减法运算的两个有符号数的符号相同时，其结果无论是正数或负数，都不会发生溢出。当两个有符号数的符号相反时，则运算有可能发生溢出，此时需要根据 OF 标志位判断有符号数的减法结果是否溢出。

例 5.23　用 16 位指令实现 32 位的双精度数 A 和 B 的减法运算。设数 A 存放在目的操作数寄存器 DX 和 AX 中，其中 DX 存放高位字；数 B 存放在寄存器 BX 和 CX 中，其中 BX 存放高位字。如：

```
DX=2001H, AX=8000H
BX=2000H, CX=9000H
```

指令序列为：

```
SUB  AX, CX          ; 低位字减法
SBB  DX, BX          ; 高位字减法
```

指令运算结果如图 5-11 所示。

第一条指令执行后，AX=F000H，CF=1，而 OF=0，ZF=0，SF=1，不必在意。

第二条指令执行后，DX=0000H，CF=0，OF=0，表示结果正确。ZF=1，SF=0。

可以看出，为实现双精度减法，必须用两条指

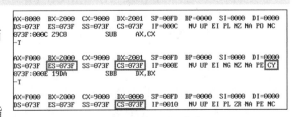

图 5-11　双字减法运算结果

令分别完成低位字和高位字的减法，并在高位字相减时使用 SBB 指令，从而把低位字减法产生的借位加进来。这时，不论是无符号数还是有符号数，低位字相减时无须考虑溢出，只有在高位字相减时所产生的 CF 位和 OF 位的值才是判断是否溢出的依据。用 16 位指令实现 64 位的减法运算，其道理是一样的。

例 5.24 NEG 指令。

```
MOV   AX, 3
NEG   AX
MOV   DX, 0
NEG   DX
```

指令运算结果如图 5-12 所示。

指令序列执行后，AX=FFFDH=-3D（补码），DX=0000H。

可以看出，NEG 指令表示求数 X 的相反数，实际上是求解 0-X。只有当 X=0 时，CF=0，其他情况下 CF=1。

例 5.25 CMP 指令。

```
MOV   AX, 5
DEC   AX
CMP   AX, 5
```

指令运算结果如图 5-13 所示。

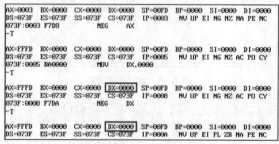

图 5-12　NEG 指令运算结果

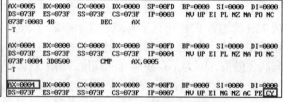

图 5-13　CMP 指令运算结果

指令序列执行后，AX=0004H，ZF=0，SF=1，CF=1，OF=0。

CMP 指令不回送结果，只产生标志位，为程序员比较两个数的大小提供判断依据。

以上加减法指令都可做字或字节运算，除了 INC、DEC 指令不影响 CF 标志位外，其他指令都影响状态标志位。

5.2.4　乘法指令

（1）MUL 无符号数乘法指令

格式：

```
MUL   SRC
```

操作：

当源操作数为字节时，(AX) ← (AL)×(SRC)。

当源操作数为字时，(DX,AX) ← (AX)×(SRC)。

（2）IMUL 有符号数乘法指令

格式和操作与 MUL 指令相同，用来做有符号数乘法。

在乘法指令中，目的操作数默认为累加器 AX，不必在指令中写出。因为两个相乘的数必须长度相同，所以根据 SRC 的长度，默认参与运算的是 AL 寄存器（即 AX 寄存器的低 8 位）的值或者是 AX 寄存器的值。SRC 可以是寄存器或变量，但不能是立即数，因为立即数的长度是不明确的。

运算结果（即乘积）的长度默认是乘数的两倍，不会出现溢出情况。与加减法指令不同的是，在做乘法运算时需根据参与运算的是无符号数还是有符号数，来选择不同的指令。

例 5.26 分别用无符号数和有符号数的乘法计算 AL 与 BL 寄存器的乘积。

```
MOV   AL,  0F1H
MOV   BL,  AL
MUL   BL
IMUL  BL
```

指令运算结果如图 5-14 所示。

```
AX=00F1  BX=00F1  CX=0000  DX=0000  SP=00FD  BP=0000  SI=0000  DI=0000
DS=073F  ES=073F  SS=073F  CS=073F  IP=0004   NV UP EI PL NZ NA PO NC
073F:0004 F6E3          MUL     BL
-T

AX=E2E1  BX=00F1  CX=0000  DX=0000  SP=00FD  BP=0000  SI=0000  DI=0000
DS=073F  ES=073F  SS=073F  CS=073F  IP=0006   OV UP EI PL NZ NA PO CY

AX=00F1  BX=00F1  CX=0000  DX=0000  SP=00FD  BP=0000  SI=0000  DI=0000
DS=073F  ES=073F  SS=073F  CS=073F  IP=0004   NV UP EI PL NZ NA PO NC
073F:0004 F6EB          IMUL    BL
-T

AX=00E1  BX=00F1  CX=0000  DX=0000  SP=00FD  BP=0000  SI=0000  DI=0000
DS=073F  ES=073F  SS=073F  CS=073F  IP=0006   OV UP EI PL NZ NA PO CY
```

图 5-14　MUL 指令和 IMUL 指令的运算结果

当双操作数作为两个无符号数相乘时，指令序列执行后，AX=0E2E1H。

当双操作数作为两个有符号数相乘时，指令序列执行后，AX=00E1H。表明两个负数相乘，结果为正数。

很显然，这两条指令在机器中的操作有很大的不同，IMUL 指令会考虑符号规则。

5.2.5 除法指令

（1）DIV 无符号数除法指令

格式：

```
DIV   SRC
```

操作：

当 SRC 为字节时，(AL)←(AX)/(SRC)的商，(AH)←(AX)/(SRC)的余数。

当 SRC 为字时，(AX)←(DX,AX)/(SRC)的商，(DX)←(DX,AX)/(SRC)的余数。

该指令将参与运算的数据默认为无符号数，则商和余数都是无符号数。

（2）IDIV 有符号数除法指令

指令格式和操作与无符号数除法的相同，用来做有符号数除法。最终商的符号应是两个操作数符号的异或，而余数的符号和被除数符号一致。

在除法指令里，目的操作数必须是寄存器 AX 和 DX，不必在指令中写出。被除数长度应为除数长度的两倍，余数放在目的操作数的高位，商放在目的操作数的低位。其中 SRC 不能是立即数。另外，和做乘法时相同，做除法时需考虑数是无符号数还是有符号数，从而选择不同的指令。

由于除法指令的字节操作要求被除数为 16 位，字操作要求被除数为 32 位，因此往往需要用符号扩展指令使得被除数长度比除数长度大一倍。

需要注意的是，在进行乘法运算时，不会发生溢出问题，但在使用除法指令时，会发生溢出问题。

当除数是字节类型时，除法指令要求商为 8 位。此时如果被除数的高 8 位绝对值大于或等于除数的绝对值，则商会产生溢出。

当除数是字类型时，除法指令要求商为 16 位。此时如果被除数的高 16 位绝对值大于或等于除数的绝对值，则商会产生溢出。

商出现溢出时，系统转 0 号类型中断处理，提示“divide overflow”，并退出程序，返回到操作系统。要想避免出现这种情况，必须在做除法前对溢出做出预判。

例 5.27 做（字节）除法 300H/2H，观察商产生溢出的情况。

```
MOV  AX,  0300H
MOV  BL,  02
DIV  BL
```

此时被除数的高 8 位（AH=03H）绝对值大于除数的绝对值（BL=02H），则商会产生溢出。实际上换成十进制计算也可说明商会产生溢出：300H/2H=768/2=384。显然，8 位的 AL 寄存器存不下商 384。

其实，只要把被除数和除数的长度扩大一倍就可避免商溢出。

例 5.28 做（字）除法 300H/2H，观察商产生溢出的情况。

```
MOV AX, 0300H
CWD
MOV BX, 0002H
DIV BX
```

此时被除数的高 16 位为 0，即 DX=0000H，则商不会产生溢出。显然 AX 寄存器完全能容下商 384。

例 5.29 算术运算综合举例，计算：$(V-(X \times Y+Z-16))/X$。

其中 X、Y、Z、V 均为 16 位有符号数，在数据段定义，要求上式计算结果的商存入 AX，余数存入 DX 寄存器。编制程序如下：

```
DATA   SEGMENT
X  DW  0004H
Y  DW  0002H
Z  DW  0014H
V  DW  0018H
DATA   ENDS
CODE   SEGMENT
ASSUME CS:CODE, DS:DATA
START:
MOV   AX, DATA
MOV   DS, AX
MOV   AX, X
IMUL  Y              ; X×Y
MOV   CX, AX         ; 暂存X×Y的结果
MOV   BX, DX
MOV   AX, Z
CWD                  ; Z符号扩展
ADD   CX, AX         ; 加Z
ADC   BX, DX
SUB   CX, 16         ; 减16
SBB   BX, 0
MOV   AX, V
CWD                  ; V符号扩展
SUB   AX, CX         ; V减X×Y的结果
SBB   DX, BX
IDIV  X
MOV   AH, 4CH
INT   21H
CODE   ENDS
END   START
```

该程序没有显示结果，需要在 Debug 下跟踪运行，验证结果。

经过编辑、汇编、连接生成可执行文件后，用 Debug 调入程序，如图 5-15 所示。

由图 5-15 可见，程序所在范围为偏移地址 0～2C。

图 5-16 描述了程序的调试过程，先用 T 命令执行指令，使 DS 赋值为 076A。

再用 D0 L8 命令可显示位于 DS:0000 处的 8 个字节单元，其值是 4 个 16 位的数据，即 X、Y、Z、V。

用 G=0 2A 命令，从代码段的偏移地址 0 开始执行程序，停于偏移地址 2A 处。尽管程序没有全部结束，但运算结果已经得到，AX=0003、DX=0000 就是结果。

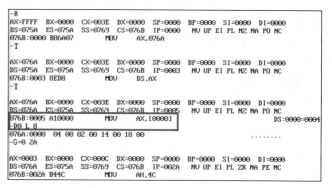

076B:0000 B86A07	MOV	AX,076A
076B:0003 8ED8	MOV	DS,AX
076B:0005 A10000	MOV	AX,[0000]
076B:0008 F72E0200	IMUL	WORD PTR [0002]
076B:000C 8BC8	MOV	CX,AX
076B:000E 8BDA	MOV	BX,DX
076B:0010 A10400	MOV	AX,[0004]
076B:0013 99	CWD	
076B:0014 03C8	ADD	CX,AX
076B:0016 13DA	ADC	BX,DX
076B:0018 83E910	SUB	CX,+10
076B:001B 83DB00	SBB	BX,+00
076B:001E A10600	MOV	AX,[0006]
076B:0021 99	CWD	
076B:0022 2BC1	SUB	AX,CX
076B:0024 1BD3	SBB	DX,BX
076B:0026 F73E0000	IDIV	WORD PTR [0000]
076B:002A B44C	MOV	AH,4C
076B:002C CD21	INT	21

图 5-15　算术运算综合举例　　　　　　　图 5-16　程序调试过程

5.2.6　BCD 码的十进制调整指令

计算机只能进行二进制运算，5.2.2 节～5.2.5 节介绍的所有算术运算指令都是二进制数的算术运算指令，但是人们在程序中习惯使用的是十进制数。这样，当计算机进行计算时，必须先把十进制数转换成二进制数，然后进行二进制数的计算，再将计算结果转换成十进制数输出。这种转换在汇编语言程序设计中需要程序员编程来实现，增加了程序的复杂性。为了简化这种转换，便于十进制数的计算，计算机提供了一组十进制调整指令，这组指令是在二进制数运算的基础上，给予十进制调整，可以直接得到十进制数的结果，但是需要选择一种合适的编码来表示十进制数，即 BCD 码。

BCD 码是由 4 位二进制数表示一位十进制数的编码。由于这 4 位二进制数的位权分别为 8、4、2、1，因此 BCD 码又称 8421 码。具体的编码如表 5-1 所示。这种 BCD 码又叫压缩的 BCD 码，是计算机中常用的。

表 5-1　BCD 码

十进制数	BCD 码
0	0000
1	0001
2	0010
3	0011
4	0100
5	0101
6	0110
7	0111
8	1000
9	1001

有如下两条指令用于调整。

（1）DAA（Decimal Adjust for Addition，加法的十进制调整指令）

格式：

```
DAA
```

操作：

加法指令中，以 AL 为目的操作数，当加法运算结束后，使用本指令可以把 AL 中的和调整为正确的 BCD 码格式，即：

① 如果 AL 低 4 位大于 9 或 AF=1，则 AL=AL+6H；

② 如果 AL 高 4 位大于 9 或 CF=1，则 AL=AL+60H，CF=1。

例 5.30　AL=28H=28(BCD)，BL=65H=65(BCD)，计算 AL 和 BL 寄存器的和。

```
ADD    AL, BL      ; AL=28H+65H=8DH
DAA                ; AL=AL+6H=8DH+6H=93H=93(BCD)
```

AL 和 BL 中都是用 BCD 码表示的十进制数，分别表示 28 和 65，ADD 指令做二进制加法后得到 8DH，不是 BCD 码，DAA 指令作用后，把和调整为 93H，但它表示的是十进制数 93 的 BCD 码。

例 5.31 AX=88H=88(BCD)，BX=89H=89(BCD)，计算 AL 和 BL 寄存器的和。

```
ADD   AL, BL    ; AL=88H+89H=11H, AF=1, CF=1
DAA             ; AL=AL+66H=11H+66H=77H=77(BCD), CF=1
ADC   AH, 0     ; AX=177H=177(BCD)
```

第一条加法指令中的低 4 位相加产生了向高 4 位的进位，这使得辅助进位 AF 置 1，高 4 位加产生的进位使得进位 CF 置 1。使用 DAA 指令后，根据 AF 的值需要加 6H，根据 CF 的值需要加 60H，因此将 AL 的内容加上 66H，把和调整为 77H，CF=1。最后 ADC 指令使 AX 中得到 177H，即十进制数 177 的 BCD 码。

（2）DAS（Decimal Adjust for Subtraction，减法的十进制调整指令）

格式：

```
DAS
```

操作：

减法指令中，以 AL 为目的操作数，当减法运算结束后，使用本指令可以把 AL 中的差调整为 BCD 码格式，即：

① 如果 AL 低 4 位大于 9 或 AF=1，则 AL=AL-6H，AF=1；

② 如果 AL 高 4 位大于 9 或 CF=1，则 AL=AL-60H，CF=1。

例 5.32 AL=93H=93(BCD)，BL=65H=65(BCD)，计算 AL 和 BL 寄存器的差。

```
SUB   AL, BL    ; AL=93H-65H=2EH
DAS             ; AL=AL-6H=2EH-6H=28H=28(BCD)
```

5.3 逻辑指令与移位指令

5.3.1 逻辑指令

逻辑指令按二进制位进行操作，因此操作数应看成二进制位串。双操作数指令中，至少有一个操作数必须存放在寄存器中，另一个操作数则可以使用任意寻址方式。

（1）AND（与指令）

格式：

```
AND   DST,SRC
```

操作：

```
(DST)←(DST)∧(SRC)
```

本条指令的功能是实现 DST 操作数和 SRC 操作数的按位与操作，结果送入 DST 操作数。

（2）OR（或指令）

格式：

```
OR   DST,SRC
```

操作：

```
(DST)←(DST)∨(SRC)
```

本条指令的功能是实现 DST 操作数和 SRC 操作数的按位或操作，结果送入 DST 操作数。

（3）NOT（非指令）

格式：

```
NOT   OPR
```

操作：

(OPR)←($\overline{OPR}$)

本条指令的功能是实现 DST 操作数按位取反操作，结果送入 DST 操作数。

（4）XOR（异或指令）

格式：

XOR   DST,SRC

操作：

(DST)←(DST) ∀ (SRC)

本条指令的功能是实现 DST 操作数和 SRC 操作数的按位异或操作，结果送入 DST 操作数。

（5）TEST（测试指令）

格式：

TEST   OPR1,OPR2

操作：

(OPR1) ∧ (OPR2)

说明：本条指令的两个操作数相与的结果不保存，只根据结果置标志位。

逻辑指令只会对部分标志位产生影响，其中 NOT 指令不影响任何标志位；其他指令将使 CF 位和 OF 位为 0，AF 位无定义，其他位则根据运算结果设置。

逻辑指令除了具有常规的逻辑运算功能外，通常还可以用来对操作数的某些位进行处理，例如屏蔽某些位（将这些位置 0），或使某些位置 1，或测试某些位等。下面举例说明。

例 5.33　用逻辑运算指令屏蔽 AL 寄存器的高 4 位，目前 AL=36H。

AND   AL, 0FH

指令执行的结果为 AL=06H，实现了高 4 位的屏蔽。

$$\begin{array}{r} 0011\ 0110 \\ AND\quad 0000\ 1111 \\ \hline 0000\ 0110 \end{array}$$

例 5.34　用逻辑运算指令将 AL 寄存器的最低两位置 1，目前 AL=36H。

OR   AL, 03H

指令执行的结果为 AL=37H，即实现了最低两位置 1。

$$\begin{array}{r} 0011\ 0110 \\ OR\quad 0000\ 0011 \\ \hline 0011\ 0111 \end{array}$$

例 5.35　用逻辑运算指令将 AL 寄存器的最低两位取反，目前 AL=36H。

XOR   AL, 03H

指令执行的结果为 AL=35H，实现了对最低两位的取反。

$$\begin{array}{r} 0011\ 0110 \\ XOR\quad 0000\ 0011 \\ \hline 0011\ 0101 \end{array}$$

例 5.36　用逻辑运算指令测试 AL 寄存器中的数，如果是负数则转到标号 NEXT 处去执行，假设 AL=86H。

TEST   AL, 86H
JS   NEXT

指令执行的结果 AL=86H（不变），但 TEST 指令的结果将标志寄存器的 SF 位置 1，因此 JS 跳转指令会跳转到标号 NEXT 处去继续执行。

5.3.2 移位指令

移位指令均是双操作数指令，指令的格式相同，具体如下。

◆ SHL（Shift Logical Left）：逻辑左移。

◆ SAL（Shift Arithmetic Left）：算术左移。

◆ SHR（Shift Logical Right）：逻辑右移。

◆ SAR（Shift Arithmetic Right）：算术右移。

◆ ROL（Rotate Left）：循环左移。

◆ ROR（Rotate Right）：循环右移。

◆ RCL（Rotate Left with Carry）：带进位循环左移。

◆ RCR（Rotate Right with Carry）：带进位循环右移。

下面以 SHL 为例讲解。

格式：

```
SHL    OPR,1
SHL    OPR,CL
```

其中 CL 寄存器的值大于 1。

其中 OPR 为寄存器或内存单元，移位次数可以是 1 或 CL 寄存器内的值，若移位次数大于 1，则可以在该移位指令前把移位次数先送入 CL 寄存器中。

当执行逻辑左移或算术左移时，操作结果相同，均是最低位补 0，移出的最高位送入 CF 标志位；当执行逻辑右移时，最高位补 0，移出的最低位送入 CF 标志位；当执行算术右移时，OPR 被认为是有符号数，则最高位补符号位自身，移出的最低位送入 CF 标志位；当执行循环左移时，OPR 整体向左移一位，最高位移出，同时送入 CF 标志位和最低位；当执行循环右移时，OPR 整体向右移一位，最低位移出，同时送入 CF 标志位和最高位；当执行带进位循环左移时，OPR 整体向左移一位，此时最高位移出送入 CF 标志位，而 CF 标志位原始的值送入 OPR 最低位；当执行带进位循环右移时，OPR 整体向右移一位，此时最低位移出送入 CF 标志位，而 CF 标志位原始的值送入 OPR 最高位。所有移位指令的操作如图 5-17 所示。

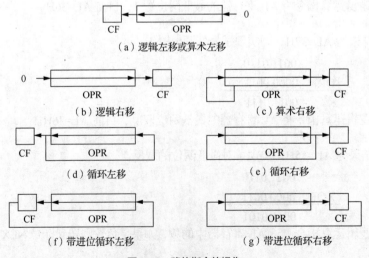

CF　　　OPR　　　　0

（a）逻辑左移或算术左移

0　　　OPR　　　CF　　　　　OPR　　　CF

（b）逻辑右移　　　　　　　　（c）算术右移

CF　　　OPR　　　　　　　OPR　　　CF

（d）循环左移　　　　　　　　（e）循环右移

CF　　　OPR　　　　　　　OPR　　　CF

（f）带进位循环左移　　　　　（g）带进位循环右移

图 5-17　移位指令的操作

例 5.37 移位指令举例。

```
SHL/SAL  AL,1
SHR  AL,1
SAR  AL,1
```

```
ROL   AL,1
ROR   AL,1
RCL   AL,1
RCR   AL,1
```

若指令执行前，AL=13H=00010011B，CF=1，则指令执行结果如下。

（1）SHL/SAL：左移运算时，逻辑移位和算术移位的功能一致。00010011 整体左移，最高位 0 送入 CF 标志位，最低位补 0，结果为 AL=00100110B=26H，CF=0，相当于对 AL 的内容乘 2。

（2）SHR：00010011 整体右移，最低位 1 送入 CF 标志位，最高位补 0，结果为 00001001B=09H，CF=1，相当于对 AL 的内容除以 2；若 AL=10010011B，则 SHR 执行的结果为 01001001B=49H，CF=1。

（3）SAR：00010011 整体右移，最低位 1 送入 CF 标志位，最高位补符号位本身，即 0，结果为 00001001B=09H；若 AL=10010011B，则 SAR 执行的结果与 SHR 的不同，结果为 11001001B=C9H，CF=1。

（4）ROL：00010011 整体左移，最高位 0 同时送入 CF 标志位和最低位，结果为 AL=00100110B= 26H，CF=0。

（5）ROR：00010011 整体右移，最低位 1 同时送入 CF 标志位和最高位，结果为 AL=10001001B=89H，CF=1。

（6）RCL：00010011 整体左移，最高位 0 送入 CF 标志位，而 CF 标志位原始的值（CF=1）送入最低位，结果为 AL=00100111B=27H，CF=0。

（7）RCR：00010011 整体右移，最低位 1 送入 CF 标志位，而 CF 标志位原始的值（CF=1）送入最高位，结果为 AL=10001001B=89H，CF=1；若 CF 标志位原始的值 CF=0，则结果为 AL=00001001B= 09H，CF=1。

例 5.38　用循环指令实现对 AX 中内容实现半字交换，即交换 AH 和 AL 中的内容。

```
MOV   CL, 8
ROL   AX, CL
```

若指令执行前 AX=1234H，则指令执行后 AX=3412H。

5.4　串操作指令

串操作指令用于处理内存中的数据串，但每一次执行处理的只是单个字节或字，因此对于数据串来说，需要重复执行串操作指令才能处理完整个串。串操作指令具体如下。

- ◆　MOVS（Move String）：串传送。
- ◆　CMPS（Compare String）：串比较。
- ◆　SCAS（Scan String）：串扫描。
- ◆　STOS（Store in to String）：串存入。
- ◆　LODS（Load from String）：从串中取数。

串操作指令的重复有特定的前缀指令配合，下面先介绍如下前缀指令。

（1）REP（Repeat）：重复。REP 的作用是重复执行串操作指令，直到寄存器 CX=0 为止；而每执行一次串操作指令，会使 CX 的内容自动减 1，因此总的重复执行次数等于 CX 寄存器的初始值。

（2）REPE/REPZ（Repeat while Equal/Zero）：相等/为 0 则重复。REPE 也叫 REPZ，当 CX 寄存器的值不等于 0 并且标志位 ZF=1 时，重复执行串操作指令。当用于比较两个字符串是否相等时，每次执行串操作指令把源串中的一个字节和目的串中的一个字节进行比较，若相等（即 ZF=1），则还需继续执行串操作指令；若不相等或者比较全部串的数据（CX=0），则停止。

（3）REPNE/REPNZ（Repeat while Not Equal/Not zero）：不相等/不为 0 则重复。REPNE 也叫 REPNZ，当 CX 寄存器的值不等于 0 并且标志位 ZF=0 时，重复执行串操作指令。当在一个字符串中查找是否存在某一个字符时，串操作指令把字符串中的一个字节和要找的这个字符进行比较，若不相等（即 ZF=0），则还需继续执行串操作指令，直到找到（ZF=1）或者查找完整个串的数据（CX=0）才停止。

以上 3 种前缀指令，和下面介绍的串操作指令配合使用，可以完成对数据串的相关操作。

5.4.1 MOVS 串传送指令

MOVS 串传送指令格式有 3 种。

（1）MOVSB：以字节为单位传送。

（2）MOVSW：以字为单位传送。

（3）MOVS DST,SRC：将源串（SRC）传送到目的串（DST）中。

实际上 MOVS 指令的寻址方式是固定的，目的串地址为 ES:[DI]，源串地址为 DS:[SI]，因此前两种格式的指令都将操作数直接省略了。若采用第三种格式的指令，则以字节为单位传送时，可以表示为：

```
MOVS  ES:BYTE PTR[DI], DS:[SI]
```

目的操作数指出了是字节的传送，如果源串不在数据段中，也可加前缀，如 ES:[SI]。但这种格式不够简洁，因而不太常用。

下面只介绍前两种格式的操作。

（1）MOVSB（字节）操作：

```
(ES:DI)←(DS:SI), DI±1, SI±1
```

（2）MOVSW（字）操作：

```
(ES:DI)←(DS:SI), DI±2, SI±2
```

上述操作中，当方向标志 DF=0 时，SI、DI 用+；DF=1 时，SI、DI 用-。方向标志 DF 的设置有以下两条指令。

◆ CLD（Clear Direction）：设置为正向（向前，使 DF=0，SI 或 DI 自动加）。

◆ STD（Set Direction）：设置为反向（向后，使 DF=1，SI 或 DI 自动减）。

上述传送指令默认 DS 和源变址寄存器 SI 构成的地址为源串地址，ES 和目的变址寄存器 DI 构成的地址为目的串地址，并且通过方向标志指令设置自动变址功能，数据的传送是从内存到内存的传送！不仅是串传送指令，下面介绍的其他串操作指令也具有同样的特点。

因此，为了实现整个串的传送，在使用串操作指令前，应该做好如下准备工作。

① 数据段中的源串首地址（如反向传送则是末地址）送入 DS 和 SI。

② 附加段中的目的串首地址（如反向传送则是末地址）送入 ES 和 DI。

③ 串长度送入计数寄存器 CX。

④ 设置方向标志 DF。

MOVS 指令可以把由源变址寄存器 SI 指向的数据段中的一个字节（或字）传送到由目的变址寄存器 DI 指向的附加段中的一个字节（或字）中去，同时根据方向标志 DF 及数据格式（字节或字）对源变址寄存器 SI 和目的变址寄存器 DI 进行修改。每次执行 MOVS 操作只能传送数据串中的一个字节或者字，还需要与前缀指令 REP 联合使用，才可将数据段中的某个串全部传送到附加段中去，如例 5.39 所示。

例 5.39 在数据段中有一个字符串 MESS，其长度为 19（包含字符串结束符），要求把它们传送到附加段中名为 BUFF 的一个缓冲区中，并显示出 BUFF 字符串。

```
DATA  SEGMENT
  MESS   DB   'COMPUTER SOFTWARE $'
DATA ENDS
EXT SEGMENT
```

```
    BUFF   DB    19 DUP(?)
EXT  ENDS
CODE  SEGMENT
ASSUME  CS:CODE, DS:DATA, ES:EXT
START:
MOV   AX, DATA              ; 赋段基址
MOV   DS, AX
MOV   AX, EXT
MOV   ES, AX
LEA   SI, MESS             ; 赋偏移地址
LEA   DI, BUFF
MOV   CX, 19                ; 串长, 赋值后 CX=0013H
CLD                        ; 设置 DF 的方向
REP   MOVSB                 ; 完成串传送
MOV   BX, ES               ; 准备显示 BUFF 字符串
MOV   DS, BX               ; DS:DX 指向待显示串的地址
LEA   DX, BUFF
MOV   AH, 9
INT   21H
MOV   AH, 4CH
INT   21H
CODE  ENDS
END   START
```

程序中定义了数据段 DATA, 其中用 DB 伪指令定义了字节类型字符串 MESS, 串 MESS 中的每个字符占一个字节, 以该字符的 ASCII 存放; 定义了附加段 EXT, 其中定义的串 BUFF 由 DUP 操作符开辟了 19 个字节空间, 没有赋值。

程序运行过程可以用图 5-18 来说明。

（a）预置情况

（b）执行一次 MOVSB 以后

（c）执行完 REP MOVSB 以后

图 5-18 程序运行过程（1）

5.4.2 CMPS 串比较指令

CMPS 串比较指令格式有 3 种：CMPSB（字节），CMPSW（字），CMPS DST,SRC。

与串传送指令相同，串比较指令也涉及两个串，目的串地址为 ES:[DI]，源串地址为 DS:[SI]。本节只介绍常用的两种格式，其操作如下。

（1）CMPSB（字节）操作：

```
(ES:DI)-(DS:SI), DI±1, SI±1
```

（2）CMPSW（字）操作：

```
(ES:DI)-(DS:SI), DI±2, SI±2
```

CMPS 串操作指令把两个串的对应位置的字节或字相减，不保存结果，只是根据结果设置标志位。该指令与前缀指令 REPE 联合使用时，可比较两个串是否相等。在每次比较过程中，一旦发现不相等，即 ZF=0，则终止重复执行，而不必等到整个串全部比较完成，此时 CX≠0，ZF=0。该指令终止执行后，可根据标志位 ZF 判断两个串是否相等。其他指令格式与串传送指令的相同。

例 5.40 在数据段中有一个长度为 19 的字符串 MESS1，还有一个长度为 19 的字符串 MESS2，比较它们是否相等。若相等显示 "Y"，否则显示 "N"。

```
DATA  SEGMENT
  MESS1  DB  'COMPUTER SOFTWARE $'
  MESS2  DB  'COMKUTER SOFTWARE $'
DATA  ENDS
CODE  SEGMENT
ASSUME  CS:CODE, DS:DATA
START:
MOV   AX, DATA
MOV   DS, AX
MOV   ES, AX          ; DS=ES
LEA   SI, MESS1
LEA   DI, MESS2
MOV   CX, 19          ; 串长，赋值后 CX=0013H
CLD                   ; 设置 DF 方向
REPE  CMPSB           ; 当 CX=0 或者 ZF=1 时，比较结束
JZ    YES             ; 如果 ZF=1，说明相等，跳转到标号 YES 处执行
MOV   DL, 'N'         ; 两串不相等
JMP   DISP            ; 跳转到标号 DISP 处执行
YES: MOV   DL, 'Y'
DISP: MOV   AH, 2
     INT   21H
MOV   AH, 4CH
INT   21H
CODE  ENDS
END   START
```

程序运行过程可以用图 5-19 来说明。

（a）预置情况

图 5-19 程序运行过程（2）

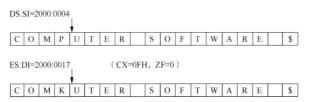

DS:SI=2000:0004

| C | O | M | P | U | T | E | R | | S | O | F | T | W | A | R | E | | $ |

ES:DI=2000:0017 　　　（CX=0FH, ZF=0）

| C | O | M | K | U | T | E | R | | S | O | F | T | W | A | R | E | | $ |

（b）执行完 REPE CMPSB 以后

图 5-19　程序运行过程（2）（续）

5.4.3　SCAS 串扫描指令

SCAS 串扫描指令格式有 3 种：SCASB（字节），SCASW（字），SCAS DST。

串扫描指令只涉及目标串，因而由 ES:[DI]指定串的地址便于理解也便于记忆，默认源操作数为 AL（字节）或 AX（字）。其对应的操作如下。

（1）SCASB（字节）操作：

```
AL-(ES:DI), DI±1
```

（2）SCASW（字）操作：

```
AX-(ES:DI), DI±2
```

串扫描指令是把 AL/AX 寄存器中的内容与附加段中的由目的变址寄存器 DI 所指向的内存单元内容相比较，与 CMPS 串比较指令相似，并不保存结果，只是根据结果设置标志位。该指令与前缀指令 REPNE 联用时，可在目的串中查找有无与 AL/AX 寄存器中的内容相同的字节或字。在每次执行串扫描指令过程中，一旦发现相等，即 ZF=1，则终止执行，此时 CX≠0，ZF=1，说明已找到相同的内容，而不必等到整个串全部扫描结束。该指令终止执行后，可根据标志位 ZF 判断是否找到相同内容。指令相关格式要求同串传送指令。

例 5.41　在附加段中有一个字符串 MESS，其长度为 19，要求查找其中有无空格符，若有空格符，把首次发现的空格符改为"#"，存回该单元，并显示"Y"，否则显示"N"。

```
EXT   SEGMENT
  MESS  DB  'COMPUTER SOFTWARE $'
EXT   ENDS
CODE  SEGMENT
ASSUME  CS:CODE, ES:EXT
START:
MOV   AX, EXT
MOV   ES, AX
LEA   DI, MESS
MOV   CX, 19              ; 串，赋值后 CX=0013H
MOV   AL, 20H             ; 空格符
CLD
REPNE SCASB
JZ    YES                 ; 如果 ZF=1，则跳转到标号 YES 处执行
MOV   DL, 'N'
JMP   DISP               ; 跳转到标号 DISP 处执行
YES: DEC   DI
     MOV    BYTE PTR ES:[DI],23H   ; "#" 送入原空格符位置
MOV   DL, 'Y'
DISP: MOV   AH, 2
      INT   21H
MOV   AH, 4CH
INT   21H
CODE  ENDS
END   START
```

程序运行过程如图 5-20 所示。

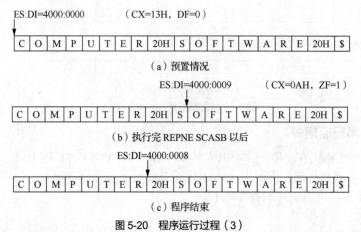

ES:DI=4000:0000　　　（CX=13H，DF=0）

| C | O | M | P | U | T | E | R | 20H | S | O | F | T | W | A | R | E | 20H | $ |

（a）预置情况

ES:DI=4000:0009　　　（CX=0AH，ZF=1）

| C | O | M | P | U | T | E | R | 20H | S | O | F | T | W | A | R | E | 20H | $ |

（b）执行完 REPNE SCASB 以后

ES:DI=4000:0008

| C | O | M | P | U | T | E | R | 20H | S | O | F | T | W | A | R | E | 20H | $ |

（c）程序结束

图 5-20　程序运行过程（3）

5.4.4　STOS 串存入指令

STOS 串存入指令格式有 3 种：STOSB（字节），STOSW（字），STOS DST。

该指令的格式与 SCAS 指令的格式相同，其操作如下。

（1）STOSB（字节）操作：

```
(ES:DI)←AL, DI±1
```

（2）STOSW（字）操作：

```
(ES:DI)←AX, DI±2
```

该指令把 AL/AX 寄存器的内容存入由目的变址寄存器 DI 指向的附加段的某单元中，并根据 DF 的值及数据类型修改目的变址寄存器的内容。当它与 REP 联用时，可把累加器的内容存入一个连续的内存缓冲区，该缓冲区长度由 CX 指定，因此 STOS 串操作指令可用于初始化某一块缓冲区。上述有关串操作指令的特性也适合本指令。

例 5.42　写出把附加段 EXT 中的首地址为 MESS，长度为 9 个字的缓冲区置为 0 值的程序片段。

```
MOV     AX, EXT
MOV     ES, AX
LEA     DI, MESS
MOV     CX, 9
MOV     AX, 0
CLD
REP     STOSW
```

注意

REP STOSW 是字操作，每次执行时 DI 自动加 2，其运行结果如图 5-21 所示。

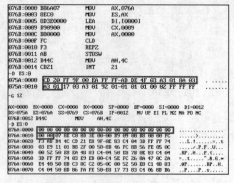

图 5-21　STOSW 程序运行结果

5.4.5　LODS 从串中取数指令

LODS 从串中取数指令格式有 3 种：LODSB（字节），LODSW（字），LODS SRC。

该指令只涉及一个源串，由 DS:[SI]指定，其操作如下。

（1）LODSB（字节）操作：

```
AL←(DS:SI),SI±1
```

（2）LODSW（字）操作：

```
AX←(DS:SI),SI±2
```

该指令意义不大，一般不和 REP 联用，这是因为重复执行多次的结果也只是使累加器为最后一次的值。该指令可以由 MOV 指令代替。

本节介绍了多个串操作指令，与前缀指令配合使用，可以完成多种串操作，表 5-2 列出了有关串操作指令的特性及用法。

表 5-2　串操作指令特性及用法

指令	前缀指令	源串地址	目的串地址	字节变址	字变址	关注标志
MOVS	REP	DS:SI	ES:DI	±1	±2	
CMPS	REPE	DS:SI	ES:DI	±1	±2	ZF
SCAS	REPNE	AL/AX	ES:DI	±1	±2	ZF
STOS	REP	AL/AX	ES:DI	±1	±2	
LODS	REP	DS:SI	AL/AX	±1	±2	

5.5　指令编码

汇编指令主要由操作码和操作数构成。其中操作码指计算机程序中所规定的要执行操作的那一部分指令或字段（通常用代码表示），其实就是指令序列号，用来告诉 CPU 需要执行哪一条指令或者执行什么功能。操作数可以由不同寻址方式构成，处理器根据指令中给出的信息来寻找指令操作的对象。一条汇编指令中，操作码是必须存在的部分，而操作数可以有 0 个、一个或者两个，下面分别讨论单操作数指令编码、双操作数指令编码和其他类型的指令编码。一条指令的操作码字段和操作数字段分别占用一个或多个字节，Intel 8086/8088 系列中的指令长度范围为 1～6 个字节。

5.5.1　单操作数指令编码

单操作数指令编码适用于只有一个操作数的指令，如 INC、NOT、NEG、移位以及循环移位指令。单操作数指令编码格式由段前缀、操作特征、寻址特征、位移量 4 个部分组成，实际指令编码时段前缀部分和位移量可以省略。具体格式如图 5-22 所示，其机器目标代码长度为 2～5 个字节。

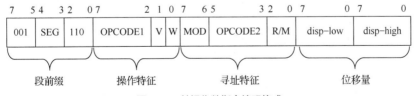

图 5-22　单操作数指令编码格式

（1）段前缀部分

如果指令中使用了存储器操作数，并且存储器操作数存在段超越的情况，即指令中使用了段前缀，就需要专门标记段前缀的代码，使其位于指令编码格式的第一个字节。段前缀标记代码的前 3 位（即第 7 位～第 5 位）恒为 001，最后 3 位（即第 2 位～第 0 位）恒为 110，中间的 SEG 字段为段寄存器的编码，如表 5-3 所示。

表5–3　段前缀标记代码

段寄存器	段寄存器编码	段前缀编码			十六进制表示
ES	00	001	00	110	26H
CS	01	001	01	110	2EH
SS	10	001	10	110	36H
DS	11	001	11	110	3EH

（2）操作特征部分

操作特征部分由操作码OPCODE1字段、V和W字段组成。

① 操作码OPCODE1字段（第7位～第2位）

该字段规定了指令的操作类型和操作数的来源。表5-4给出了部分单操作数指令的操作码编码。

表5–4　单操作数指令操作码举例

指令	操作数	OPCODE1 字段+V+W	OPCODE2 字段
INC	R/M	1111111W	000
DEC	R/M	1111111W	001
NEG	R/M	1111011W	011
NOT	R/M	1111011W	010
PUSH	REG	01010REG	～
PUSH	MEM	11111111	110
POP	REG	01011REG	～
POP	MEM	10001111	000
JMP	Label（短跳转）	11101011	
JMP	Label（段内跳转）	11101001	
JMP	Label（段间跳转）	11101010	～
JMP	Label（间接跳转）	11111111	100
INT	IMM（不等于3）	11001101	～

注：REG表示操作数是寄存器，MEM表示操作数是内存空间，Label表示操作数是标号，IMM表示操作数是立即数。

② V字段（第1位）

该字段除了与OPCODE1字段合并使用外，主要针对移位/循环移位指令。V=0表示移位位数为1且采用常数形式，V=1表示移位位数由寄存器CL确定。表5-5为移位指令编码示例。

表5–5　移位指令编码示例

指令	OPCODE1 字段	V 字段	OPCODE2 字段
SHL REG,1	110100	0	100
SHL REG,CL	110100	1	100
SHR REG,1	110100	0	101
SHR REG,CL	110100	1	101

③ W字段（第0位）

该字段表示操作数的类型是字还是字节。若W=1，表示操作数为字（16位）数据；若W=0，表示操作数为字节（8位）数据。

（3）寻址特征部分

该字段表示操作数使用了哪种寻址方式以及使用了哪个寄存器，寻址特征由OPCODE2、MOD和R/M字段确定；其中OPCODE2字段和OPCODE1字段一起用于构成操作码编码，具体如表5-4所示。MOD和R/M字段用于指明操作数的来源，与操作特征部分的W字段配合使用，具体如表5-6所示。

表 5-6　MOD 和 R/M 字段编码

R/M	MOD				
	存储器方式			寄存器方式	
	有效地址			W=0	W=1
	00	01	10	11	
000	(BX)+(SI)	(BX)+(SI)+ disp8	(BX)+(SI)+ disp16	AL	AX
001	(BX)+(DI)	(BX)+(DI) + disp8	(BX)+(DI) + disp16	CL	CX
010	(BP)+(SI)	(BP)+(SI) + disp8	(BP)+(SI)+ disp16	DL	DX
011	(BP)+(DI)	(BP)+(DI) + disp8	(BP)+(DI) + disp16	BL	BX
100	(SI)	(SI) + disp8	(SI) + disp16	AH	SP
101	(DI)	(DI) + disp8	(DI) + disp16	CH	BP
110	disp16	(BP) + disp8	(BP) + disp16	DH	SI
111	(BX)	(BX) + disp8	(BX) + disp16	BH	DI

从 MOD 字段的角度分析表 5-6 可以看出，当 MOD=11 时，操作数在寄存器中，采用寄存器寻址，R/M 和 W 配合使用确定操作数在哪个寄存器中。当 MOD=00,01,10 时，操作数在存储器中，结合 R/M 字段给出了 24 种计算操作数有效地址的方法。

（4）位移量部分

disp-low 表示位移量的低 8 位，disp-high 表示位移量的高八位，两者一起表示十六位位移量的数值。指令编码中是否需要位移量部分，取决于寻址特征中的 MOD 和 R/M 字段。由表 5-6 可以看出，当 MOD=00，且 R/M=110 时，需要 16 位的位移量（disp16）；当 MOD=01 时，需要一个字节（8位）的位移量（disp8）；当 MOD=10 时，需要 16 位的位移量；除了上述条件外，其他指令编码无须位移量部分。

例 5.43　求指令"INC AX"的机器目标代码。

该指令将一个通用寄存器 AX 的内容加 1，其中 INC 的操作码 OPCODE1 字段为 1111111W，OPCODE2 字段的编码为 000。由于操作数是字数据，因此 W=1。操作数在 AX 中，采用寄存器寻址方式，则寻址特征中的 MOD 和 R/M 字段分别为 MOD=11，R/M=000。因此该条指令的编码如下：

OPCODE1	W	MOD	OPCODE2	R/M
1111111	1	11	000	000

由此可知，指令"INC AX"的机器目标代码为"FF C0"，共两个字节。

例 5.44　求指令"SHL AL,CL"的机器目标代码。

该指令将通用寄存器 AL 的内容逻辑左移 CL 位，其中 SHL 的操作码 OPCODE1 字段为 110100，OPCODE2 字段编码是 100。因为移动次数在 CL 寄存器中，所以 V=1。由于操作数是字节数据，因此 W=0。操作数在 AL 中，采用寄存器寻址方式，则寻址特征中的 MOD 和 R/M 字段分别为 MOD=11，R/M=000。因此该条指令的编码如下：

OPCODE1	V	W	MOD	OPCODE2	R/M
110100	1	0	11	100	000

由此可知，指令"SHL AL,CL"的机器目标代码为"D2 E0"，共两个字节。

例 5.45　求指令"PUSH DS: [2022H]"的机器目标代码。

该指令将内存单元地址为 2022H 的内容入栈。PUSH 操作码的 OPCODE1+V+W 字段为 11111111，其中由于操作数是字数据，因此 W=1；OPCODE2 字段为 110。操作数在存储器中，采用直接寻址方式，由 MOD 和 R/M 字段确定，由表 5-6 可知 MOD=00，R/M=110。本条指令的操作数使用了段前缀，由表 5-3 可知，段前缀部分的编码为 00111110。因此该条指令的编码如下：

段前缀	OPCODE1+V	W	MOD	OPCODE2	R/M	disp-low	disp-high
00111110	1111111	1	00	110	110	00100010	00100000

由此可知，指令"PUSH DS：[2022H]"的机器目标代码为"3E FF 36 22 20"，共 5 个字节。

5.5.2 双操作数指令编码

双操作数指令编码适用于有两个操作数的指令，如 MOV、ADD、AND 等。通常一个操作数为寄存器，另一个操作数为寄存器或存储器单元；或者一个操作数为立即数，另一个操作数为寄存器或存储器单元。

双操作数指令编码格式由段前缀、操作特征、寻址特征、位移量和立即数 5 个部分组成，如图 5-23 所示，其机器目标代码长度为 2～7 个字节。

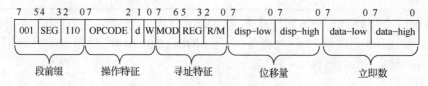

图 5-23 双操作数指令编码格式

上述指令格式相比于单操作数指令的区别在于操作特征的 d 字段、寻址特征的 REG 字段以及新增加的立即数字段 data，下面分别介绍各个字段。

（1）d 字段：双操作数指令有两个操作数，均由寻址特征部分和位移量部分表示，d 字段用以表示源操作数和目的操作数分别由哪个字段确定。

当 d=0 时，表示源操作数是寄存器，由寻址特征部分的 REG 字段确定，而目的操作数由寻址特征部分的 MOD 和 R/M 字段确定；当 d=1 时，表示目的操作数是寄存器，由寻址特征部分的 REG 字段确定，而源操作数由寻址特征部分的 MOD 和 R/M 字段确定。

（2）REG 字段：与单操作数指令相同，寻址特征部分的 MOD 和 R/M 字段组合可以表示一个操作数的来源，而双操作数指令的另一个数据来源则由新增加的 REG 字段表示。

通用寄存器的编码由 REG 字段和 W 字段组合表明，表 5-7 给出了具体的对应关系。

表 5-7 通用寄存器编码举例

REG 编码	W=0	W=1
000	AL	AX
001	CL	CX
010	DL	DX
011	BL	BX
100	AH	SP
101	CH	BP
110	DH	SI
111	BH	DI

段寄存器的编码可以直接由 REG 字段表示，如表 5-8 所示。

表 5-8 段寄存器编码

寄存器编码	段寄存器
000	ES
001	CS
010	SS
011	DS

（3）data 字段：该字段是立即数字段，如果源操作数采用立即数寻址，那么指令编码就需要立即数字段，其位于指令编码的最末端，长度为 1～2 个字节；如果源操作数不采用立即数寻址，该字段部分则可以省略。

双操作数指令的操作码 OPCODE 字段规定了指令的操作类型和操作数来源。如果指令中的源操作数是立即数，那么寻址特征中的 REG 字段也具备辅助操作码的作用，与单操作数指令编码类似。表 5-9 给出了部分双操作数指令操作码示例。

表 5-9　双操作数指令操作码示例

指令	目的操作数	源操作数	OPCODE 字段（+d 字段）	REG 字段
MOV	REG	R/M	100010	—
MOV	R/M	IMM	110001（1）	000
ADD	REG	R/M	000000	—
AND	R/M	REG	001000	—
AND	R/M	IMM	100000（0）	100

例 5.46　求指令"MOV [2022H], 1234H"的机器目标代码。

该指令将立即数 1234H 送往地址为 2022H 的内存单元。根据表 5-9 可知，"MOV MEM,IMM"指令操作码的 OPCODE 字段为 110001，d 字段为 1；由于指令中的源操作数是立即数，寻址特征中的 REG 字段也具备辅助操作码的作用，因此此处 REG 字段取值为 000；由于操作数是字数据，因此 W=1；由于目的操作数采用直接寻址方式，由表 5-6 可知，MOD=00，且 R/M=110；disp 字段给出直接寻址的地址，而 data 字段给出立即数。

OPCODE	d	W	MOD	REG	R/M	disp-low	disp-high	data-low	data-high
110001	1	1	00	000	110	00100010	00100000	00110100	00010010

因此，指令的机器目标代码为"C7 06 22 20 34 12"，共 6 个字节。

例 5.47　求指令"MOV AX, BX"的机器目标代码。

该指令在两个通用寄存器之间传送数据，由表 5-9 可知，"MOV REG,REG"指令操作码的 OPCODE 字段为 100010；因为目的操作数和源操作数均为寄存器，所以 d 字段的取值并非唯一，下面分别给出编码示例。实际中，汇编为哪一种机器目标代码完全由汇编程序决定。

（1）d=0，源操作数是寄存器，由寻址特征部分的 REG 字段确定，目的操作数由寻址特征部分的 MOD 和 R/M 字段确定；由表 5-7 可知，源操作数 BX 的 REG 编码为 011，且 W=1；由表 5-6 可知，目的操作数为 AX 的 MOD 字段为 11，R/M 字段为 000，且 W=1。

OPCODE	d	W	MOD	REG	R/M
100010	0	1	11	011	000

此时，指令的机器目标代码为"89 D8"，共两个字节。

（2）d=1，目的操作数是寄存器，由寻址特征部分的 REG 字段确定，源操作数由寻址特征部分的 MOD 和 R/M 字段确定。由表 5-7 可知，目的操作数 AX 的 REG 编码为 000，且 W=1；由表 5-6 可知，目的操作数为 BX 的 MOD 字段为 11，R/M 字段为 011，且 W=1。

OPCODE	d	W	MOD	REG	R/M
100010	1	1	11	000	011

此时，指令的机器目标代码为"8B C3"，共两个字节。

5.5.3 其他指令编码

除了上述两种常规的指令编码格式，汇编指令还存在 AX/AL 作为操作数的编码格式、默认操作数以及零操作数的编码格式等，下面分别介绍上述情况。

（1）与 AX/AL 有关的指令编码格式

具有与 AX 或 AL 有关的指令编码格式的是双操作数指令，此类指令中隐含指定了 AX 或 AL 作为一个操作数，且去掉了寻址特征部分，即无 MOD、REG 和 R/M 字段。因此另一个操作数如果是立即数，则指令编码中有立即数部分；如果操作数是存储单元，则一定使用直接寻址方式，指令编码中有位移量部分。该类指令编码无须 d 字段，它被并入了操作码部分。这种指令编码格式由段前缀、操作特征、位移量和立即数 4 个部分组成，如图 5-24 所示，其机器目标代码长度为 2～4 个字节。

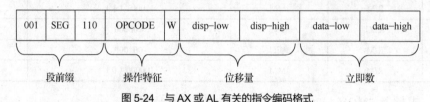

图 5-24　与 AX 或 AL 有关的指令编码格式

例 5.48　求指令"AND AX, 2022H"的机器目标代码。

该指令将寄存器 AX 的内容与立即数 2022H 做按位逻辑与操作。此处按照 AX/AL 隐含的特殊形式进行指令编码，上述指令可以简写为"AND ACC,IMM"，其指令操作码的 OPCODE 字段为 0010010（包含 d 字段）；由于操作数是字类型，因此 W=1。该条指令的编码格式如下：

OPCODE	W	data-low	data-high
0010010	1	00100010	00100000

因此指令"AND AX,2022H"的机器目标代码为"25 22 20"，共 3 个字节。

（2）堆栈指令编码格式

堆栈指令 PUSH 和 POP 指令都是对堆栈的操作，隐含堆栈这一操作数。对于 PUSH REG 和 POP REG 指令，REG 必须是 16 位的字类型寄存器，因此这两种机器目标代码只需包含操作码和 REG 编码两部分。

例 5.49　求指令"PUSH　AX"的机器目标代码。

该指令将通用寄存器 AX 的内容压入堆栈。上述指令可以简写为"PUSH REG"，其指令操作码的 OPCODE 字段为 01010（5 位）；通用寄存器 AX 对应的 REG 字段编码为 000（3 位），因此该条指令的编码格式如下：

OPCODE	REG
01010	000

由此可知，指令"PUSH　AX"的机器目标代码为"50"，共 1 个字节。

例 5.50　求指令"PUSH　DS"的机器目标代码。

该指令将段寄存器 DS 的内容压入堆栈。上述指令可以简写为"PUSH SEG-REG"，其指令编码格式与通用寄存器不同，记为 000+SEG-REG+110；如表 5-8 所示，段寄存器 DS 对应的 SEG-REG 字段编码为 11（取低 2 位），因此该条指令的编码格式如下：

OPCODE	SEG-REG	OPCODE
000	11	110

由此可知，指令"PUSH　DS"的机器目标代码为"1E"，共 1 个字节。

（3）无操作数编码格式

还有些指令有隐含的操作数，且指令的 OPCODE 字段中包含 REG 字段，因此指令编码时只有操作码部分，仅有一个字节。

例 5.51　求指令"HLT"的机器目标代码。

该指令是停机命令，指令本身仅有操作码，因此这条指令的编码格式如下：

OPCODE
11110100

由此可知，指令"HLT"的机器目标代码为"F4"，共 1 个字节。

本章小结

本章介绍了 4 种常用的指令格式、基本功能，并介绍了指令对标志位的影响、指令对操作数的要求以及指令编码原理等。通过本章的学习，读者可掌握汇编语言的基本指令，并学习编写相应的程序。

习题 5

5.1　设 V 是变量，指出下列有错误的指令，说出错误原因并修改。

（1）MOV AX,[DX]

（2）MOV DS,DATA

（3）MOV CS,AX

（4）MOV AX,DL

（5）PUSH AL

（6）ADD [BX],[DI]

（7）LEA [BX],V

（8）MOV [DX],OFFSET V

（9）MOV [SI],2

（10）MUL BX,CX

（11）DIV 5

（12）MOV BYTE[SI],AX

（13）MOV AX,[SI+DI]

（14）SHR AX,4

（15）CMP 6,AX

（16）MOV [FFFF],AX

（17）MOV AX,BX+4

（18）JMP FAR PRO

5.2　溢出标志 OF 与进位标志 CF 有何作用和区别？

5.3　求出 7450H 与以下各十六进制数的和及差，并根据结果标出 SF、ZF、CF、OF 标志位的值。

（1）1234H　　　　（2）5678H　　　　（3）9804H　　　　（4）E0A0H

5.4　两个有符号数比较大小，当 AX＜BX 时程序转向标号 L1，若前导指令为 CMP AX，BX，后续指令应为什么？若视为两个无符号数比较大小，后续指令应为什么？

5.5　下面不完整的程序段用于比较 AX 和 BX 的值，把其中大的数送入 MAX 变量。如果是无符号数，应如何填写指令？如果是有符号数，应如何填写指令？

```
CMP    AX, BX
(          )
MOV    MAX, AX
(          )
L1: MOV    MAX, BX
L2: HLT
```

5.6 下列程序执行完后，AX、CX 的内容是什么？

```
MOV    AX, 6
     MOV    CX, 3
L1: ROL    AX, CL
     TEST    AL, 3
```

5.7 画出数据在数据段中的存放情况，程序执行后，BX、DI、CX、DX 寄存器中的内容是什么？程序如下：

```
DATA SEGMENT
ARRAY DW 20, 30, 40, 20H, 30H, -6
BUFF  DB 'ABCD$'
DATA ENDS
CODE SEGMENT
        ASSUME  CS:CODE,DS:DATA
START:
        MOV    AX, DATA
        MOV    DS, AX
        MOV    DH, O
        MOV    BX, ARRAY+1
        MOV    DI, OFFSET ARRAY
        MOV    CX, [DI+5]
        MOV    DL, BUFF+3
        MOV    AH, 4CH
        INT    21H
CODE ENDS
        END    START
```

5.8 在 Debug 下设置(SP)=20H，设置 AX、BX、CX、DX 为不同值，把这 4 个寄存器内容依次压入堆栈，再从堆栈中依次弹出到 SI、DI、BP、BX 寄存器。写出一段程序实现上述操作，并画出每条入栈指令执行后 SP 和堆栈中数据的变化。

5.9 在数据段中有 32 位的无符号数变量 X、Y，按如下格式定义，其中"?"请用数值代替，用 16 位指令按要求写出程序。

（1）Z=X+Y。

（2）Z=X-Y。

（3）Z=|X-Y|。

（4）Z=X×Y。

```
X    DW    ?,?
Y    DW    ?,?
Z    DW    ?,?,?,?
```

5.10 以移位指令为主实现对 AX 中的无符号数乘 5，不考虑乘积可能超出 16 位的情况。

5.11 以移位指令为主实现对 AX 中的无符号数乘 5，考虑乘积可能超出 16 位的情况。

5.12 在数据段串有如下定义：

```
BUFF    DB 'ABCD$EFGHIJK$'
        STR1    DB 12 DUP(?)
        LEN    DB ?
```

用串操作指令编写程序完成以下操作。

（1）将字符串 STR1 全部置为 "*"。

（2）从左到右把 BUFF 中的字符串传送到 STR1。

（3）从右到左把 BUFF 中的字符串传送到 STR1。

（4）比较 BUFF 与 STR1 两个字符串是否相等，若相等则 DX=1，否则 DX=0。

（5）查找 BUFF 中有无字符$，把字符$出现的次数存入 BX 寄存器。

5.13 对于给定的 AX 和 BX 的值，执行下列程序段，程序将转向哪里?

（1）AX=1234H，BX=6789H。

（2）AX=790EH，BX=8831H。

（3）AX=E002H，BX=8086H。

```
ADD    AX, BX
       JNO    L1
JNC    L2
SUB    AX, BX
JNC    L3
JNO    L4
JMP    L5
```

5.14 测试 AL 寄存器，如果最高位和最低位同时为 0，则转 L0；如果最高位和最低位只有一位为 1，则转 L1；如果最高位和最低位同时为 1，则转 L2。画出流程图，并编写程序段。

5.15 CMP 和 TEST 指令与其他指令的不同之处是什么? 它们通常都紧跟着跳转指令，用在什么场合?

5.16 除了用 4CH 号系统功能调用结束程序的执行并退出，还有哪些办法?

第 6 章　伪指令与源程序格式

　　伪指令和指令不同的是，指令是在程序运行期间由计算机的 CPU 来执行的，而伪指令是在汇编程序对源程序进行汇编期间由汇编程序处理的操作。伪指令可以完成如定义数据、定义程序模式、分配存储单元、指示程序结束、处理器选择等功能。本章只介绍一些常用的伪指令，有些与宏汇编有关的伪指令在介绍宏汇编时再说明。

6.1　伪指令

6.1.1　处理器选择伪指令

　　80x86 系列所有处理器都支持 8086 指令系统，随着处理器的升级增加了一些新的指令。为了能使用这些新增指令，在编写程序时要用处理器选择伪指令对所用的处理器做出选择，也就是说，要告诉汇编程序应该选择哪一种指令系统。

　　处理器选择伪指令有以下几种：

　　.8086，选择 8086 指令系统；

　　.286，选择 80286 指令系统；

　　.286P，选择保护模式下的 80286 指令系统；

　　.386，选择 80386 指令系统；

　　.386P，选择保护模式下的 80386 指令系统；

　　.486，选择 80486 指令系统；

　　.486P，选择保护模式下的 80486 指令系统；

　　.586，选择 Pentium 指令系统；

　　.586P，选择保护模式下的 Pentium 指令系统。

　　指令中的点 "." 是需要的。这类伪指令一般放在代码段中的第一条指令前即可。如不给出，则汇编程序认为其默认选择是 8086 指令系统。

6.1.2　段定义伪指令

　　我们结合第 3 章的实例 3.1（稍作修改）来看段定义和选择 80386 指令系统的伪指令，注意有分号的为注释行，程序如下。

　　例 6.1　段定义和支持 80386 指令系统的源程序。

```
DATA    SEGMENT                 ; 定义数据段 DATA
        BUFF  DB 'hello,world!$'
DATA    ENDS
CODE    SEGMENT                 ; 定义代码段 CODE
ASSUME CS:CODE,DS:DATA          ; 指定段寄存器和段的关系
```

```
.386                              ; 选择 80386 指令系统
START:  MOV AX,DATA               ; 对 DS 赋 DATA 段基址
        MOV DS,AX
        LEA BX,BUFF
        MOV EAX,'ABCD'            ; EAX 是 80386 指令系统中的 32 位寄存器
        MOV [BX],EAX
        MOV DX,OFFSET BUFF
        MOV AH,9
        INT 21H
CODE    ENDS
        END START
```

图 6-1 为程序的调试。注意，程序中的第 10 行、第 11 行这两条 32 位机指令，把"ABCD"作为 32 位常数送到 buff，由图可见，这两条指令在 Debug 下已变成"面目全非"的 6 条指令（偏移地址从 0008 至 000F），这是因为 Debug 下不能显示 32 位机指令，但并不影响程序的执行。

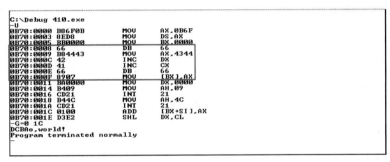

图 6-1　支持 80386 指令的程序

1. 完整的段定义伪指令

汇编程序在把源程序转换为目标程序时，只能自动确定标号和变量（代码段和数据段的符号地址）的偏移地址，程序中对于段基址也要做出说明，段基址一旦说明，该段内的指令、标号和变量都属于这个段。

段定义伪指令格式：

```
segment_name    SEGMENT
…
segment_name    ENDS
```

其中 segment_nam（段名）由用户确定，大写的为系统保留字。段定义伪指令两句成对出现，两句之间为其他指令。

为了指明用户定义的段和哪个段寄存器相关联，用 ASSUME 伪指令来实现。

ASSUME 伪指令格式：

```
ASSUME  register_name:segment_name …, register_name:segment_name
```

其中 register_name 为段寄存器名，必须是 CS、DS、ES 或 SS。而 segment_name 则必须是由段定义伪指令定义的段中的段名。

ASSUME 伪指令只是指定把某个段分配给一个段寄存器，它并不能把段基址装入段寄存器，因此在代码段中，还必须把段基址装入相应的段寄存器。为此，还需要用两条 MOV 指令完成这一操作。但是，代码段不需要这样做，代码段的这一操作是在程序初始化时完成的。应该要记得，不允许对 CS 寄存器赋值。

2. 简化的段定义伪指令

MASM 5.0 以上版本还支持一种简化的段定义伪指令，可把例 6.1 所示程序用简化的段定义伪指令改写如下。

81

例 6.2 简化的段定义伪指令。

```
.MODEL    SMALL              ; 定义存储模型为 SMALL
.DATA                        ; 定义数据段 DATA
          STRING  DB 'hello,world!$'
.CODE                        ; 定义代码段 CODE
START: MOV AX,@DATA          ; 对 DS 赋 DATA 段基址
       MOV DS,AX
       MOV DX,OFFSET STRING
       MOV AH,9
       INT 21H
       MOV AH,4CH
       INT 21H
END  START
```

上述程序首先用.MODEL 伪指令说明在内存中如何安排各个段，存储模型为 SMALL 的意思是：所有数据都放在一个 64KB 的数据段，所有代码都放在另一个 64KB 的代码段，数据和代码都为近访问。这是最常用的一种模型。

.DATA 伪指令用来定义数据段，但没有给出段名，默认段名是_DATA。@DATA 表示段名_DATA，在指令中表示段基址。简化段定义伪指令的表达能力不如 SEGMENT 伪指令那样完整而清楚，因此很多时候还是用 SEGMENT 伪指令。

有关简化段定义的更多说明在有关子程序的多模块设计中介绍。

6.1.3 程序结束伪指令

表示源程序结束的伪指令的格式为：

```
END  [LABEL]
```

汇编程序将在遇到 END 时结束汇编。其中标号 label 指示程序开始执行的起始地址。如果有多个程序模块相连接，则只有主程序需要使用标号，其他子程序则只用 END 而不能指定标号。

6.1.4 数据定义与存储单元分配伪指令

我们知道，指令语句的一般格式是：

```
[标号:]  操作码  操作数  [;注释]
```

与指令语句格式类似，伪指令语句的格式是：

```
[变量]  操作码  N 个操作数  [;注释]
```

其中变量字段是可有可无的，它用符号地址表示。其作用与指令语句前标号的作用相同，但它后面不跟冒号。

伪指令的操作码字段是所用伪指令的助记符，说明所定义的数据类型。常用的有以下几种。

DB：伪指令用来定义字节类型数据，其后的每个操作数都占有一个字节（8 位）。

DW：伪指令用来定义字类型数据，其后的每个操作数占有一个字（16 位，其低位字节在第一个字节地址中，高位字节在第二个字节地址中，即数据低位在低地址，数据高位在高地址）。

DD：伪指令用来定义双字类型数据，其后的每个操作数占有两个字（32 位）。

DF：伪指令用来定义 6 个字节的字类型数据，其后的每个操作数占有 48 位。

DQ：伪指令用来定义 4 个字类型数据，其后的每个操作数占有 4 个字（64 位），可用来存放双精度浮点数。

DT：伪指令用来定义 10 个字节类型数据，其后的每个操作数占有 10 个字节，为压缩的 BCD 码。

需要说明的是，MASM 6 允许 DB、DW、DD、DF、DQ、DT 分别用 BYTE、WORD、DWORD、FWORD、QWORD、TBYTE 代替。

这些伪指令可以把其后跟着的操作数存入指定的存储单元，形成初始化数据；或者只分配存储单

元而并不确定数值。下面举例说明各种用法。

例 6.3 操作数为常数、数据表达式。

```
D_BYTE    DB  10, 10H
D_WORD    DW  14, 100H,-5, 0ABCDH
D_DWORD   DD  4×8
```

程序中默认的数据为十进制数，10H 为十六进制数，用 DB 定义的数据的值不能超出一个字节所能表示的范围。数据 10 的符号地址是 D_BYTE，数据 10H 的符号地址是 D_BYTE+1。

数据可以是负数，均用补码形式存放；还可以是数据表达式，如 4×8，等价为 32。若数据第一位不是数字，应在前面加 0，如 0ABCDH。数据在内存中的存放如图 6-2 所示。

图 6-2 例 6.3 的汇编结果

例 6.4 操作数为字符串。问号 "?" 仅预留存储单元。数据在内存中的存放如图 6-3 所示。

```
MESSAGE   DB  'HELLO?',?          ; 问号通常被系统置 0
          DB  'AB',?
          DW  'AB'                ; 注意这里'AB'作为串常量按字类型存放
```

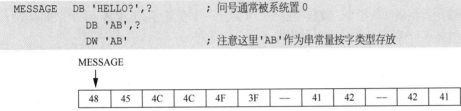

图 6-3 例 6.4 的汇编结果

例 6.5 用伪指令 DUP 复制操作数。数据在内存中的存放如图 6-4 所示。

```
ARRAY DB 2 DUP(1,3,2 DUP(4,5))
```

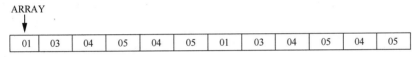

图 6-4 例 6.5 的汇编结果

例 6.6 根据需要自己定义各类数据，含义由自己决定。数据在内存中的存放如图 6-5 所示。

```
X1  DB  14, 3                ; 十进制小数 3.14
Y2  DW  1234H, 5678H         ; 32 位数据十六进制数 56781234H
Y3  DW  22, 9                ; 32 位数据十六进制数 00090016H
```

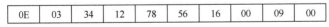

图 6-5 例 6.6 的汇编结果

6.1.5 类型属性伪指令

通常访问内存变量要知道它的符号地址，以便定位；还要知道它的类型（长度），以便匹配。如果指令中不可避免地出现两个类型（长度）不匹配的操作数，可以在指令中对该内存变量使用类型属性伪指令指定访问类型。

```
WORD PTR   ; 字类型
BYTE PTR   ; 字节类型
```

注意，类型属性伪指令仅是改变了变量当前的"访问类型"，并不是改变了变量本身的类型，访问类型的作用只是增加了一种访问方式，例如，对一个 8 位（或 16 位）的变量可以用 16 位（或 8 位）方式访问。

例 6.7 在指令中用类型属性操作符指定对内存变量的访问类型，以匹配两个操作数。

```
OPER1   DB  3, 4
OPER2   DW  5678H, 9
...
MOV   AX, OPER1           ; 操作数类型不匹配
MOV   BL, OPER2           ; 操作数类型不匹配
MOV   [DI], 0             ; 操作数类型不明确
```

前两条 MOV 指令的操作数类型不匹配，第三条 MOV 指令的两个操作数类型都不明确，因此都是错误的。解决的办法是对操作数为内存变量的指令指定访问类型，以使操作数类型匹配和明确。这3 条指令可改为：

```
MOV   AX, WORD PTR OPER1     ; 从 OPER1 处取一个字使 AX=0403H
MOV   BL, BYTE PTR OPER2     ; 从 OPER2 处取一个字节使 BL=78H
MOV   BYTE PTR[DI], 0        ; 常数 0 送到内存字节单元
```

6.1.6　THIS 伪指令和 LABEL 伪指令

在例 6.7 中使用类型属性伪指令，使指令过长。实际上一个变量可以定义成不同的访问类型，通过使用 THIS 伪指令或 LABEL 伪指令都可以实现。

使用 THIS 伪指令，格式如下：

```
THIS TYPE
```

使用 LABEL 伪指令，格式如下：

```
NAME   LABEL TYPE
```

作用为指定一个类型为 type 的操作数，使该操作数的地址与下一个存储单元地址相同。type 在这里是 BYTE 或者 WORD。

例 6.8 把变量定义成不同访问类型，以便在指令中灵活选用。指令执行结果如图 6-6 所示。

```
BUF=THIS  WORD
DAT DB 8,9
OPR_B   LABEL BYTE
OPR_W   DW 4 DUP(2)
...
MOV   AX, 1234H
MOV   OPR_B, AL
MOV   OPR_W+2, AX
MOV   DAT+1, AL
MOV   BUF, AX
```

表达式 BUF=THIS　WORD 使 BUF 和 DAT 指向同一个内存单元。

LABEL 伪指令使得 OPR_B 和 OPR_W 指向同一个内存单元。

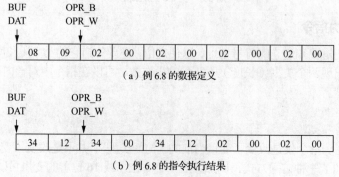

（a）例 6.8 的数据定义

（b）例 6.8 的指令执行结果

图 6-6　使用 THIS 伪指令和 LABEL 伪指令

6.1.7　表达式赋值伪指令"EQU"和"="

可以用赋值伪指令给表达式赋予一个常量或名字。其格式如下：

```
EXPRESSION_NAME EQU EXPRESSION
EXPRESSION_NAME = EXPRESSION
```

上述格式中的表达式（EXPRESSION）必须是有效的操作数格式或有效的指令助记符，此后，程序中凡需要用到该表达式之处，就可以用表达式名（EXPRESSION_NAME）来代替了。举例如下：

```
VALUE      EQU   4
DATA       EQU   VALUE+5
ADDR       EQU   [BP+VALUE]
```

此后，指令 MOV AX,ADDR 就代表 MOV AX,[BP+4]，可见，EQU 伪指令的引入提高了程序的可读性，也更加易于程序的修改。

在 EQU 语句的表达式中，如果有变量或标号等其他符号出现在表达式中，必须先定义这些符号才能引用。

另一个更为简洁的赋值伪指令是"="，格式同"EQU"，它们之间的区别是 EQU 伪指令中的表达式名是不允许重复定义的，而"="伪指令则允许其重复定义。例如：

```
VALUE =53
VALUE = VALUE +89
```

如果把上面的两条赋值伪指令的"="改成"EQU"，则为重复定义表达式名 VALUE，是不允许的。

6.1.8　汇编地址计数器"$"与定位伪指令

1. 地址计数器$

在汇编程序对源程序汇编的过程中，为了按序存放程序中定义的数据变量和指令，可使用地址计数器（Location Counter）来设置当前正在汇编的指令的偏移地址。在每一段的开始，地址计数器初始化为 0，接着每处理一条指令，地址计数器就增加一个值，此值为该指令所需要的字节数，以安排下一条指令的存放位置。

地址计数器不是硬件构成的，而是一个 16 位的变量，可用$来表示。当$用在伪指令的参数字段时，它所表示的是地址计数器的当前值。

汇编语言允许用户直接用$来引用地址计数器的值。如在指令中引用$,JMP　$+8 的转向地址是本条指令的首地址加上 8。显然$+8 必须是另一条指令的首地址，否则汇编程序将指示出错。

例 6.9　考查$的作用，假定$初值为 0。数据在内存中的存放如图 6-7 所示。

```
ARRAY   DW 3,$+7,7
COU=$
NEW     DW COU
```

图 6-7　例 6.9 的汇编结果

2. 定位伪指令 ORG

ORG 伪指令用来设置当前地址计数器$的值，其格式为：

```
ORG  CONSTANT EXPRESSION
```

如果常数表达式的值为 *n*，则该操作指示下一个字节的存放地址为 *n*。

例 6.10　考查 ORG 伪指令。数据在内存中的存放如图 6-8 所示。

```
ORG   0
DB    3
ORG   4
```

```
BUFF    DB  6
ORG     $+6
VAL     DB  9
```

图 6-8   例 6.10 的汇编结果

3. 定位伪指令 EVEN

EVEN 伪指令使下一个变量或指令开始于偶数地址。对于 16 位的变量来说，其地址为偶数时，机器内部只用一次读写操作，如果地址为奇数要用二次读写操作。程序员没有必要如此"斤斤计较"，但要在程序中大量访问字单元变量时，变量始于偶数地址还是有利的。例如：

```
EVEN
ARRAY DW 800 DUP(?)
```

4. 定位伪指令 ALIGN

ALIGN 伪指令使下一个变量的地址从 4 的倍数开始，这可以用来保证双字数组边界从 4 的倍数开始，其格式为：

```
ALIGN   BOUNDARY
```

其中 boundary 必须是 2 的幂。例如：

```
ALIGN   8
ARRAY   DW  800 DUP(?)
```

6.1.9 基数控制伪指令

汇编程序默认的数为十进制数，因此在程序中使用其他基数表示的常数时，需要专门给以标记，说明如下。

（1）二进制数：由一串 0 和 1 组成，其后跟字母 B，如 00101001B。

（2）十进制数：由 0～9 的数字组成的数，一般情况下，后面不必加上标记。在指定了其他基数的情况下，后面跟字母 D，例如 23D。

（3）十六进制数：由 0～9 及 A～F 组成的数，后面跟字母 H。这个数的第一个字符必须是 0～9，如果第一个字符是 A～F，应在其前面加上数字 0，如 0FFFFH。

RADIX 伪指令可以把默认的基数改变为 2～16 的任何数。其格式如下：

```
.RADIX  EXPRESSION
```

其中表达式用来表示基数值（用十进制数表示）。

在用 .RADIX 把基数定为十六进制后，十进制数后面都应跟字母 D。在这种情况下，如果某个十六进制数的最后一个字符为 D，则应在其后跟字母 H，以免与十进制数发生混淆。

6.1.10 过程定义伪指令

子程序又称过程，可以把一个程序写成一个过程或多个过程，这样可以使程序结构更加清晰，基本的过程定义伪指令的格式为：

```
PROCEDURE_NAME  PROC  ATTRIBUTE
...
PROCEDURE_NAME  ENDP
```

其中过程名（PROCEDURE_NAME）为标识符，起到标号的作用，是子程序入口的符号地址。

属性（ATTRIBUTE）指类型属性，可以是 NEAR 或 FAR。如果调用程序和该过程（子程序）在同一个代码段，则使用 NEAR 属性；如果调用程序和该过程（子程序）不在同一个代码段，则使用 FAR 属性。

例 6.11　过程定义伪指令的使用。

```
DATA    SEGMENT                 ; 定义数据段 DATA
        STRING  DB 'hello,world!$'
DATA    ENDS
CODE    SEGMENT                 ; 定义代码段 CODE
ASSUME  CS:CODE,DS:DATA
MAIN    PROC   FAR              ; 定义过程 MAIN
        MOV  AX,DATA
        MOV  DS,AX
        MOV  DX,OFFSET STRING
        MOV  AH,9
        INT  21H
        MOV  AH,4CH
        INT  21H
MAIN    ENDP
CODE    ENDS
        END  MAIN               ; 汇编结束，回到程序起始点 MAIN
```

6.2　表达式和操作符

程序中用得最多的是指令和有关数据定义的伪指令，这些语句由 4 项组成，格式如下：

```
[NAME]   OPERATION   OPERAND     [; COMMENT]
[名字]    操作        操作数       [; 注释]
```

① 名字项是一个符号，可以是指令的标号，也可以是变量名。

② 操作项是一个操作码的助记符，它可以是指令、伪指令或宏指令。

③ 操作数项由一个或多个表达式组成，它提供该操作所要求的操作数或相关信息。

④ 注释项用来说明程序或语句的功能。

上面带方括号的两项是可选项。各项之间必须用空格隔开。下面分别说明各项的表示方法。

名字项用下列字符来表示：字母 A~Z；数字 0~9；专用字符 ?、.、@、-、$。

除数字外，所有字符都可以放在源语句的第一个位置。名字中如果用到.，则必须是第一个字符。

名字项可以是标号或变量名，用来表示本语句的符号地址。如果是指令的标号，后面跟冒号。

一个地址符号显然具有 3 个基本属性：段、偏移及类型。

只有根据某变量的这 3 个基本属性值，在程序中才能访问到该变量。

段属性，定义该地址符号的段起始地址，此值必须在一个段寄存器中。

偏移属性，偏移地址是从段起始地址到定义该地址符号的位置之间的字节数。对于 16 位段，是 16 位无符号数。

对于标号，类型属性用来指出该标号是在本段内引用还是在其他段中引用的。若是段内引用，则称为 NEAR，对于 16 位段，段基址不变，仅有 16 位的偏移地址。若是段外引用，则称为 FAR，对于 16 位段，既要表达 16 位的段基址，又要表达 16 位的偏移地址。

对于变量，类型属性用来定义该变量所保留的字节数。如 BYTE（1 个字节）、WORD（2 个字节）、DWORD（4 个字节）、FWORD（6 个字节）、QWORD（8 个字节）、TBYTE（10 个字节），这一点在数据定义伪指令中已做了说明。

一个地址符号在同一个程序中，显然不能重复定义，即同样的标号或变量的定义只允许出现一次，

87

否则汇编程序会指示出错。

操作项可以是指令、伪指令或宏指令的助记符。对于指令，汇编程序将其翻译为机器语言。对于伪指令，汇编程序将根据其所要求进行处理。关于宏指令的内容将在第9章详述。

操作数项是指令中最复杂、最灵活的一项。操作数项由一个或多个表达式组成。对于指令，操作数项一般给出操作数地址，它们通常不超过两个。对于伪指令或宏指令，则给出它们所要求的参数。

操作数项可以是常数、寄存器、标号、变量，这些我们已经知道。操作数项还可以是表达式，而表达式是常数、寄存器、标号、变量与一些操作符（运算符）相组合的序列。

在汇编期间，汇编程序按照一定的优先规则对表达式进行计算后可得到一个数值或一个地址，如是数值，这个表达式就是数字表达式；如是地址，这个表达式就是地址表达式。那么表达式有哪些操作符呢？下面介绍一些常用的操作符在表达式中的作用。

特别注意的是，表达式在汇编阶段起作用，只有正确的表达式才能通过汇编。

1. 算术操作符

算术操作符有+、−、*、/和MOD。其中MOD是指除法运算的取余数操作，如7/5的商为1，而7 MOD 5为2（余数）。

要注意的是，算术操作符在表达式中的使用，其结果必须有明确的物理意义时才是有效的，下面举例说明。

例6.12 算术操作符的使用。

设有如下定义：

```
ORG  0
VAL=4
DA1  DW  6, 2, 9, 3
DA2  DW  15, 17, 24
COU=$-DA2
```

上面定义的VAL是常数，我们无须确定它的位置就可以使用。DA1和DA2是变量的符号地址，它们在内存中有确定的位置，我们只能根据它们的地址进行访问。

```
MOV   AX, DA1*4          ; 错，地址相乘，没有意义
MOV   AX, DA1*DA2        ; 错，地址相乘，没有意义
MOV   AX, DA1+DA2        ; 错，地址相加，没有意义
MOV   AX, BX+VAL         ; 错，BX+VAL 须用指令实现
MOV   AX, [BX+VAL]       ; 地址表达式，汇编成 MOV  AX, [BX+4]
MOV   AX, DA1+VAL        ; 地址表达式，汇编成 MOV  AX, [4]
MOV   AX, [DA1+VAL]      ; 地址表达式，汇编成 MOV  AX, [4]
MOV   AX, VAL*4/2        ; 数字表达式，汇编成 MOV  AX, 8
MOV   AX, [VAL*4/2]      ; 数字表达式，汇编成 MOV  AX, 8
MOV   CX, (DA2-DA1)/2    ; 得到 DA1 区数据个数，汇编成 MOV  CX, 4
MOV   BX, COU            ; 得到 DA2 区的字节数，汇编成 MOV  BX, 6
```

2. 逻辑操作符与逻辑移位操作符

逻辑操作符有AND、OR、XOR和NOT；逻辑移位操作符有SHL和SHR。它们都是按位进行操作的。注意逻辑指令与逻辑移位指令和逻辑操作符与逻辑移位操作符的区别，逻辑操作符与逻辑移位操作符只能用于数字表达式中。格式为：

```
EXPRESSION  操作符 NUMBER
```

例6.13 逻辑操作符的使用。

```
ARY  DW  8
VAL=4
```

```
MOV    AX, BX AND VAL           ; 错，BX AND VAL 须用指令实现
MOV    AX, ARY AND VAL          ; 错，ARY AND VAL 须用指令实现
MOV    AX, VAL AND 0F0H         ; 汇编成 MOV AX, 0
AND    AX, VAL OR 0F0H          ; 汇编成 AND AX, 0F4H
```

例 6.14 逻辑移位操作符的使用。

```
ARY DW  8
VAL=4
MOV    AX, BX SHL 2             ; 错，BX 左移须用指令实现
MOV    AX, ARY SHL 2            ; 错，ARY 左移须用指令实现
MOV    AX, VAL SHL 2            ; 汇编成 MOV AX, 10H
MOV    AX, 8 SHL 2              ; 汇编成 MOV AX, 20H
MOV    AX, VAL SHL 15           ; 汇编成 MOV AX, 00H
```

3. 关系操作符

关系操作符用来对两个操作数的大小关系做出判断。6 个关系操作符是 EQ（相等）、NE（不等）、LT（小于）、GT（大于）、LE（小于等于）、GE（大于等于）。关系操作符的两个操作数必须都是数字，或是同一段内的两个存储器地址。计算结果为逻辑值，若结果为真，表示为 0FFFFH；若结果为假，则表示为 0。

例 6.15 关系操作符的使用。

```
VAL=4
MOV    AX, BX GT 2             ; 错，BX 是否大于 2 须用指令实现判断
MOV    AX, VAL GE 2            ; 汇编成 MOV AX, 0FFFFH
MOV    AX, 8 LE VAL            ; 汇编成 MOV AX, 0
```

4. 数值回送操作符

数值回送操作符主要有 TYPE、LENGTH、SIZE、OFFSET、SEG 等，下面分别说明。

（1）TYPE

格式：

```
TYPE EXPRESSION
```

如果该表达式是变量，则汇编程序将回送该变量的以字节数表示的类型：DB 为 1、DW 为 2、DD 为 4、DF 为 6、DQ 为 8、DT 为 10。如果该表达式是标号，则汇编程序将回送代表该标号类型的数值，NEAR 为 -1，FAR 为 -2。如果表达式为常数则回送 0。

（2）LENGTH

格式：

```
LENGTH VARIABLE
```

若变量是用 DUP 复制的，则回送其总变量数，其他情况为 1，但嵌套的 DUP 不计。因此，对于使用嵌套的 DUP 复制的数据，不能据此得到正确的总变量数。

（3）SIZE

格式：

```
SIZE VARIABLE
```

若变量是用 DUP 复制的，则回送其总字节数，其他情况为单个变量的字节数，但嵌套的 DUP 不计。因此，对于使用嵌套的 DUP 复制的数据，不能据此得到正确的总字节数。

（4）OFFSET

格式：

```
OFFSET VARIABLE 或 LABEL
```

回送变量或标号的偏移地址。

（5）SEG

格式：

```
SEG  VARIABLE 或 LABEL
```

回送变量或标号的段基址。

例 6.16　数值回送操作符的使用。

设有如下定义：

```
ORG  0
VAL=4
ARR  DW  4  DUP(3)
BUF  DW  4  DUP( 4 DUP(3))
DAT  DW 15, 17, 24
STR  DB 'ABCDEF'
```

汇编程序对下面的指令的汇编结果为：

```
MOV    AX, TYPE ARR        ; 汇编成 MOV  AX, 2
MOV    AX, LENGTH  ARR      ; 汇编成 MOV  AX, 4
MOV    AX, LENGTH  BUF      ; 汇编成 MOV  AX, 4
MOV    AX, LENGTH  DAT      ; 汇编成 MOV  AX, 1
MOV    AX, SIZE ARR         ; 汇编成 MOV  AX, 8
MOV    AX, SIZE  BUF        ; 汇编成 MOV  AX, 8（不是 32）
MOV    AX, SIZE  DAT        ; 汇编成 MOV  AX, 2
MOV    AL, SIZE  STR        ; 汇编成 MOV  AX, 1
MOV    AX, OFFSET  ARR      ; 不完整的机器指令
MOV    BX, SEG ARR          ; 不完整的机器指令
```

在计算表达式时，根据操作符的优先级和括号，从左到右进行计算。下面给出操作符的优先级，从高到低排列，有 11 级。

① 圆括号中的项、方括号中的项、结构变量（变量、字段）、LENGTH、SIZE、WIDTH。

② 段名：表示段跨越前缀取代。

③ PTR、OFFSET、SEG、TYPE、THIS：用于段跨越前缀。

④ 分离高字节和低字节操作符 HIGH 和 LOW。

⑤ *、/、MOD、SHL、SHR。

⑥ 加法和减法：+、-。

⑦ 关系操作：EQ、NE、LT、LE、GT、GE。

⑧ 逻辑：NOT。

⑨ 逻辑：AND。

⑩ 逻辑：OR、XOR。

⑪ 段内短转移操作符：SHORT。

由于表达式和操作符的规定较多，编程时不必一味追求程序的简练而使表达式复杂化，以免出错。

6.3　EXE 文件与 COM 文件

本节介绍汇编语言中的两种可执行文件：EXE 文件和 COM 文件。

6.3.1　EXE 文件

EXE 文件允许多个段，可以指定任一条指令为执行的起始地址。EXE 文件除了程序本身，还有文

件头。文件头由 LINK 程序生成，其中包括程序的重定位信息，供 DOS 装入文件时用。

程序在执行前调入内存时，由 DOS 确定其装入的起始地址，并在此处首先建立一个程序段前缀（Program Segment Prefix，PSP），接着装入程序。PSP 长度为 256 个字节，其中包含很多信息，特别是地址[PSP:0]存放的是 INT 20H（机器码为 CD20），INT 20H 指令为程序返回的中断调用指令，我们对此处信息予以关注，以便理解用 RET 指令可结束程序。

EXE 文件装入内存后，有关寄存器的值如下：

DS=ES=PSP 段基址

CS:IP=程序执行的起始地址

SS:SP=堆栈段的栈底地址

我们已经注意到，同一个程序在不同机器的内存中的物理位置是不同的，因为程序不得随意装入内存，须由 DOS 安排。

程序在装入前无法确定其在内存中的物理位置，连接后的数据段基址只是一个相对地址。在程序装入内存时，DOS 根据装入的起始地址，把数据段的相对地址转为绝对地址，这就是要在程序中对段寄存器（CS 除外）赋值的原因。

地址 PSP:80H～PSP:0FFH 处存放命令行参数，参数直接提供给可执行程序。如执行程序PROG.EXE，可在 DOS 提示符下输入：

PROG PAR1, PAR2

这里 par1 和 par2 为参数，则命令行参数域为 0bh，"par1,par2"，0dh。这里 0bh 表示参数长度，0dh 表示回车符。

如果把程序写成过程，可以用 RET 指令结束程序。

例 6.17 用 RET 指令结束程序。

```
DATA  SEGMENT              ; 定义数据段 DATA
STRING   DB 'hello,world!$'
DATA ENDS
CODE  SEGMENT
ASSUME  CS:CODE, DS:DATA
MAIN  PROC  FAR
PUSH  DS                   ; DS 进栈
MOV AX, 0                  ; 0 进栈
PUSH  AX
MOV AX,DATA
MOV DS,AX
MOV DX,OFFSET STRING
MOV AH,9
INT 21H
RET                        ; 返回
MAIN  ENDP
CODE  ENDS
END  MAIN
```

要注意，程序开始就向堆栈压入 DS（PSP 的值）和 0，而在最后，用 RET 指令结束程序。此时RET 指令的作用就是把 0 弹出到寄存器 IP，把 PSP 的值弹出到寄存器 CS，于是程序就执行[CS:IP]处的指令，也就是[PSP:0]处的指令，这个指令就是 INT 20H。

特别需要说明的是，上面的用法是固定的，程序要写成过程形式，否则无效。不要忘记，RET 指令总是写在过程中的，用于返回到调用程序，而此处主程序的 RET 指令是返回到 DOS。程序中不能用 INT 20H 指令代替此处的 RET 指令，否则虽能退出程序但会引起死机。

例 6.17 程序的调试如图 6-9 所示。

```
C:\Debug 41.EXE
-U0 11
0B70:0000 1E          PUSH    DS
0B70:0001 B80000      MOV     AX,0000
0B70:0004 50          PUSH    AX
0B70:0005 B86F0B      MOV     AX,0B6F
0B70:0008 8ED8        MOV     DS,AX
0B70:000A BA0000      MOV     DX,0000
0B70:000D B409        MOV     AH,09
0B70:000F CD21        INT     21
0B70:0011 CB          RETF
-UDS:0L2
0B5F:0000 CD20        INT     20
-G=0 11
hello,world!
AX=0924 BX=0000  CX=0022  DX=0000  SP=FFFC  BP=0000  SI=0000  DI=0000
DS=0B6F ES=0B5F  SS=0B6F  CS=0B70  IP=0011    NU UP EI PL NZ NA PO NC
0B70:0011 CB          RETF
-P

AX=0924 BX=0000  CX=0022  DX=0000  SP=0000  BP=0000  SI=0000  DI=0000
DS=0B6F ES=0B5F  SS=0B6F  CS=0B5F  IP=0000    NU UP EI PL NZ NA PO NC
0B5F:0000 CD20        INT     20
```

图 6-9   用 RET 指令结束程序

6.3.2   COM 文件

1. COM 文件的格式

还有一种可执行文件，其扩展名为 COM。COM 文件由本身的二进制代码组成，它没有 EXE 文件那样的文件头，在装入内存后，其内容不变，它占用的空间比 EXE 文件的小得多。COM 文件要求源程序只含一个代码段，即 CS=DS=ES=SS，因此占用空间不超过 64KB，程序中如有过程调用，类型应为 NEAR。COM 文件要求程序从 100H 开始执行（前面 256 字节为 PSP 预留空间）。

COM 文件的源程序格式举例如下。

例 6.18   COM 文件的源程序（非过程形式）。

```
; HELLO1.ASM
CODE  SEGMENT
ASSUME  CS:CODE
        ORG    100H
START:
        MOV  AX,CS
        MOV  DS,AX
        MOV  DX,OFFSET STRING
        MOV  AH,9
        INT  21H
        MOV  AH,4CH            ; 退出程序
        INT  21H
STRING  DB 'hello,world!$'
CODE    ENDS
        END    START
```

例 6.19   COM 文件的源程序（过程形式）。

```
; HELLO2.ASM
CODE    SEGMENT
ASSUME  CS:CODE
        ORG  100H
MAIN    PROC    FAR
        PUSH  DS
        XOR  AX,AX
        PUSH  AX
        MOV  AX,CS
        MOV  DS,AX
        MOV  DX,OFFSET STRING
        MOV  AH,9
        INT  21H
        RET                   ; 退出程序
MAIN    ENDP
```

```
STRING   DB 'hello,world!$'
CODE     ENDS
         END MAIN
```

2. COM 文件的生成

并不是具有 COM 文件的源程序格式就一定是 COM 文件，COM 文件也是通过 LINK 程序产生的，连接命令后面须加上/T。如：

```
C:\MASM6\LINK HELLO/T
```

如果同一目录中有两个文件，如 PROG.EXE 和 PROG.COM，当输入 PROG 时，PROG.COM 文件将被执行，输入 PROG.EXE 才能执行 PROG.EXE。

本章小结

伪指令是在汇编程序对源程序进行汇编期间由汇编程序处理的操作。本章介绍了一些常用的伪指令，注意伪指令和指令的区别。另外，本章还介绍了 EXE 文件和 COM 文件。通过本章的学习，读者可熟练掌握伪指令的相关操作，如定义数据、定义程序、分配存储单元等，这将为后续的分支和循环等程序设计奠定基础。

习题 6

6.1 画图说明下列数据定义语句所示内存空间的数据，并填写寄存器的值。

```
ORG 0
ARRAY LABEL BYTE
DA1 DW 2, 9, 14, 3, 315H, -6
DA2 DB 7, 'ABCDEDFG'
LEN = $-DA2
ORG 100H
DA3 DW DA4
DA4 DB 4 DUP(2 DUP(1,2,3),4)
...

MOV AL, ARRAY+2          (AL)=(    )H

ADD AL, DA2+1            (AL)=(    )H

MOV AX, DA2-DA1          (AX)=(    )H

MOV BL, LEN             (BL)=(    )H

MOV AX, DA3             (AX)=(    )H

MOV BX, TYPE DA4         (BX)=(    )H

MOV BX, OFFSET DA4       (BX)=(    )H

MOV CX, SIZE DA4         (CX)=(    )H

MOV DX, LENGTH DA4       (DX)=(    )H

MOV BX, WORD PTR DA4     (BX)=(    )H

MOV BL, LEN AND 0FH      (BL)=(    )H

MOV BL, LEN GT 5         (BL)=(    )H

MOV AX, LEN MOD 5        (AX)=(    )H
```

6.2 变量和标号有哪些区别？变量和标号有哪些属性？如何获取属性值？写出指令。

6.3 指令和伪指令的区别在哪里？伪指令可以出现在代码段吗？指令可以出现在数据段吗？

6.4 下面的程序能否输出字符 0～9？如不能，应如何修改？

```
CODE    SEGMENT
        ASSUME CS:CODE
```

```
            K=30H
            J  DW  0
START:  MOV  DL, K
        MOV  AH, 2
        INT  21H
        K=K+1
        INC  J
        CMP  J, 10
        JNZ  START
        MOV  AH, 4CH
        INT  21H
CODE  ENDS
        END  START
```

6.5　用 16 位指令编写完整程序，并上机调试，计算 V=(X+Y)×R，其中所有变量均为 32 位变量，X、Y、R 的具体数值任意确定，变量定义格式如下：

```
X    DW  ?,?
Y    DW  ?,?
R    DW  ?,?
V    DW  4 DUP (?)
```

6.6　数据定义如下，执行下列指令，填写寄存器的值。

```
ARRAY LABEL BYTE
DA1 DW 2, 9, 14, 3
DA2 DB 7, 'ABCDEDF'
LEN = $ - DA1
```

MOV AL, ARRAY+2	(AL) = (　　) H
ADD AL, DA2+1	(AL) = (　　) H
MOV AX, DA2-DA1	(AX) = (　　) H
MOV AX, DA1+1	(AX) = (　　) H
MOV BL, LEN	(BL) = (　　) H

6.7　定义数据段，满足如下要求。

（1）array 为字符串变量："inspire a generation！"。

（2）data1 为十六进制数：0FEDCBAH。

（3）data2 为二进制数：10101010B。

（4）data3 为 100 个为 0 的字节变量。

（5）分配 500 个字的空间备用。

6.8　假设程序中，数据段定义如下：

```
DATA1 DB 50 DUP(? )
DATA2 DW 10 DUP(0)
DATA3 DD 5 DUP(2 DUP(1,2))
```

（1）用指令将数据段首地址放入数据段寄存器。

（2）用一条指令将 Data2 的第一个数据放入 BX 寄存器。

（3）将 Data2 数据区的字节数放入 CX 寄存器。

6.9　现有数据定义如下：

```
ARRAY1 DW  5 DUP(0)
ARRAY2 EQU BYTE PTR ARRAY1
```

请说明这两个变量之间的联系。

6.10　给出下列程序段汇编后的结果：

```
    VAL1 EQU  6
    VAL2 EQU  3
MOV BX,(VAL1 LT 5) AND 20
```

```
MOV BX, (VAL2 GE 1) AND 30
MOV BX,(VAL2 AND 5) OR (VAL1 GE 5)
MOV BX,(VAL2 - VAL1) GE 5
```

6.11 设数据段定义如下：

```
DATA SEGMENT
    ORG 20H
    DATA1=4
    DATA2=DATA1+25H
    DATA3 DB '123456'
         DB 47H,48H
    COUNT EQU $-DATA3
DATA ENDS
```

回答下列问题：

（1）Data3 的偏移地址是多少？

（2）Count 的值是多少？

6.12 现有一数据区 data1，需对其进行按字访问和按字节访问，应如何进行设置？

6.13 什么是 PSP？EXE 文件和 COM 文件有何区别？

第7章 分支程序与循环程序设计

程序设计的一般步骤如下。

（1）分析问题，确定算法和数据结构。这是保证程序实现预定功能目标的关键，一个问题的解决方法可能有多种，应选择最合理的算法和合适的数据结构。

（2）根据算法绘制程序的流程图。有些问题也可以用算法语言来描述。

（3）根据流程图编制程序。编写时注意合理使用指令、伪指令、宏指令、内存单元和寄存器。

（4）上机调试。未经调试的程序是不可靠的，只有经过调试才能检查程序是否符合设计思想，有无语法错误，能否实现预定功能。

以上几个步骤中要特别注意的是绘制流程图。程序流程图起承上启下的重要作用，其详略程度要适当，不能过于简单。既要能形象、直观、清晰地描述程序设计的思路，又要能据此指导写出程序，为程序的编写和调试提供方便。程序流程图可以用来检查算法和程序，是重要的软件开发文档。

7.1 分支程序设计

7.1.1 分支程序转移指令

程序总是放在代码段，程序的执行就是指令逐条从内存的代码段被取出，由 CPU 进行译码、执行。一段程序开始执行时，指令指针寄存器 IP 总是指向程序的第一条要执行的指令所对应的偏移地址，CPU 首先根据代码段寄存器 CS 和指令指针寄存器 IP 共同表示的地址取出该条指令，将其送往译码器再执行，同时，自动修改 IP 寄存器的值，使其指向下一条指令所在的偏移地址。重复以上过程，程序中的指令被逐条取出执行。

以上程序的执行过程是顺序执行的形式，但通常程序中总会有判断、选择、跳转发生，从而改变程序的执行流程。常见的分支程序转移指令有无条件转移指令和条件转移指令。

1. 无条件转移指令

JMP：该指令无条件转移到指令指定的地址去执行程序。指令中必须指定转移的目标地址（或称转向地址）。

根据目标地址，可以将无条件转移指令分为段内转移和段间转移。

① 转移的目标地址如果和本条转移指令在同一个代码段，也就是说，跳转后 CS 寄存器的值并没有改变，只是 IP 寄存器的值有了改变，这叫段内转移。

② 如果转移的目标地址和本条转移指令不在同一个代码段，也就是说，跳转后 CS 寄存器的值发生了改变，这叫段间转移。

根据目标地址是否在转移指令中直接给出，还可以将转移指令分为直接转移和间接转移。

① 如果转移的目标地址在转移指令中直接给出，这叫直接转移。

② 如果转移的目标地址在转移指令中通过其他方式间接给出，这叫间接转移。

下面将分别介绍段内直接转移指令、段内间接转移指令、段间直接转移指令以及段间间接转移指令。

（1）段内直接转移指令

格式：

```
JMP   NEAR PTR OPR
```

操作：

```
IP←IP+16 位位移量
```

其中 NEAR PTR 为目标地址 OPR 的属性说明，表明是一个近（段内）转移。

从指令的操作可以看出，IP 寄存器被加上 16 位位移量，IP 的值发生了改变，不再直接指向下一条指令，但 CS 寄存器并没有改变，所以是段内直接转移。

需要注意，位移量 OPR 是有符号数，这就意味着，位移量是负数时，IP 加上 16 位位移量之后，IP 的值反而会变小，这就导致程序向后转移。位移量是正数时，IP 的值会增大，这就导致程序向前转移。

如果转移的目标地址 OPR 距离本条转移指令距离为-128～+127 字节，也可写成所谓的短转移指令：

```
JMP   SHORT OPR
```

通常，目标地址 OPR 的属性说明可以省略，直接写成 JMP OPR 即可。

注意该指令的操作是 IP←IP+位移量，而不是 IP←目标地址 OPR。下面结合例 7.1 说明该操作相比直接赋值的优势。

例 7.1　程序重新定位下的转移指令。

下面的程序中有 4 条指令，每条指令都为 2 个字节长度，假定首条指令 JMP P1 的偏移地址为 1000H，当执行该条指令后，程序跳过其后的 2 条 MOV 指令，而跳转到标号 P1 所示的位置去执行 ADD 指令。

```
1000: JMP P1          ; 1000H 是本条指令的所在偏移地址
1002: MOV AX, BX
1004: MOV DX, CX
P1:   ADD AX, DX       ; P1 是标号，其值为 1006H
```

如果把这个程序放在内存中的另一个位置，如下所示：

```
2000: JMP P1          ; 2000H 是本条指令的所在偏移地址
2002: MOV AX, BX
2004: MOV DX, CX
P1:   ADD AX, DX       ; P1 是标号，其值为 2006H
```

显然这两段程序是一样的，无论在内存中的什么位置，都不应影响运行结果。

上述程序可在 Debug 下直接用 A 命令给出，如图 7-1 所示，分别在 1000H 和 2000H 两个位置。由于 Debug 下不能识别符号，因此 P1 分别用 1006H 和 2006H 表示。尽管如此，这两处的 JMP 指令的机器码依然一致，都是 EB04，看来这两段程序确实完全一样。

由图 7-1 中可以看出，虽然 P1 的值为 1006H，但指令 JMP P1 的机器指令中不是直接给出目标地址 1006H，而是位移量 4。因为 JMP 指令的下一条指令地址为 1002H，而 P1 的地址为 1006H，就是说跳转的距离为 4，这在汇编时就可确定。在程序执行阶段，当 JMP P1 指令被取出将要执行时，当前的 IP 的值自动调整为 1002H，指向下一条指令，而 JMP P1 指令执行的结果使得 IP←IP+4，即 IP 由 1002H 变为 1006H，因此直接跳转到 1006H 处执行 ADD 指令。

图 7-1　程序的可重新定位

同样的道理，位于 2000H 处程序的 JMP 指令的机器码为 EB04，跳转的距离为 4。当 JMP 指令被取出将要执行时，当前的 IP 的值自动调整为 2002H，指向下一条指令。而 JMP 指令执行的结果使得 IP←IP+4，即 IP 由 2002H 变为 2006H，从而直接跳转到位于 2006H 处执行。

可见，由于 JMP 机器指令中不是直接给出目标偏移地址，而是给出相对于目标位置的位移量，用 IP←当前 IP+位移量的操作机制，实现了程序的可重新定位。

（2）段内间接转移指令

格式：

```
JMP    WORD PTR OPR
```

操作：

```
IP←(EA)
```

其中 EA 值由 OPR 的寻址方式确定。它可以使用除立即数寻址方式以外的任何一种寻址方式。如果指定的是寄存器，则把寄存器的内容送到 IP 寄存器中；如果指定的是内存中的一个字，则把该存储单元的内容送到 IP 寄存器中。

例 7.2 如果 BX=2000H，DS=4000H，(42000H)=6050H，(44000H)=8090H，TABLE 的偏移地址为 2000H，分析下面 4 条指令单独执行后 IP 的值。

```
JMP    BX                       ; 寄存器寻址，IP=BX
JMP    WORD PTR [BX]            ; 寄存器间接寻址，IP=[DS:BX]
JMP    WORD PTR TABLE           ; 直接寻址，IP=[DS:TABLE]
JMP    TABLE[BX]                ; 寄存器相对寻址，IP=[DS:(TABLE+BX)]
```

第一条指令执行后，IP=BX=2000H。

第二条指令执行后，IP=(DS:2000H)=(40000H+2000H)=(42000H)=6050H。

第三条指令执行后，IP=(DS:2000H)=(40000H+2000H)=(42000H)=6050H。

第四条指令执行后，IP=(DS:4000H)=(40000H+4000H)=(44000H)=8090H。

（3）段间直接转移指令

格式：

```
JMP    FAR PTR OPR
```

操作：

```
IP←OPR 的偏移地址
CS←OPR 所在段的段基址
```

在汇编格式中 OPR 可使用符号地址，而机器语言中含有转向的偏移地址和段基址。因为 IP 和 CS 的值都被改变，所以又叫跨段直接远转移。

（4）段间间接转移指令

格式：

```
JMP    DWORD PTR OPR
```

操作：

```
IP←(EA)
CS←(EA+2)
```

其中 EA 值由 OPR 的寻址方式确定，它可以使用除立即数寻址及寄存器寻址方式以外的任何存储器寻址方式。根据寻址方式求出 EA 后，把指定内存字单元的内容送到 IP 寄存器，并把下个字的内容送到 CS 寄存器，这样就实现了段间的间接远跳转。

例 7.3 如果 BX=2000H，DS=4000H，(42000H)=6050H，(42002H)=1234H，指出下面指令执行后 IP 和 CS 的值。

```
JMP    DWORD PTR [BX]
```

指令执行后，IP=(DS:2000H)=(40000H+2000H)=6050H，CS=(42002H)=1234H。

2. 条件转移指令

条件转移指令根据上一条指令执行后，用所产生的标志位来进行测试条件判别。因此在使用条件转移指令之前，应有一条能产生标志位的前导指令，如 CMP 指令。每一种条件转移指令有各自的测试条件，当满足测试条件时则转移到由指令指定的转向地址去执行那里的程序，如不满足测试条件则顺序执行下一条指令。

在汇编指令格式中，转向地址由标号来表示，在 8086 系列 16 位的机器中规定，转向地址与本条转移指令所在地址的距离应在 -128～+127 字节（80386 及其后继机型允许转移到段内的任何位置）。另外，所有的条件转移指令都不影响标志位。下面把条件转移指令分为 4 组来介绍。

（1）根据单个条件标志的设置情况转移。这组包括 10 种指令。它们一般适用于测试某一次运算的结果并根据其不同特征产生程序分支做不同处理的情况。

① 指令格式：

```
JZ      OPR              ; 结果为 0 则转移
```

等效指令：

```
JE      OPR              ; 结果相等则转移
```

测试条件：ZF=1 则转移。

② 指令格式：

```
JNZ     OPR              ; 结果不为 0 则转移
```

等效指令：

```
JNE     OPR
```

测试条件：ZF=0 则转移。

③ 指令格式：

```
JS      OPR              ; 结果为负则转移
```

测试条件：SF=1 则转移。

④ 指令格式：

```
JNS     OPR              ; 结果为正则转移
```

测试条件：SF=0 则转移。

⑤ 指令格式：

```
JO      OPR              ; 结果溢出则转移
```

测试条件：OF=1 则转移。

⑥ 指令格式：

```
JNO     OPR              ; 结果不溢出则转移
```

测试条件：OF=0 则转移。

⑦ 指令格式：

```
JC      OPR              ; 进位位为 1 则转移
```

等效指令：

```
JB      OPR              ; 低于则转移
```

等效指令：

```
JNAE    OPR              ; 不高于等于则转移
```

测试条件：CF=1 则转移。

⑧ 指令格式：

```
JNC     OPR              ; 进位位为 0 则转移
```

等效指令：

```
JNB     OPR              ; 不低于则转移
```

等效指令：

| JAE OPR | ；高于等于则转移 |

测试条件：CF=0 则转移。

⑨ 指令格式：

| JP OPR | ；奇偶位为1则转移 |

等效指令：

| JPE OPR | ；偶数个1则转移 |

测试条件：PF=1 则转移。

⑩ 指令格式：

| JNP OPR | ；奇偶位为0则转移 |

等效指令：

| JPO OPR | ；奇数个1则转移 |

测试条件：PF=0 则转移。

上面10条指令都是根据标志寄存器中某一个标志位的状态决定是否转移，下面还有一条根据CX寄存器是否为0决定是否转移的指令。

（2）测试CX寄存器的值，为0则转移。

指令格式：

| JCXZ OPR | ；CX 寄存器为0则转移 |

测试条件：CX=0 则转移。

（3）比较两个无符号数，并根据比较的结果转移。

① 指令格式：

| JC（JB,JNAE）OPR | ；进位位为1（低于，不高于等于）则转移 |

测试条件：CF=1 则转移。

② 指令格式：

| JNC（JNB,JAE）OPR | ；进位位为0（不低于，高于等于）则转移 |

测试条件：CF=0 则转移。

③ 指令格式：

| JBE（JNA）OPR | ；低于等于（不高于）则转移 |

测试条件：$CF \lor ZF=1$，即 CF 与 ZF 的或为 1，则转移。

④ 指令格式：

| JNBE（JA）OPR | ；不低于等于（高于）则转移 |

测试条件：$CF \lor ZF=0$，即 CF 与 ZF 的或为 0，则转移。

（4）比较两个有符号数，并根据比较结果转移。

① 指令格式：

| JL（JNGE）OPR | ；小于（不大于等于）则转移 |

测试条件：$SF \forall OF=1$，即 SF 与 OF 的异或为 1，则转移。

② 指令格式：

| JNL（JGE）OPR | ；不小于（大于等于）则转移 |

测试条件：$SF \forall OF=0$，即 SF 与 OF 的异或为 0，则转移。

③ 指令格式：

| JLE（JNG）OPR | ；小于等于（不大于）则转移 |

测试条件：$（SF \forall OF） \lor ZF=1$，即 SF 与 OF 的异或为 1 或者 ZF=1，则转移。

④ 指令格式：

```
JNLE（JG） OPR                    ; 不小于等于（大于）则转移
```

测试条件：（SF ∀ OF）∧ZF=0，即 SF 与 OF 的异或为 0 且 ZF=0，则转移。

第 3 组和第 4 组指令分别用于无符号数的比较和有符号数的比较，测试条件是完全不同的。道理很简单，例如 8 位二进制数 A=10101001，B=00110101，如果把它们看成无符号数，则 A>B；如果把它们看成有符号数，则 A<B。

无符号数比较的条件转移指令的测试条件是易于理解的。当两个无符号数相减时，CF 位的情况说明了是否有借位的问题，有借位时，CF=1，这就是 JC、JB 和 JNAE 是等效指令的原因。

有符号数比较的条件转移指令的测试条件比较复杂，下面分析 JL 指令的情况，先比较两个有符号数的大小，CMP 通过相减而产生的标志位做出判断。例如：

```
CMP AX, BX
JL  P1                          ; 如果 AX<BX，则转移到 P1
```

有 4 种情况，如下所示。

① 正数 A-正数 B，如结果为负数，说明 A<B；如结果为非负数，说明 A≥B，不会溢出。
② 负数 A-负数 B，如结果为负数，说明 A<B；如结果为正数，说明 A≥B，不会溢出。
③ 负数 A-正数 B，显然 A<B，结果应为负数；如结果为正数，说明溢出。
④ 正数 A-负数 B，显然 A>B，结果应为正数；如结果为负数，说明溢出。

以上分析结合标志位如表 7-1 所示。

表 7-1　有符号数的比较判断条件

序号	SF	OF	结果	SF	OF	结果
1	1	0	A<B	0	0	A≥B
2	1	0	A<B	0	0	A≥B
3	1	0	A<B	0	1	A<B
4	0	0	A>B	1	1	A>B

由表 7-1 可以看出，只要 SF 和 OF 不相同，就说明两个有符号数 A、B 的比较中 A<B。因此可以得出 JL 指令的测试条件为 SF∧OF=1。

例 7.4　有一个长为 19 字节的字符串，首地址为 MESS。查找其中的空格符（20H），如找到则继续执行，否则转标号 NO。

```
MOV   AL, 20H
MOV   CX, 19
MOV   DI, -1
LK: INC   DI
DEC   CX
CMP   AL, MESS[DI]              ; AL-[MESS+DI]，不回送结果，置标志位 CF/ZF
JCXZ  NO                        ; 判断 CX 标志位是否为 0
JNE   LK                        ; 判断 ZF 标志位是否为 0，为 0 则跳转
YES:…
JMP EXIT
NO:…
EXIT:MOV AH,4CH
INT 21H
```

当 AL-[MESS+DI]的结果为 0，即 AL 的内容与内存单元内容相等时，CMP 的运行结果会将 ZF 标志位置 1，当执行到 JNE 时则不会，会继续执行下一条指令。

7.1.2 分支程序结构

程序中经常要根据某个条件是否成立来决定下一步要执行 A 还是 B，这就出现了两个分支，这种程序结构就是所谓的 IF-THEN-ELSE 结构。有时某个条件允许出现多个值，程序中要根据不同的条件值来决定转向不同的程序片段，这就出现了多个分支，这种程序结构就是所谓的 CASE 结构。两种分支程序结构如图 7-2 所示。

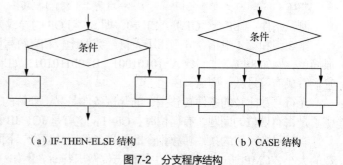

（a）IF-THEN-ELSE 结构　　（b）CASE 结构

图 7-2　分支程序结构

7.1.3 单分支程序

在 IF-THEN-ELSE 结构中最简单的情况是只需处理 IF-THEN，这就是单分支结构。

例 7.5　双字长数存放在 DX 和 AX 寄存器中（高位在 DX），求该数的绝对值（用 16 位指令）。

算法分析：首先判断数的正负，如果是正数（首位为 0），不需处理；如果是负数（首位为 1），则对该数求补，即反码加 1。程序流程图如图 7-3 所示。

例 7.5 程序如下：

```
CODE  SEGMENT
      ASSUME  CS:CODE
START:
      TEST  DX, 8000H        ; 测试数的正负
      JZ  EXIT               ; 不为负数就退出
      NOT  AX
      NOT  DX
      ADD  AX, 1
      ADC  DX, 0
EXIT:
      MOV  AH, 4CH
      INT  21H
CODE  ENDS
      END  START
```

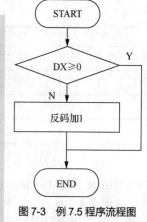

图 7-3　例 7.5 程序流程图

在 Debug 下修改寄存器 DX 的值分别为正数 1000H 和负数 9000H，其与 8000H 做 TEST 运算的结果如图 7-4 所示，可以看到 ZF 标志位分别取 1 和 0。

7.1.4 复合分支程序

如果在分支结构中又出现分支，这就是复合分支结构。

例 7.6　从键盘输入一位十六进制数，并将其转换为十进制数输出。

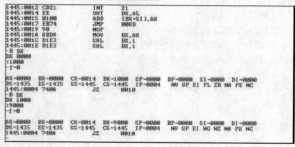

图 7-4　例 7.5 的运行情况

算法分析：键盘输入的十六进制数有以下 3 种情况需要分别处理。

为数字（30H～39H）时，可不必处理，直接输出；为大写字母 A～F（41H～46H）时，可减 11H；为小写字母 a～f（61H～66H）时，可减 31H，这样就得到 30H～35H（0～5 的 ASCII 值），再输出 2 位十进制数。其他输入则为非法输入，退出程序。由此可见，本例实际上就相当于求分段函数：

$$y = \begin{cases} x & 30\text{H} \leqslant x \leqslant 39\text{H} \\ 3100\text{H}+(x-11\text{H}) & 41\text{H} \leqslant x \leqslant 46\text{H} \\ 3100\text{H}+(x-31\text{H}) & 61\text{H} \leqslant x \leqslant 66\text{H} \end{cases}$$

式中 x 表示输入值的 ASCII 值，y 表示 2 位十进制数对应的 ASCII 值，如 3100H 表示十位上的 1。程序流程图如图 7-5 所示。

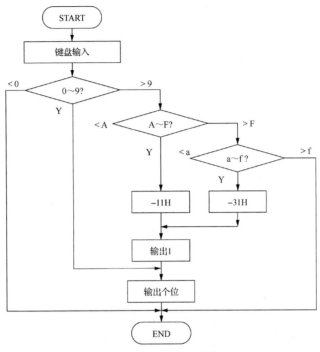

图 7-5　例 7.6 程序流程图

流程图中画出了对输入<0 和输入>f 时的合法性检查，没有画出对输入<A 和输入<a 时的合法性检查，但程序中要做同样处理。

例 7.6 程序如下：

```
CODE    SEGMENT
        ASSUME  CS:CODE
START:  MOV AH, 1                   ; 键盘输入
        INT 21H
        CMP AL, 30H
        JL EXIT                     ; 非法输入
        CMP AL, 39H
        JLE DIG                     ; 输入是数字 0~9
        CMP AL, 41H
        JL EXIT                     ; 非法输入
        CMP AL, 46H
        JLE PRINT                   ; 输入是大写字母 A~F
        CMP AL, 61H
        JL EXIT                     ; 非法输入
        CMP AL, 66H
        JG EXIT                     ; 非法输入
        SUB AL, 31H
        JMP OUT1                    ; 输入是小写字母 A~F
```

```
PRINT:  SUB AL, 11H
OUT1:   MOV DL, 31H              ; 输出字符1
        MOV AH, 2
        PUSH AX                  ; 暂存AX
        INT 21H                  ; INT指令改写了AX
        POP AX                   ; 恢复AX
DIG:    MOV DL, AL               ; 输出个位
        MOV AH, 2
        INT 21H
EXIT:   MOV AH, 4CH              ; 程序终止并退出
        INT 21H
CODE    ENDS
        END START
```

注意 2 号功能在 INT 21H 之后会改变 AL 寄存器中的值，因此程序中需要对待显示的 AL 中的内容做压栈保存，如图 7-6 所示。输入 A 字符，对 A 的 ASCII 值 41H 减 11H，得到待显示的 30H 保存在 AL 中，执行 2 号功能的 INT 21H 之后 AL 变为 31H，用 POP 指令恢复 AL 中的内容后又变为 30H。

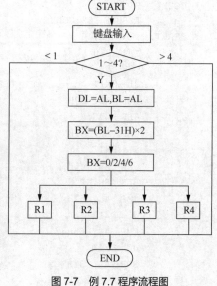

图 7-6 例 7.6 的运行情况

7.1.5 多分支程序

如果在分支结构中有超过两个的多个可供选择的分支，这就是多分支结构。如果对多分支的条件逐个查询以确定是哪一个分支，只会增加代码和时间，为了尽快进入某个分支，可以采用分支向量表法。我们知道 INT 21H 指令就是根据中断类型号 21H×4 得到 84H，直接到 84H 内存中的向量表中取出中断向量（即系统子程序的首地址）来执行一段程序。我们也可以把各分支地址集中存放在分支向量表中，根据分支号快速进入该分支。

例 7.7 根据键盘输入的一位数字（1～4），使程序转移到 4 个不同的分支中去，以显示键盘输入的数字。

算法分析：建立一个分支向量表 branch，集中存放 4 个分支的偏移地址，因偏移地址为 16 位，所以每两个字节存放一个偏移地址。根据输入的数字指向分支向量表，从表中取出对应分支的偏移地址，用"JMP branch[BX]"指令间接寻址方式转向对应分支。图 7-7 为程序流程图。

例 7.7 程序如下：

```
CODE    SEGMENT
        ASSUME CS:CODE, DS:CODE
START:  MOV AX,CODE   ; DS=CS
        MOV DS,AX
        MOV AH,7      ; 键盘输入无回显
        INT 21H
        CMP AL,31H
        JL EXIT       ; 非法输入
        CMP AL, 34H
        JG EXIT       ; 非法输入
        MOV DL, AL    ; 放入DL, 待显示
        MOV BL, AL
        SUB BL, 31H   ; 转换ASCII为数值
        SHL BL, 1     ; (BL)×2, 指向分支向量表中某地址
```

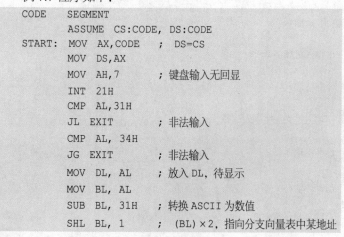

图 7-7 例 7.7 程序流程图

```
            MOV   BH, 0
            JMP   branch[BX]        ; 转向分支
R1:         MOV   AH, 2
            INT   21H               ; 显示键盘输入的数字
            JMP   EXIT
R2:         MOV   AH, 2
            INT   21H
            JMP   EXIT
R3:         MOV   AH, 2
            INT   21H
            JMP   EXIT
R4:         MOV   AH, 2
            INT   21H
            JMP   EXIT
EXIT:       MOV   AH, 4CH           ; 程序终止并退出
            INT   21H
BRANCH      DW    R1
            DW    R2
            DW    R3
            DW    R4
CODE        ENDS
            END   START
```

该程序在代码段的最后定义了分支向量表，汇编程序进行汇编时，各标号的有效地址可以确定，分支向量表 branch 首地址的有效地址可以确定，如图 7-8 所示。其后定义的 4 个字的值就是 4 个分支标号的有效地址，可用 D 命令查看，结果如图 7-9 所示。该程序也可以定义一个数据段，并把分支向量表 branch 定义在数据段。

用分支向量表法处理多分支程序，可以简单直接地实现分支的转移，避免了大量的比较和条件转移指令，使程序显得简洁紧凑。

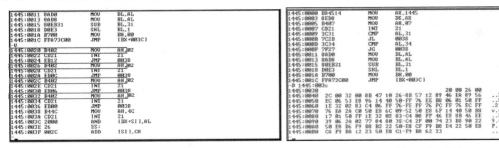

图 7-8　例 7.7 的运行情况 1　　　　　图 7-9　例 7.7 的运行情况 2

7.2　循环程序设计

7.2.1　循环指令

为了方便循环程序的设计，80x86 提供了以下循环指令。

◆　LOOP（Loop），循环。

◆　LOOPZ/LOOPE（Loop while Zero/ or Equal），当运算结果为 0/相等时循环。

◆　LOOPNZ/LOOPNE（Loop while Not Zero/ or Not Equal），当运算结果不为 0/不相等时循环。

① 指令：

```
LOOP    OPR          ; 循环
```

测试条件：CX≠0 则循环。

② 指令：

```
LOOPZ   OPR          ; 当运算结果为 0 时循环
```

等效指令：

```
LOOPE   OPR
```

测试条件：ZF=1 且 CX≠0 则循环。

③ 指令：

```
LOOPNZ  OPR          ; 当运算结果不为 0 时循环
```

等效指令：

```
LOOPNE  OPR
```

测试条件：ZF=0 且 CX≠0 则循环。

以上循环指令的操作均是：首先执行 CX 寄存器减 1，然后根据测试条件决定是否转移。

例 7.8　在首地址为 MESS、长为 19 字节的字符串中查找空格符（20H），如找到则继续执行，否则转标号 NO。用循环指令实现程序的循环。

```
      MOV   AL, 20H
      MOV   CX, 19
      MOV   DI, -1
LK:   INC   DI
      CMP   AL, MESS[DI]
       LOOPNE LK    ; 当 CX≠0 且 ZF=0 时跳转
       JNZ    NO    ; 当 ZF=0 时跳转
    YES: …
       JMP EXIT
    NO: …
EXIT: MOV AH,4CH
      INT 21H
…
```

当 LOOPNE LK 结束时有两种可能情况，即 CX=0 或者 ZF=1，而这两种可能情况对应的结果是不相同的，因此在 LOOPNE 下方紧跟着一条 JNZ 的跳转指令，用以区分这两种情况。需特别注意 CX=0 与 ZF=1 同时成立的情况，即比较的最后一个字符是相同的。因此区分以上两种情况时，需优先判断 ZF=1 是否成立。

7.2.2　循环程序结构

程序中经常要处理有相同规律的大量重复操作，为此把程序设计成循环结构，也称为重复结构，使得一组指令能重复地执行，并根据某个条件是否成立来决定继续循环还是放弃循环。因此循环结构也可以看成一种特殊的分支结构。南宋数学家杨辉在 1261 年所著的《详解九章算法》一书中提出的杨辉三角就具有典型的循环结构特征。杨辉三角是二项式系数在三角形中的一种几何排列，是我国古代数学的杰出研究成果之一。欧洲数学家帕斯卡在 1654 年发现这一规律，因此又叫作帕斯卡三角形。帕斯卡的发现比杨辉的要迟 300 多年。21 世纪以来国外也逐渐承认这项成果属于中国，因此有些书上称其为"中国三角形"。

循环程序有两种结构，一种是 DO-WHILE 结构，另一种是 DO-UNTIL 结构。

DO-WHILE 结构把循环控制条件放在循环的入口，先判断控制条件是否成立，再决定是否进入循环。DO-UNTIL 结构是先执行循环体，然后判断控制条件是否成立，再决定是否进入循环。两种循环结构如图 7-10 所示。

循环程序可以由以下 3 部分组成：循环初始状态、循环体和循环控制。

循环初始状态：为循环做准备，设置循环初始值，如地址指针和计数器的值。

循环体：重复执行的一段程序，并修改循环控制条件，如修改地址指针、计数器的值。

循环控制：判断循环控制条件，控制结束循环或继续循环。

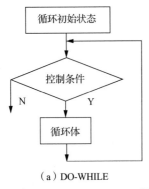
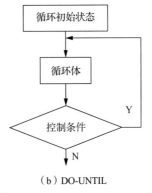

（a）DO-WHILE　　　　　　　　（b）DO-UNTIL

图 7-10　循环结构

选择循环控制条件，要根据具体情况进行，有以下 3 类循环控制条件。

① 计数循环：循环的次数事先已经知道，用一个变量（寄存器或存储器单元）记录循环的次数（称为循环计数器），可以采用加法或减法计数。进行加法计数时，循环计数器的初值设为 0，每循环一次将它加 1，将它和预定次数比较来决定循环是否结束；进行减法计数时，循环计数器的初值直接设为循环次数，每循环一次将循环计数器减 1，循环计数器为 0 时，循环结束。如果用减法计数，可以使用 LOOP 指令，该指令自动修改减法计数器 CX 的值，并实现循环控制。循环次数是有限的。

② 条件循环：循环的次数事先无法确定或无须确定，每次循环开始前或结束后测试某个条件，根据这个条件是否满足来决定是否继续下一次循环。这种情况可以使用条件转移指令以实现循环控制。但这种循环有可能出现死循环。

③ 条件计数循环：循环条件有两个，即某个条件和最大循环次数。实际循环次数事先并不确定，但循环可能的最大次数是可以确定的。每次循环开始前或结束后测试这两个条件，如果条件都满足则继续下一次循环。但无论怎样，循环的次数不会超过预定的最大循环次数。这种情况可以采用减法计数，使用 LOOPNE 或 LOOPE 指令，来判断循环条件并自动修改减法计数器 CX 的值以实现循环控制。

以上 3 类循环控制条件其实都可以看作条件循环，因为计数循环中的计数值也是一种特殊的循环的条件，都可以使用条件转移指令实现循环控制。

7.2.3　计数循环程序

计数循环是基本的循环组织方式，用循环计数器的值来控制循环。

例 7.9 把 BX 寄存器中的二进制数用十六进制数格式输出。

算法分析：BX 寄存器每 4 位表示一位十六进制数位，从左到右循环移位，每移 4 位，就把要显示的 4 位二进制位移到最右边。取出最右边的 4 位，加上 30H，将其转换成 8 位 ASCII 字符码。因为输出的十六进制数是数字（30H～39H）和 A～F（41H～46H），所以当 8 位二进制数大于 39H 时，应再加上 7。程序采用计数循环，循环计数值为 4。图 7-11 为程序流程图。

例 7.9 程序如下：

```
CODE    SEGMENT
        ASSUME  CS:CODE
START:  MOV CX, 4
        SHIFT:  ROL  BX, 1  ; 连续循环左移 4 位
        ROL  BX, 1
        ROL  BX, 1
        ROL  BX, 1
        MOV AL, BL
        AND AL, 0FH          ; 取最右 4 位
```

```
            ADD   AL, 30H        ; 转为ASCII
            CMP   AL, 39H
            JLE   DIG            ; 是0~9则转DIG
            ADD   AL, 7          ; 是A~F
    DIG:    MOV   DL, AL
            MOV   AH, 2
            INT   21H
            LOOP SHIFT
            MOV   AH, 4CH
            INT   21H
    CODE    ENDS
            END   START
```

因为该程序没有对 BX 赋值，初值可能为 0，所以需要在调试状态下先设置 BX 的值再运行程序，如图 7-12 所示。

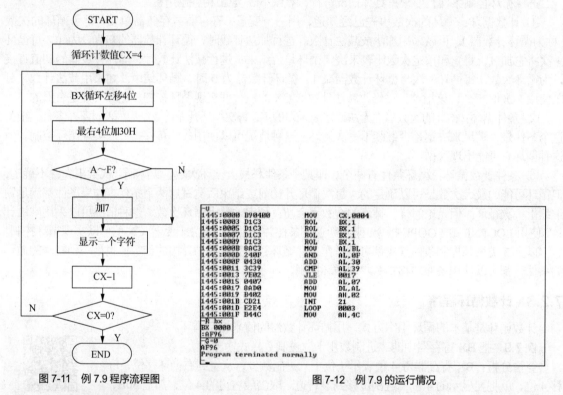

图 7-11   例 7.9 程序流程图   图 7-12   例 7.9 的运行情况

7.2.4   条件循环程序

在循环程序中，我们已经看到有时候每次循环所做的操作可能不同，即循环体中有分支的情况，需要依据某一个标志来决定做何操作。标志位为 1 表示要做操作 A，标志位为 0 表示要做操作 B，我们可把这种标志字称为逻辑尺。

例 7.10   先从键盘输入 8 位二进制数作为逻辑尺。再从键盘输入一个英文字母，根据逻辑尺当前的最高位标志输出该英文字母的相邻字符，标志位为 0 则显示其前导字符，标志位为 1 则显示其后继字符。显示相邻字符后，逻辑尺循环左移 1 位，再接收下一个英文字母，并依据逻辑尺显示相邻字符，直到按 Enter 键结束程序。

算法分析：8 位二进制数的输入构成一个 8 次循环，把输入整合到 8 位寄存器 BL 中。键盘输入一个英文字母后依据逻辑尺的最高位标志显示相邻字符，把最高位移到 CF 位，以 CF 位决定显示，构成一个条件循环，以回车符退出循环。图 7-13 为程序流程图。

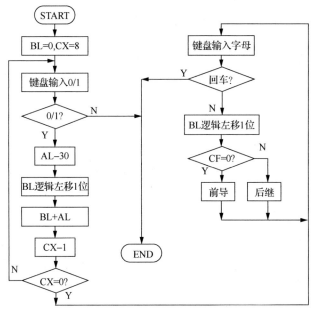

图 7-13 例 7.10 程序流程图

例 7.10 程序如下：

```
CODE    SEGMENT
        ASSUME CS:CODE
START:  MOV  BL, 0              ; 初始化
        MOV  CX, 8
        INLOG: MOV  AH, 1       ; 键盘输入 0/1
        INT  21H
        CMP  AL, 30H
        JB   EXIT               ; 非法输入
        CMP  AL, 31H
        JA   EXIT               ; 非法输入
        SUB  AL, 30H            ; 输入是 0/1
        SHL  BL, 1
        ADD  BL,AL
        LOOP INLOG
        MOV  AH, 2
        MOV  DL, 10             ; 输出换行
        INT  21H
INCHR:  MOV  AH, 1              ; 键盘输入字母
        INT  21H
        CMP  AL, 13
        JE   EXIT               ; 回车符
        MOV  DL,AL
        ROL  BL, 1
        JNC  K30                ; 是 0 则转 K30
        INC  DL
        JMP  PUTC
K30:    DEC  DL
PUTC:   MOV  AH, 2
        INT  21H
        JMP  INCHR
EXIT:   MOV  AH, 4CH            ; 程序终止并退出
```

```
            INT   21H
CODE    ENDS
            END   START
```

假设输入的逻辑尺为 10101010，程序的运行结果如图 7-14 所示。

图 7-14　例 7.10 的运行情况

7.2.5　条件计数循环程序

例 7.11　设置键盘缓冲区为 16 个字节，从键盘输入一串字符，然后从键盘输入单个字符，查找这个字符是否在字符串中出现，如果找到，显示该字符串，否则显示 "not found"。

算法分析：该程序使用 DOS 功能调用（INT 21H）10 号功能实现键盘缓冲区输入，使用 1 号功能实现单个字符输入，使用 9 号功能实现字符串输出。定义键盘缓冲区大小为 16 个字节（含回车符），缓冲区首字节存放 16，接下来存放实际输入的字符个数（不含回车符）和输入的字符。程序采用循环结构实现查找，最大计数值为实际输入的字符个数。图 7-15 为程序流程图。

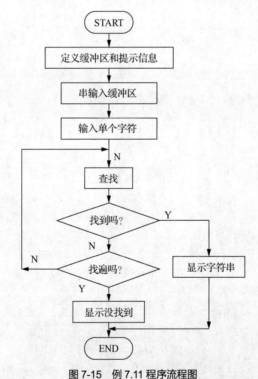

图 7-15　例 7.11 程序流程图

例 7.11 程序如下：

```
DATA    SEGMENT
    BUFFER  DB    16,?,16 DUP(?),13,10,'$'
    INPUTS  DB    13, 10, 'input string:$'
    GETC    DB    13, 10, 'input char:$'
    OUTPUT  DB    13, 10, 'not found$'
DATA    ENDS
```

```
CODE    SEGMENT
        ASSUME  CS:CODE, DS:DATA
START:  MOV AX, DATA                    ; DS 赋值
        MOV DS, AX
        LEA DX, INPUTS                  ; 信息提示输入串
        MOV AH,9
        INT 21H
        LEA DX, BUFFER                  ; 键盘输入串到缓冲区
        MOV AH,10
        INT 21H
        LEA DX, GETC                    ; 信息提示输入字符
        MOV AH,9
        INT 21H
        MOV AH,1                        ; 输入字符到 AL
        INT 21H
        MOV BL, AL                      ; 保存到 BL
        LEA DI, BUFFER+1                ; DI 作为指针指向缓冲区
        MOV CL, BUFFER+1                ; CX 设置计数值
        MOV CH, 0
SEEK:   INC DI
        CMP BL, [DI]
        LOOPNE  SEEK                    ; 未完且没找到，转 SEEK 继续循环
        JNE NOF                         ; 没找到，转 NOF 输出 "NOT FOUND"
        MOV DL,10                       ; 输出换行
        MOV AH,2
        INT 21H
        LEA DX, BUFFER+2               ; 指向缓冲区，输出字符串
        MOV AH,9
        INT 21H
        JMP EXIT
NOF:    LEA DX, OUTPUT
        MOV AH,9
        INT 21H
EXIT:   MOV AH, 4CH
        INT 21H
CODE    ENDS
        END START
```

程序中要注意数据段中的缓冲区和各串变量的定义。回车符（13D）和换行符（10D）是为了显示信息不会被覆盖。缓冲区的初始定义，以及程序运行后缓冲区的存储情况如图 7-16 所示。程序中的查找也可以用串操作指令实现。

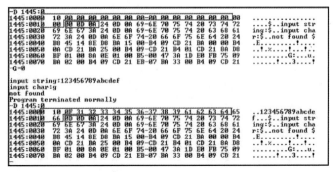

图 7-16　例 7.11 的运行情况

7.2.6 多重循环程序

例 7.12 输出 20H～7EH 的 ASCII 字符表，每行 16 个字符。

算法分析：20H～7EH 的 ASCII 字符共有 95 个，需用 6 行显示。该程序需两重循环，内循环输出每行 16 个字符，循环计数器初值为 16，程序终止条件是显示最后一个字符。这里我们不用流程图而用高级语言程序来描述算法，也可以导出汇编语言程序。

例 7.12 高级语言程序如下：

```
FIRST=20H
LAST=7EH
CHAR= FIRST
X=1                 ; 行号
Y=1                 ; 列号
DO  WHILE  CHAR<LAST
      K=16
      DO   WHILE  K>0  AND  CHAR<LAST
       @ X, Y  SAY  CHAR
        CHAR=CHAR+1
        Y=Y+1
        K=K-1
      ENDDO
      X=X+1
      Y=1
ENDDO
```

例 7.12 汇编语言程序如下：

```
CODE    SEGMENT
        ASSUME  CS:CODE
        K=16
        FIRST=20H
        LAST=7EH
START:  MOV DX,FIRST                ; 从第一个开始
A10:    MOV CX, K                   ; 每行16个
A20:    MOV AH, 2
        INT 21H
        CMP DL, LAST                ; 是最后一个字符则退出
        JE EXIT
        PUSH DX                     ; 暂存 DX
        MOV DL, 20H                 ; 空2格
        INT 21H
        INT 21H
        POP DX                      ; 恢复 DX
        ADD DX, 1
        LOOP A20                    ; 进入内循环
        PUSH DX                     ; 暂存 DX
        MOV DL, 13                  ; 回车符
        INT 21H
        MOV DL, 10                  ; 换行符
        INT 21H
        POP DX                      ; 恢复 DX
        LOOP A10                    ; 进入外循环
EXIT:   MOV AH, 4CH
        INT 21H
```

```
CODE    ENDS
        END    START
```

程序的运行结果如图 7-17 所示。

图 7-17 例 7.12 的运行情况

本章小结

分支与循环是结构化程序设计的两种基本控制结果。本章介绍了汇编语言实现分支和循环结构的方法与技巧，主要有单分支程序、复合分支程序、多分支程序、计数循环程序、条件循环程序、条件计数循环程序等。通过本章的学习，读者可掌握使用汇编语言实现分支结构和循环结构的方法，熟悉不同数制之间的转化和输入/输出操作。

习题 7

7.1 下列程序是在 3 个数中找出最小的数并放入 AL，在括号中填入指令使其完整。

```
    MOV     AL, X
    MOV     BL, Y
    MOV     CL, Z
    CMP AL, BL
    (            )
    XCHG  AL, BL
L1: CMP   AL, CL
    JLE  L2
    (            )
L2: RET
```

7.2 数据段如下：

```
DATA  SEGMENT
    DA1     DB  1, 2, 'ABCD'
    COUNT = $-DA1
    DA2     DB  9 DUP(?)
DATA  ENDS
```

补充括号处的指令，使得程序把 da1 数据区数据移到 da2 数据区。

```
MOV     AX, DATA
MOV     DS, AX
MOV     ES, (     )
MOV     CX, (     )
MOV     SI, (     )
        (     )
        (     )
```

7.3 将 AX 和 BX 进行加、减、乘或除的运算，每种运算由用户从键盘上选择。在程序中设置寄存器的值，或在 Debug 下设定寄存器值并在 Debug 下运行程序。

7.4 编写程序，从键盘接收一个小写字母，然后找出它的前导字母和后续字母，再按顺序显示这 3 个字母。

7.5 分别用 LOOP 循环和条件转移指令实现 1+2+3+…+100，并将结果存入 AX。

7.6 编写程序输出下面的图形。

```
*
**
***
****
*****
******
```

7.7　求已知有符号数字节数组 ARRAY 的平均值，ARRAY 的首字节单元为数组元素的个数。

7.8　编写程序，实现对无符号数字数组 ARRAY 的 6 个元素从小到大排序。

7.9　数据段有两个等长的字数组，分别求出各自的元素之和，并将其存入元素后面的单元，即横向相加。再求出两个数组的对应元素之和，并把和存入新数组 SUM 中，即纵向相加。

7.10　编写程序，比较两个从键盘输入的字符串是否相同，如果相同，则显示 "YES"；如果不同，则显示发现不同的字符位置。

7.11　编写程序，从键盘输入一个字符串到 BUFF，再输入一个字符到 AL，在字符串 BUFF 中查找是否存在该字符，如果找到，显示发现的字符位置。

7.12　编写程序，从键盘输入一个字符串到 BUFF，并将其按相反顺序输出。

7.13　编写程序，从键盘输入一个 8 位的二进制数，显示其对应的十六进制数。

7.14　字数组 ARRAY 为有符号数，第一个单元为元素个数 N，后面为 N 个元素，编写程序，求数组元素中的最大值，并把它放入 MAX 单元。

7.15　字数组 ARRAY 第一个单元为元素个数 N，后面为 N 个元素，编写程序，把零元素从数组中清除，移动元素位置并修改第一个单元（元素个数）。

08 第8章 子程序设计

一个汇编语言应用程序，总是由一些程序功能组合而成的。功能越多，程序越复杂，程序的编制、调试和维护也越困难。为了使程序更加清晰，我们把程序需要完成的任务分解为若干个子任务，把每个子任务设计成一个相对独立的程序，称其为子程序，也称为过程。主程序可以调用这些子程序。这种模块化的程序设计方法，使得程序结构清晰，提高了程序的可阅读性和可维护性。由于子程序可以多次被调用，因此可以大大减少程序长度，提高了程序的可重用性，也提高了软件开发效率。因此，一个有一定规模的程序设计，必须采用模块化的程序设计方法，合理地分解任务和划分功能，设计多个子程序。在设计中可以采用自顶向下的方法，设计算法、画出程序结构框图和子程序流程图。

8.1 子程序结构

8.1.1 子程序调用指令

为了便于程序的模块化设计、调试和维护，把一段完成相对独立功能的程序设计成子程序，供主程序调用。主程序通过调用指令（CALL）启动子程序执行。该指令执行时，首先把它的下一条指令的地址（返回地址）压入堆栈保存。再把子程序的入口地址置入 IP（CS）寄存器，以便实现转移。子程序执行完毕后，用返回指令（RET）回到主程序，返回指令把堆栈里保存的返回地址送回 IP（CS）寄存器，实现程序的返回。也就是说，子程序执行之后，返回到主程序接着执行。

（1）CALL 调用指令

格式：

```
CALL    DST
```

与前面介绍的 JMP 指令不同的是，它先用堆栈保存返回地址，再实现程序转移。与 JMP 指令相似的是，它也有段内直接调用、段内间接调用、段间直接调用、段间间接调用。对于段内调用，它只是用堆栈保存 IP 寄存器的值。对于段间调用，它是先用堆栈保存 CS 寄存器的值，再保存 IP 寄存器的值。

指令格式中的 DST 是目标地址，如果是段内调用，可在前面加上 NEAR PTR 属性说明。如果是段间调用，可在前面加上 FAR PTR 属性说明。属性说明通常可以省略，汇编程序在汇编阶段可以根据程序的实际情况确定。

（2）RET 返回指令

格式 1：

```
RET
```

格式 2：

```
RET EXP
```

RET 指令是从堆栈中弹出返回地址。如果主程序对子程序的调用是段内近调用，则只弹出一个字到 IP 寄存器。如果主程序对子程序的调用是段间远调用，则先弹出一个字到 IP 寄存器，再弹出一个字到 CS 寄存器。RET 指令中无须给出是近调用还是远调用的说明，汇编程序在程序的汇编阶段已对 CALL 指令和 RET 指令的属性做出标记，形成相应的机器码。

RET EXP 指令中的 EXP 为表达式，其值为一个常数，该指令除了完成 RET 指令的操作外，还使 SP 再加上这个常数，以修改 SP 寄存器的值。显然使用这种指令要特别慎重。

例 8.1 代码段 1（CODE 1）中的主程序 A 调用代码段（CODE 2）2 中的子程序 B，子程序 B 调用代码段 2 中的子程序 C，调用关系如图 8-1 所示，堆栈情况如图 8-2 所示。

```
主程序 A                       子程序 B                        子程序 C
CODE1 SEGMENT                  CODE2  SEGMENT                 ...
...                           ...                           ...
CALL FAR PTR B                CALL NEAR PTR G               RET
(IP=2000H,CS=3400H)          (IP=1000H,CS=6200H)
...                           ...                           CODE2 ENDS
...                           ...
                              RET
CODE1  ENDS
```

图 8-1　程序调用关系

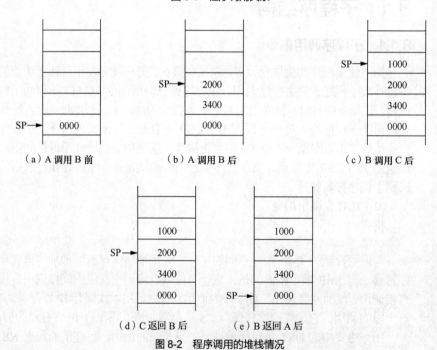

（a）A 调用 B 前　　　　（b）A 调用 B 后　　　　（c）B 调用 C 后

（d）C 返回 B 后　　　　（e）B 返回 A 后

图 8-2　程序调用的堆栈情况

8.1.2　过程结构

第 6 章介绍了过程的定义形式，并介绍了过程属性的确定原则是：如果调用程序和该过程（子程序）在同一个代码段，则使用 NEAR 属性；如果调用程序和该过程（子程序）不在同一个代码段，则使用 FAR 属性。主程序可以看成 DOS 调用的一个远过程，因此主程序的过程定义属性应为 FAR。下面通过几个例子讲述汇编语言中过程的几种结构。

例 8.2 调用程序和子程序在同一个代码段。

```
MAIN    PROC    FAR
        …
CALL    SUBR
        …
RET
MAIN    ENDP
SUBR    PROC    NEAR
        …
RET
SUBR    ENDP
```

上面的结构中，调用程序和子程序并列，互不嵌套，结构清晰。它也可以写成下列嵌套形式：

```
MAIN    PROC    FAR
        …
CALL    SUBR
        …
RET
SUBR    PROC    NEAR
        …
RET
SUBR    ENDP
MAIN    ENDP
```

例 8.3 调用程序和了程序不在同一个代码段。

```
CODE1   SEGMENT
…
MAIN    PROC    FAR
        …
CALL    SUBR
        …
RET
MAIN    ENDP
CODE1   ENDS
…
CODE2   SEGMENT
…
CALL    SUBR
        …
SUBR    PROC    FAR
        …
RET
SUBR    ENDP
CODE2   ENDS
```

上面的结构中，CODE1 段中的主程序调用了 CODE2 段中的子程序 SUBR，这是个远调用，因此子程序 SUBR 的属性应为 FAR。CODE2 段中也有对子程序 SUBR 的调用，虽然它们同在一个段，但也成了远调用，而实际上 CS 的值并没有改变。

调用子程序的指令 CALL 也有 FAR 或 NEAR 属性，而这里并没有在 CALL 指令中指定属性，即没有用 CALL FAR PTR SUBR，这是因为子程序 SUBR 已经定义为 FAR 属性，对它的调用就是 FAR 属性；如果子程序定义为 NEAR 属性，对它的调用就是 NEAR 属性。

同样道理，子程序的返回指令 RET 的属性也就是该程序的类型属性。这样，我们在程序中就可以简单地使用 CALL 指令调用子程序。

用户编写的主程序也可以看作由操作系统调用的一个子程序：

```
CODE    SEGMENT
ASSUME   CS: CODE
MAIN    PROC FAR
PUSH  DS                ; (DS)入栈
XOR  AX, AX
PUSH  AX                ; 0入栈
…
RET                     ; 出栈到IP和CS
MAIN  ENDP
CODE  ENDS
END   MAIN
```

操作系统的返回点在 DS:0，因此程序一开始就把 DS 的值和 0 压入堆栈，程序结束时用 RET 指令把堆栈中的 0 弹出到 IP 寄存器；把 DS 的值弹出到 CS 寄存器，返回 DOS。

8.1.3　保存和恢复现场寄存器

主程序通过调用指令（CALL）进入子程序执行。该指令执行时，首先把下一条指令的地址（返回地址），也就是当前 IP 寄存器的值（如果是远调用，则还有 CS 寄存器的值）压入堆栈保存。然后把子程序的入口地址置入 IP 寄存器（如果是远调用，则还要把段基址置入 CS 寄存器），从而实现执行子程序。

子程序执行完毕，用返回指令（RET）回到主程序。返回指令把堆栈里保存的返回地址送回 IP 寄存器（如果是远调用，则还有 CS 寄存器），从而实现从子程序返回到主程序继续执行。

进入子程序执行后，必然要使用寄存器，寄存器原有的值就被改变。如果这些寄存器原有的值在返回到主程序后还要使用，则需要在进入子程序后，先保存这些寄存器的值，在子程序退出前恢复这些寄存器的值。即所谓在子程序中对主程序的现场实施保护和恢复。调用程序和子程序经常是分别编制的，因此，子程序通常应该把将使用的寄存器的值先放到堆栈中保存起来，最后再恢复这些寄存器的值。例如：

```
SUBR    PROC   FAR
PUSH    AX
PUSH    BX
…
POP     BX
POP     AX
RET
SUBR    ENDP
```

8.2　子程序的参数传递

主程序调用子程序时，经常需要传递参数给子程序，这种参数称为入口参数（调用参数）。子程序执行完毕，也经常需要返回一些参数给主程序，这种参数称为出口参数（返回参数）。

传递参数有值传递和地址传递两种类型。值传递：把参数的值放在约定的寄存器或内存单元。如果入口参数是值，则子程序可以直接使用这个值。地址传递：把参数的地址传递给子程序。如果入口参数表示的是参数的地址，则子程序到这个地址取出参数；子程序也可以把运算结果放到这个地址单元作为出口参数。这种地址传递的方法可以编制出通用性较强的子程序。

8.2.1　用寄存器传递参数

用寄存器传递参数就是约定某些寄存器存放将要传递的参数。主程序将入口参数存入约定的寄存器，而子程序则从约定的寄存器取出这些参数进行操作；子程序处理的结果也存入约定的寄存器，而主程序则从约定的寄存器取出这些出口参数进行进一步的处理。用寄存器传递参数的方法简单，执行的速度也很快。由于寄存器数量有限，因此不能用于传递很多的参数。

例 8.4 从键盘输入一个十进制数（小于 65536 的正数），输出该数的十六进制形式。

算法分析：输入的十进制数转换为十六进制输出可以分为两步实现。第一步，把输入的十进制数转成二进制数。由于从键盘依次输入的十进制数的各位都是 ASCII，因此首先要把这些 ASCII 改为数值，再把各位的数值以二进制形式整合在 BX 寄存器中。整合的方法第一步是把上次整合的结果乘 10，再加上本次的输入数，即：$A(n)=A(n-1)\times 10+B(n)$。第二步，把二进制数用十六进制形式显示。由于 BX 寄存器中每 4 位表示一位十六进制数位，因此用移位的办法很容易分别将其转成 ASCII 显示输出，这在第 7 章中已举例介绍，这里不再赘述。

这两步的功能相对独立，可以分别用子程序实现，DTOB 子程序把输入的十进制数转成二进制数存在寄存器 BX 中，BTOH 子程序把 BX 寄存器中的二进制数用十六进制形式显示，BX 寄存器被用来在子程序间传递参数。为了避免显示的重叠，另外用一个子程序 CRLF 实现输出回车换行。程序结构框图如图 8-3 所示。

由图 8-3 可见，主程序调用了 3 个子程序，DTOB 子程序产生的结果放入 BX，BTOH 子程序从 BX 中取数再做进一步处理，利用 BX 寄存器实现在子程序之间传递参数。

DTOB 子程序流程图如图 8-4 所示。

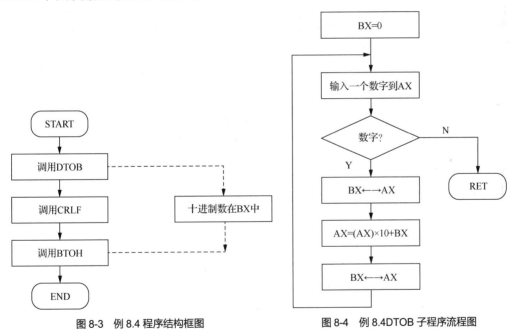

图 8-3　例 8.4 程序结构框图　　　　图 8-4　例 8.4DTOB 子程序流程图

例 8.4 程序如下：

```
DTOHEX    SEGMENT
ASSUME  CS:DTOHEX
MAIN  PROC  FAR
PUSH  DS
XOR   AX, AX
PUSH  AX
CALL  DTOB          ;键盘输入十进制数并整合为二进制数
CALL  CRLF          ; 输出回车符换行
CALL  BTOH          ; 二进制数转为十六进制显示
RET
MAIN    ENDP
```

```
;  ------------------
DTOB  PROC  NEAR
MOV   BX, 0
INPUT:    MOV  AH, 1        ; 键盘输入
          INT  21H
          SUB  AL, 30H      ; 把ASCII转变为数值
          JL   EXIT         ; 若不是数则退出
          CMP  AL, 9
          JG   EXIT         ; 若不是数则退出
          CBW               ; 扩展为字
          XCHG AX, BX       ; 交换寄存器
          MOV  CX, 10
          MUL  CX           ; A(N)= A(N-1)×10
          XCHG AX, BX       ; 交换寄存器
          ADD  BX, AX       ; A(N)= A(N)+B(N)
          JMP  INPUT
EXIT:     RET
DTOB      ENDP
;  ------------------
BOTH    PROC    NEAR
MOV   CH, 4                 ; 准备输出4位十六进制数
SHIFT:  MOV  CL, 4          ; 每次需移4位
        ROL  BX, CL
        MOV  AL, BL
        AND  AL, 0FH        ; 取最右4位
        ADD  AL, 30H        ; 转为ASCII
        CMP  AL, 39H
        JLE  DIG            ; 是0~9则转DIG
        ADD  AL, 7          ; 是A~F
DIG:    MOV  DL, AL         ; 显示
        MOV  AH, 2
        INT  21H
        DEC  CH
        JNZ  SHIFT
RET
BTOH      ENDP
;  ------------------
CRLF  PROC  NEAR
MOV DL, 0DH
MOV AH,2
INT  21H
MOV DL, 0AH
MOV AH,2
INT  21H
RET
CRLF  ENDP
DTOHEX ENDS
END MAIN
```

  MAIN 过程的机器码如图 8-5 所示。在 **MAIN** 过程中要分别调用 3 个子过程把输入的十进制数输出显示为十六进制数。在图 8-6 中，我们输入十进制数 **92** 的 ASCII，通过过程 **DTOB** 转换成 **5CH** 存放在寄存器 **BX** 中，然后通过过程 **BTOH** 把 **5CH** 显示出来。在本程序中，**BX** 寄存器起到了过程之间传递参数的作用。

```
-T

AX=0000  BX=0000  CX=0054  DX=0000  SP=FFFC  BP=0000  SI=0000  DI=0000
DS=075A  ES=075A  SS=0769  CS=076A  IP=0004      NU UP EI PL ZR NA PE NC
076A:0004 E80700       CALL    000E
-P
92

AX=01DD  BX=005C  CX=000A  DX=0000  SP=FFFC  BP=0000  SI=0000  DI=0000
DS=075A  ES=075A  SS=0769  CS=076A  IP=0007      NU UP EI NG NZ NA PE CY
076A:0007 E83D00       CALL    0047
-P

AX=020A  BX=005C  CX=000A  DX=000A  SP=FFFC  BP=0000  SI=0000  DI=0000
DS=075A  ES=075A  SS=0769  CS=076A  IP=000A      NU UP EI NG NZ NA PE CY
076A:000A E81D00       CALL    002A
-P
005C
AX=0243  BX=005C  CX=0004  DX=0043  SP=FFFC  BP=0000  SI=0000  DI=0000
DS=075A  ES=075A  SS=0769  CS=076A  IP=000D      NU UP EI PL ZR NA PE NC
076A:000D CB           RETF
```

```
-U
076A:0000 1E           PUSH    DS
076A:0001 33C0         XOR     AX,AX
076A:0003 50           PUSH    AX
076A:0004 E80700       CALL    000E
076A:0007 E83D00       CALL    0047
076A:000A E81D00       CALL    002A
076A:000D CB           RETF
```

图 8-5 MAIN 过程的机器码   图 8-6 执行 3 个子过程时 BX 寄存器的值

8.2.2 用变量传递参数

参数较多时可以用约定的变量在过程间传递参数。

例 8.5 在数据段中定义两个字符串,完成字符串的复制和输出。

算法分析:在数据段中定义两个字符串,完成字符串的复制和输出需要分两步实现。第一步,将源串中的字符串复制到目标串;第二步,输出目标串中的字符串。

第一步可以在主程序中实现,通过循环操作将源串中的字符串复制到目标串;第二步则通过子程序 OUTPUT 实现。在本例中,两个程序操作的是缓冲区中的相同变量,通过变量实现了过程间的参数传递。

例 8.5 程序如下:

```
DATA    SEGMENT
STRING DB 'I LOVE CHINA!'      ; 源串
ARRY    DB   16 DUP(?)         ; 目标串
NUMB    DB  ARRY-STRING        ; 源串的实际字节数
DATA       ENDS
CODE       SEGMENT
ASSUME  CS:CODE, DS:DATA
MAIN    PROC FAR
PUSH   DS
SUB    AX, AX
PUSH   AX
MOV    AX, DATA
MOV    DS, AX
MOV    CH, 0
MOV    CL, NUMB               ; 复制的次数
MOV    BX, 0                  ; 下标
LP:   MOV   AL, STRING[BX]
      MOV   ARRY[BX], AL
      INC   BX
      LOOP LP                 ; 循环复制
CALL OUTPUT
RET
MAIN ENDP
; ------------------
OUTPUT   PROC   NEAR
MOV   BL, NUMB               ; 后面插入$以便显示
```

121

```
        MOV   BH, 0
        MOV   BYTE PTR[ARRY+BX],'$'
        MOV   DX, OFFSET ARRY
        MOV   AH, 9
        INT   21H
        RET
OUTPUT   ENDP
CODE     ENDS
END   MAIN
```

MAIN 过程的机器码如图 8-7 所示。在 MAIN 过程中要实现将源串中的字符串复制到目标串，并调用子过程 OUTPUT 来实现显示。图 8-8 显示的是数据段中初始的内容，可以看出源串中包含字符串“I LOVE CHINA!”。图 8-9 显示的是在 MAIN 过程中执行过复制操作后，目标串和源串中包含相同的字符串。图 8-10 是进入 OUTPUT 子程序后数据段中的内容，并给目标串加上了字符串结束符“$”。图 8-11 则是对目标串中字符串的输出。在本程序中，MAIN 过程和 OUTPUT 子程序均对数据段中的变量进行操作，数据段中的变量起到了过程之间参数传递的作用。

```
C:\>Debug 5.exe
-u
076C:0000 1E            PUSH    DS
076C:0001 2BC0          SUB     AX,AX
076C:0003 50            PUSH    AX
076C:0004 B86A07        MOV     AX,076A
076C:0007 8ED8          MOV     DS,AX
076C:0009 8A0E1D00      MOV     CL,[001D]
076C:000D B500          MOV     CH,00
076C:000F BB0000        MOV     BX,0000
076C:0012 8A870000      MOV     AL,[BX+0000]
076C:0016 88870D00      MOV     [BX+000D],AL
076C:001A 43            INC     BX
076C:001B E2F5          LOOP    0012
076C:001D E80100        CALL    0021
```

图 8-7　MAIN 过程的机器码

```
-P

AX=076A  BX=0000  CX=0054  DX=0000  SP=FFFC  BP=0000  SI=0000  DI=0000
DS=076A  ES=075A  SS=0769  CS=076C  IP=0009   NV UP EI PL ZR NA PE NC
076C:0009 8A0E1D00      MOV     CL,[001D]                          DS:001D=0D
-D DS:0
076A:0000  49 20 4C 4F 56 45 20 43-48 49 4E 41 21 00 00 00   I LOVE CHINA!...
076A:0010  00 00 00 00 00 00 00 00-00 00 00 00 00 0D 00 00   ................
076A:0020  1E 2B C0 50 B8 6A 07 8E-D8 8A 0E 1D 00 B5 00 BB   .+.P.j..........
076A:0030  00 00 8A 87 00 00 88 87-0D 00 43 E2 F5 E8 01 00   ..........C.....
076A:0040  CB 8A 1E 1D 00 B7 00 C6-87 0D 00 24 BA 0D 00 B4   ...........$....
076A:0050  09 CD 21 C3 00 00 00 00-00 00 00 00 00 00 00 00   ..!.............
076A:0060  00 00 00 00 00 00 00 00-00 00 00 00 00 00 00 00   ................
076A:0070  00 00 00 00 00 00 00 00-00 00 00 00 00 00 00 00   ................
```

图 8-8　在 MAIN 程序中 DS 指向数据段后内存 DS:0000 处内容

```
-P

AX=0721  BX=000D  CX=0000  DX=0000  SP=FFFC  BP=0000  SI=0000  DI=0000
DS=076A  ES=075A  SS=0769  CS=076C  IP=001D   NV UP EI PL NZ NA PO NC
076C:001D E80100        CALL    0021
-D DS:0
076A:0000  49 20 4C 4F 56 45 20 43-48 49 4E 41 21 49 20 4C   I LOVE CHINA!I L
076A:0010  4F 56 45 20 43 48 49 4E-41 21 00 00 00 0D 00 00   OVE CHINA!......
076A:0020  1E 2B C0 50 B8 6A 07 8E-D8 8A 0E 1D 00 B5 00 BB   .+.P.j..........
076A:0030  00 00 8A 87 00 00 88 87-0D 00 43 E2 F5 E8 01 00   ..........C.....
076A:0040  CB 8A 1E 1D 00 B7 00 C6-87 0D 00 24 BA 0D 00 B4   ...........$....
076A:0050  09 CD 21 C3 00 00 00 00-00 00 00 00 00 00 00 00   ..!.............
076A:0060  00 00 00 00 00 00 00 00-00 00 00 00 00 00 00 00   ................
076A:0070  00 00 00 00 00 00 00 00-00 00 00 00 00 00 00 00   ................
```

图 8-9　在 MAIN 程序中执行字符串复制指令后内存 DS:0000 处内容

```
-P

AX=0721  BX=000D  CX=0000  DX=0000  SP=FFFA  BP=0000  SI=0000  DI=0000
DS=076A  ES=075A  SS=0769  CS=076C  IP=002C   NV UP EI PL NZ NA PO NC
076C:002C BA0D00        MOV     DX,000D
-D DS:0
076A:0000  49 20 4C 4F 56 45 20 43-48 49 4E 41 21 49 20 4C   I LOVE CHINA!I L
076A:0010  4F 56 45 20 43 48 49 4E-41 21 24 00 00 0D 00 00   OVE CHINA!$.....
076A:0020  1E 2B C0 50 B8 6A 07 8E-D8 8A 0E 1D 00 B5 00 BB   .+.P.j..........
076A:0030  00 00 8A 87 00 00 88 87-0D 00 43 E2 F5 E8 01 00   ..........C.....
076A:0040  CB 8A 1E 1D 00 B7 00 C6-87 0D 00 24 BA 0D 00 B4   ...........$....
076A:0050  09 CD 21 C3 00 00 00 00-00 00 00 00 00 00 00 00   ..!.............
076A:0060  00 00 00 00 00 00 00 00-00 00 00 00 00 00 00 00   ................
076A:0070  00 00 00 00 00 00 00 00-00 00 00 00 00 00 00 00   ................
```

图 8-10　进入子程序 OUTPUT 并加入$结束符后内存 DS:0000 处内容

```
-P

AX=0921  BX=000D  CX=0000  DX=000D  SP=FFFA  BP=0000  SI=0000  DI=0000
DS=076A  ES=075A  SS=0769  CS=076C  IP=0031   NV UP EI PL NZ NA PO NC
076C:0031 CD21          INT     21
-P
I LOVE CHINA!
AX=0921  BX=000D  CX=0000  DX=000D  SP=FFFA  BP=0000  SI=0000  DI=0000
DS=076A  ES=075A  SS=0769  CS=076C  IP=0033   NV UP EI PL NZ NA PO NC
076C:0033 C3            RET
```

图 8-11　利用子程序 OUTPUT 对目标串中的字符串进行输出

8.2.3 用地址表传递参数的通用子程序

例 8.5 的 MAIN 过程和 OUTPUT 子程序针对具体变量操作，能否设计一个通用子程序，可以处理任何类似的字符串复制和输出问题呢？其实只要在子程序中通过寄存器间接使用参数就可以做到。这种方法是在主程序中建立一个地址表，把要传递的参数放在地址表中，然后把地址表的首地址放入寄存器，子程序通过寄存器间接寻址方式从地址表中取得所需参数。

例 8.6 采用通过地址表传递参数地址的方法，完成字符串的复制和输出。

```
DATA      SEGMENT
STRING DB 'I LOVE CHINA!'      ; 源串
ARRY   DB  16 DUP(?)           ; 目标串
NUMB   DB  ARRY-STRING         ; 源串的实际字节数
TABLE  DW  3 DUP(?)            ; 地址表
DATA      ENDS
CODE  SEGMENT
ASSUME CS:CODE,DS:DATA
MAIN    PROC  FAR
PUSH DS
SUB AX,AX
PUSH AX
MOV   AX,DATA
MOV   DS,AX
MOV   TABLE,OFFSET STRING
MOV   TABLE+2,OFFSET ARRY
MOV   TABLE+4,OFFSET NUMB
MOV   SI, OFFSET TABLE         ; 地址表首地址送入 SI
MOV   CH, 0
MOV   DI,[SI+4]
MOV   CL, [DI]                 ; 复制的次数
MOV   BX, [SI]                 ; 源串首地址送入 BX
MOV   DI, [SI+2]               ; 目标串首地址送入 DI
LP: MOV  AL, [BX]
MOV   [DI], AL
INC   BX
INC   DI
LOOP LP                        ; 循环复制
CALL OUTPUT
RET
MAIN ENDP
; -------------------
OUTPUT   PROC  NEAR
MOV   DI,[SI+4]                ; 后面插入$以便显示
MOV   BL,[DI]
MOV   BH,0
MOV   DI,[SI+2]
MOV   BYTE PTR[DI+BX],'$'
MOV   DX,DI
MOV   AH,9
INT   21H
RET
OUTPUT   ENDP
CODE     ENDS
END    MAIN
```

MAIN 过程的机器码如图 8-12 所示。在 MAIN 过程中建立了一个 3 个字的地址表 TABLE，从图 8-13 可以看出，主程序把 3 个参数的地址依次放入地址表 TABLE，地址表 TABLE 的首地址放入了 SI 寄存器。MAIN 过程和子程序通过 SI 寄存器间接取得参数，如图 8-14 和图 8-15 所示。由于子程序中没有出现具体的参数，因此可以对任意定义的数据段中的字符串进行复制和输出。

```
-U                                          -U
076D:0000 1E           PUSH    DS           076D:0020 8B7C04        MOV     DI,[SI+04]
076D:0001 2BC0         SUB     AX,AX        076D:0023 8A0D          MOV     CL,[DI]
076D:0003 50           PUSH    AX           076D:0025 8B1C          MOV     BX,[SI]
076D:0004 B86A07       MOV     AX,076A      076D:0027 8B7C02        MOV     DI,[SI+02]
076D:0007 8ED8         MOV     DS,AX        076D:002A 8A07          MOV     AL,[BX]
076D:0009 C7061E000000  MOV   WORD PTR [001E],0000  076D:002C 8805 MOV     [DI],AL
076D:000F C70620000D00  MOV   WORD PTR [0020],000D  076D:002E 43    INC     BX
076D:0015 C70622001D00  MOV   WORD PTR [0022],001D  076D:002F 47    INC     DI
076D:001B BE1E00       MOV     SI,001E      076D:0030 E2F8          LOOP    002A
076D:001E B500         MOV     CH,00        076D:0032 E80100        CALL    0036
                                            076D:0035 CB            RETF
```

图 8-12   main 过程的机器码

```
-P
AX=076A  BX=0000  CX=007A  DX=0000  SP=FFFC  BP=0000  SI=0000  DI=0000
DS=076A  ES=075A  SS=0769  CS=076D  IP=001B       NV UP EI PL ZR NA PE NC
076D:001B BE1E00        MOV    SI,001E
-D DS:0
076A:0000  49 20 4C 4F 56 45 20 43-48 49 4E 41 21 00 00 00   I LOVE CHINA!...
076A:0010  00 00 00 00 00 00 00 00-00 00 00 00 00 0D 00 00   ................
076A:0020  0D 00 1D 00 00 00 00 00-00 00 00 00 00 00 00 00   ................
076A:0030  1E 2B 50 50 B8 6A 07 8E-D8 C7 06 1E 00 00 00 C7   .+.P.j..........
076A:0040  06 20 00 0D 00 C7 06 22-00 1D 00 BE 1E 00 B5 00   . ....."........
076A:0050  8B 7C 04 8A 0D 8B 1C 8B-7C 02 8A 07 88 05 43 47   .|......|.....CG
076A:0060  E2 F8 E8 01 00 CB 8B 7C-04 8A 1D B7 00 8B 7C 02   .......|......|.
076A:0070  C6 01 24 8B D7 B4 09 CD-21 C3 00 00 00 00 00 00   ..$.....!.......
```

图 8-13   主程序把 3 个参数的地址依次放入地址表 TABLE

```
AX=076A  BX=0000  CX=007A  DX=0000  SP=FFFC  BP=0000  SI=001E  DI=0000
DS=076A  ES=075A  SS=0769  CS=076D  IP=0020       NV UP EI PL ZR NA PE NC
076D:0020 8B7C04        MOV    DI,[SI+04]                          DS:0022=001D
-P
AX=076A  BX=0000  CX=007A  DX=0000  SP=FFFC  BP=0000  SI=001E  DI=001D
DS=076A  ES=075A  SS=0769  CS=076D  IP=0023       NV UP EI PL ZR NA PE NC
076D:0023 8A0D          MOV    CL,[DI]                             DS:001D=0D
-P
AX=076A  BX=0000  CX=000D  DX=0000  SP=FFFC  BP=0000  SI=001E  DI=001D
DS=076A  ES=075A  SS=0769  CS=076D  IP=0025       NV UP EI PL ZR NA PE NC
076D:0025 8B1C          MOV    BX,[SI]                             DS:001E=0000
-P
AX=076A  BX=0000  CX=000D  DX=0000  SP=FFFC  BP=0000  SI=001E  DI=001D
DS=076A  ES=075A  SS=0769  CS=076D  IP=0027       NV UP EI PL ZR NA PE NC
076D:0027 8B7C02        MOV    DI,[SI+02]                          DS:0020=000D
-P
AX=076A  BX=0000  CX=000D  DX=0000  SP=FFFC  BP=0000  SI=001E  DI=000D
DS=076A  ES=075A  SS=0769  CS=076D  IP=002A       NV UP EI PL ZR NA PE NC
076D:002A 8A07          MOV    AL,[BX]                             DS:0000=49
```

图 8-14   MAIN 过程中通过地址表找到循环次数和两个字符串

```
AX=0721  BX=000D  CX=0000  DX=0000  SP=FFFA  BP=0000  SI=001E  DI=001A
DS=076A  ES=075A  SS=0769  CS=076D  IP=0036       NV UP EI PL NZ NA PO NC
076D:0036 8B7C04        MOV    DI,[SI+04]                          DS:0022=001D
-P
AX=0721  BX=000D  CX=0000  DX=0000  SP=FFFA  BP=0000  SI=001E  DI=001D
DS=076A  ES=075A  SS=0769  CS=076D  IP=0039       NV UP EI PL NZ NA PO NC
076D:0039 8A1D          MOV    BL,[DI]                             DS:001D=0D
-P
AX=0721  BX=000D  CX=0000  DX=0000  SP=FFFA  BP=0000  SI=001E  DI=001D
DS=076A  ES=075A  SS=0769  CS=076D  IP=003B       NV UP EI PL NZ NA PO NC
076D:003B B700          MOV    BH,00                               
-P
AX=0721  BX=000D  CX=0000  DX=0000  SP=FFFA  BP=0000  SI=001E  DI=001D
DS=076A  ES=075A  SS=0769  CS=076D  IP=003D       NV UP EI PL NZ NA PO NC
076D:003D 8B7C02        MOV    DI,[SI+02]                          DS:0020=000D
-P
AX=0721  BX=000D  CX=0000  DX=0000  SP=FFFA  BP=0000  SI=001E  DI=000D
DS=076A  ES=075A  SS=0769  CS=076D  IP=0040       NV UP EI PL NZ NA PO NC
076D:0040 C60124        MOV    BYTE PTR [BX+DI],24                 DS:001A=00
```

图 8-15   在 OUTPUT 子程序中利用地址表实现字符串的输出

8.2.4 用堆栈传递参数的通用子程序

下面使用堆栈传递参数的方式，实现字符串的复制和输出。

例 8.7 在数据段中定义两个字符串，完成字符串的复制和输出，用堆栈传递参数，程序如下：

```
DATA    SEGMENT
DW      50  DUP(?)              ; 堆栈为 50 个字
TOS     LABEL  WORD             ; 栈顶地址为 TOS
STRING  DB  'I LOVE CHINA!'     ; 源串
ARRY    DB   16 DUP(?)          ; 目标串
NUMB    DB  ARRY-STRING         ; 源串的实际字节数
DATA    ENDS
CODE    SEGMENT
ASSUME  CS:CODE, DS:DATA, SS:DATA
MAIN    PROC    FAR
; 设置 SS 和 SP
MOV AX, DATA
MOV SS, AX
LEA SP, TOS
; DS 初始值和 0 压入堆栈，以便返回 DOS
PUSH    DS
XOR     AX, AX
PUSH    AX
MOV     AX, DATA
MOV     DS, AX
; 参数地址压入堆栈
LEA     BX, STRING
PUSH BX                     ; STRING 的地址压入堆栈
LEA     BX, ARRY
PUSH BX                     ; ARRY 的地址压入堆栈
LEA     BX, NUMB
PUSH BX                     ; NUMB 的地址压入堆栈
MOV     BP,SP
MOV     DI,[BP]             ; 取 NUMB 的地址
MOV     CL,[DI]
MOV     CH,0                ; 复制的次数
MOV     BX, [BP+4]          ; 源串首地址送入 BX
MOV     DI, [BP+2]          ; 目标串首地址送入 DI
LP: MOV  AL, [BX]
MOV [DI], AL
INC BX
INC DI
LOOP LP                     ; 循环复制
CALL OUTPUT
RET
MAIN    ENDP
; -------------------
OUTPUT    PROC NEAR
MOV  DI,[BP]                ; 后面插入$以便显示
MOV  BL,[DI]
MOV  BH,0
MOV  DI,[BP+2]
MOV  BYTE PTR[DI+BX],'$'
```

```
        MOV    DX, DI
        MOV    AH,9
        INT    21H
        RET    6                          ; 修改 SP 指针并返回
        OUTPUT  ENDP
        CODE    ENDS
        END    MAIN
```

例 8.7 中利用堆栈进行参数传递，首先申请了 50 个字的堆栈空间，SS 寄存器和 SP 寄存器分别存放了堆栈的段基址和栈顶的偏移地址，如图 8-16 所示，堆栈段的段基址为 076AH，栈顶偏移地址为 0064H。

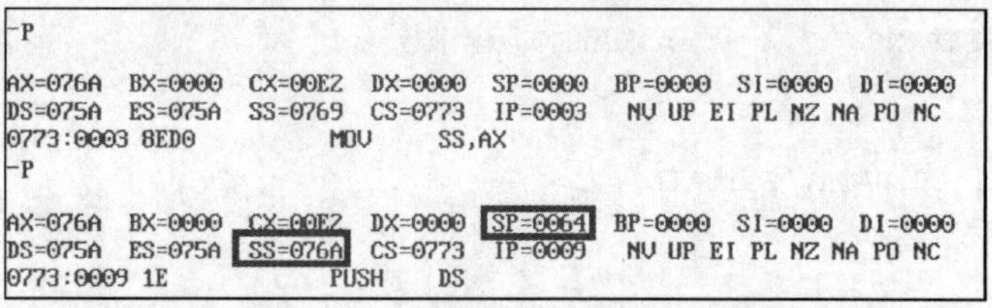

图 8-16　程序开始时寄存器 SS 和 SP 的值

接着分别把 DS 寄存器的初始值 075AH 和 AX 寄存器的初始值 0000H 压入堆栈，从图 8-17 可以看出 075AH:0000H 处存放了语句 INT 20H（机器码为 CD 20），这条语句使程序能够返回 DOS。DS 寄存器和 AX 寄存器的值压入堆栈后，SP 的值更改为 0060H。

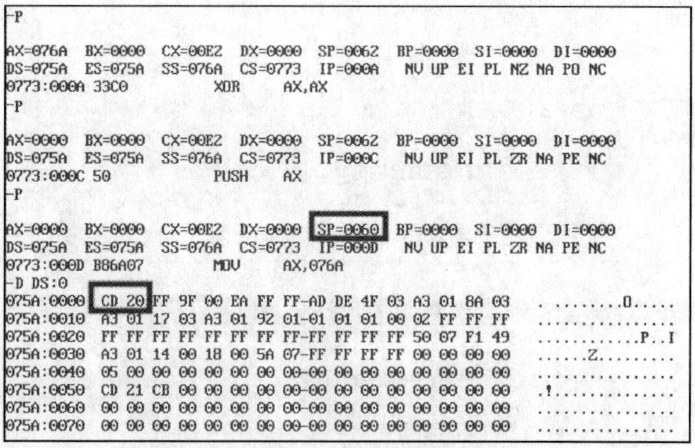

图 8-17　DS 和 AX 的初始值入栈后 SP 的值

然后，利用 MOV 指令使 DS 寄存器存放当前数据段的段基址，因为在例 8.7 中堆栈定义在数据段，所以可以使用 D DS:0 指令来查看堆栈中数据的存储情况。从图 8-18 可以看出堆栈中存放了 DS 和 AX 寄存器的初始值，即语句 INT 20H（机器码为 CD 20）的逻辑地址 075AH:0000H。

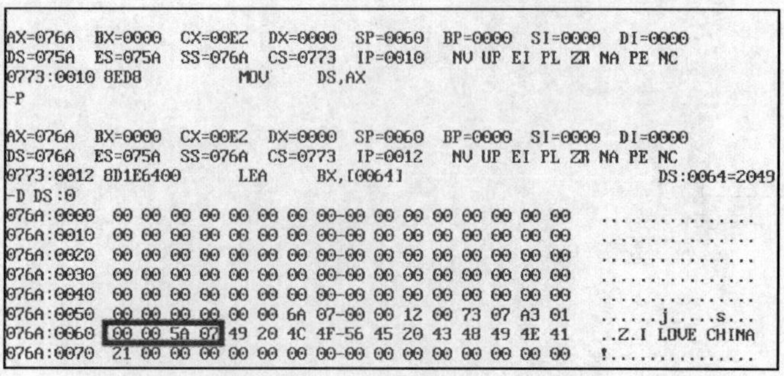

图 8-18　DS 和 AX 的初始值入栈后堆栈中数据的存放情况

为了利用堆栈实现字符串的复制和输出，需要在 MAIN 过程中将变量 STRING、NUMB、ARRY 的偏移地址入栈。入栈后堆栈的数据存放情况如图 8-19 所示，目前 SP=005AH，堆栈里压入的分别是 DS=075AH、AX=0000H 寄存器的值，变量 STRING、NUMB、ARRY 的偏移地址。变量的偏移地址入栈后，就可以使用堆栈完成字符串的复制，如图 8-20 所示。

```
-P

AX=076A  BX=0081  CX=00E2  DX=0000  SP=005C  BP=0000  SI=0000  DI=0000
DS=076A  ES=075A  SS=076A  CS=0773  IP=0020     NV UP EI PL ZR NA PE NC
0773:0020 53           PUSH    BX
-P

AX=076A  BX=0081  CX=00E2  DX=0000  SP=005A  BP=0000  SI=0000  DI=0000
DS=076A  ES=075A  SS=076A  CS=0773  IP=0021     NV UP EI PL ZR NA PE NC
0773:0021 8BEC         MOV     BP,SP
-D DS:0
076A:0000  00 00 00 00 00 00 00 00-00 00 00 00 00 00 00 00   ................
076A:0010  00 00 00 00 00 00 00 00-00 00 00 00 00 00 00 00   ................
076A:0020  00 00 00 00 00 00 00 00-00 00 00 00 00 00 00 00   ................
076A:0030  00 00 00 00 00 00 00 00-00 00 00 00 00 00 00 00   ................
076A:0040  00 00 00 00 00 00 00 00-00 00 00 00 00 00 00 00   ................
076A:0050  6A 07 00 00 21 00 73 07-A3 01 81 00 71 00 64 00   j...!.s.....q.d.
076A:0060  00 00 5A 07 49 20 4C 4F-56 45 20 43 48 49 4E 41   ..Z.I LOVE CHINA
076A:0070  21 00 00 00 00 00 00 00-00 00 00 00 00 00 00 00   !...............
```

图 8-19　3 个变量的偏移地址入栈后堆栈中数据的存放情况

```
-P

AX=0721  BX=0071  CX=0000  DX=0000  SP=005A  BP=005A  SI=0000  DI=007E
DS=076A  ES=075A  SS=076A  CS=0773  IP=0038     NV UP EI PL NZ NA PE NC
0773:0038 E80300       CALL    003E
-D DS:0
076A:0000  00 00 00 00 00 00 00 00-00 00 00 00 00 00 00 00   ................
076A:0010  00 00 00 00 00 00 00 00-00 00 00 00 00 00 00 00   ................
076A:0020  00 00 00 00 00 00 00 00-00 00 00 00 00 00 00 00   ................
076A:0030  00 00 00 00 00 00 00 00-00 00 00 00 00 00 00 00   ................
076A:0040  00 00 00 00 00 00 00 00-00 00 00 00 00 00 00 00   ................
076A:0050  49 07 5A 00 38 00 73 07-A3 01 81 00 71 00 64 00   I.Z.8.s.....q.d.
076A:0060  00 00 5A 07 49 20 4C 4F-56 45 20 43 48 49 4E 41   ..Z.I LOVE CHINA
076A:0070  21 49 20 4C 4F 56 45 20-43 48 49 4E 41 21 00 00   !I LOVE CHINA!..
```

图 8-20　在 MAIN 过程利用堆栈完成字符串的复制

MAIN 过程完成字符串的复制后，可以调用 OUTPUT 子程序进行字符串的输出。执行子程序调用语句 CALL OUTPUT，进入 OUTPUT 子程序后，栈顶的偏移地址 SP 的值和堆栈里存储的内容如图 8-21 所示。目前 SP=0058H，堆栈里压入的分别是 DS=075AH、AX=0000H 寄存器的值，变量 STRING、NUMB、ARRY 的偏移地址和 call output 指令下一条指令的 IP=003BH 的值。CALL OUTPUT 执行后，之所以要把下一条指令的 IP 值压栈，是因为段内调用，为调用 OUTPUT 子程序后能够正常返回做准备。CALL OUTPUT 指令和它下一条指令的机器码和地址如图 8-22 所示。

```
-T

AX=0721  BX=0071  CX=0000  DX=0000  SP=0058  BP=005A  SI=0000  DI=007E
DS=076A  ES=075A  SS=076A  CS=0773  IP=003E     NV UP EI PL NZ NA PE NC
0773:003E 8B7E00       MOV     DI,[BP+00]                    SS:005A=0081
-D DS:0
076A:0000  00 00 00 00 00 00 00 00-00 00 00 00 00 00 00 00   ................
076A:0010  00 00 00 00 00 00 00 00-00 00 00 00 00 00 00 00   ................
076A:0020  00 00 00 00 00 00 00 00-00 00 00 00 00 00 00 00   ................
076A:0030  00 00 00 00 00 00 00 00-00 00 00 00 00 00 00 00   ................
076A:0040  00 00 00 00 00 00 00 00-00 00 00 00 00 00 21 07   ..............!.
076A:0050  5A 00 3E 00 73 07 A3 01-3B 00 81 00 71 00 64 00   Z.>.s...;..q.d.
076A:0060  00 00 5A 07 49 20 4C 4F-56 45 20 43 48 49 4E 41   ..Z.I LOVE CHINA
076A:0070  21 49 20 4C 4F 56 45 20-43 48 49 4E 41 21 00 00   !I LOVE CHINA!..
```

图 8-21　进入 OUTPUT 子程序后寄存器和堆栈的值

```
0773:0034 43           INC     BX
0773:0035 47           INC     DI
0773:0036 E2F8         LOOP    0030
0773:0038 E80100       CALL    003C
0773:003B CB           RETF
0773:003C 8B7E00       MOV     DI,[BP+00]
0773:003F 8A1D         MOV     BL,[DI]
```

图 8-22　CALL OUTPUT 及其后继指令机器码和地址

OUTPUT 子程序执行完毕，通过 RET 0006 获得此时的栈顶元素 003BH，即 MAIN 过程中 CALL OUTPUT 指令的下一条指令 IP 地址，返回到 MAIN 过程。由于 RET 6 指令使 SP+6，因此获得栈顶元素 003BH 后，SP 寄存器的值是 0060H，而不是 005AH。子程序返回指令执行后寄存器和堆栈的值如图 8-23 所示。

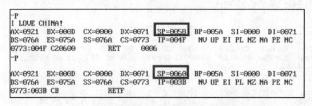

图 8-23 返回到 MAIN 过程后寄存器和堆栈的值

回到 MAIN 过程后，执行 RETF 指令，该指令的作用是弹出堆栈中的值，使得 IP=0000H，CS=075AH，075AH:0000H 处存放的是返回 DOS 指令 INT 20H，CPU 执行该指令后程序执行结束，返回 DOS，如图 8-24 所示。

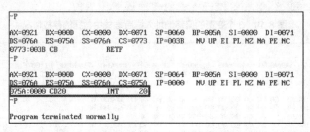

图 8-24 MAIN 过程中单步跟踪 retf 指令执行情况

8.2.5 用结构变量传递参数的通用子程序

使用结构变量可以为用户提供方便，特别是处理二维数组时。下面先介绍结构变量，然后引入程序实例。

1. 结构变量

结构类型是用结构伪指令（伪操作）STRUC 定义的，它可以把几种不同类型的数据变量放在一个数据结构中，形成一种新的类型，这种新的类型变量就是结构变量。使用结构变量可方便程序对其中各个分量的访问。

伪指令 STRUC 的格式为：

```
结构名    STRUC
…
结构名    ENDS
```

例 8.8 定义一个名为 STUDENT 的结构类型。

```
STUDENT    STRUC
    ID      DB  'AAAAAAAA'
    NAME    DB  3 DUP (0)
    JF1     DW  22H
    JF2     DW  ?
    JF3     DW  ?
    JF4     DW  ?
STUDENT    ENDS
```

这是一个结构数据，其中包含 6 个变量，或称为 6 个字段，共占 19 个字节单元。STRUC 伪指令只是定义了一种结构模式，还没有生成结构变量，也就是说，还不存在结构变量要求分配内存和存入数据，可以使用结构预置语句生成结构变量并赋值。结构预置语句的格式为：

变量   结构名 <各字段赋值>

例 8.9 定义 STUDENT 类型的结构变量。

```
STD1   STUDENT <'A2031456',,,33H>
STD2   STUDENT <>
STDSS  STUDENT 100 DUP(<>)
```

生成的结构变量 STD1 的各字段预赋值用逗号分隔。因为 NAME 字段不是一个字符串，所以不能预赋值，仅用逗号跳过，JF1 字段也没有预赋值，它们均保留了 STUDENT 结构中的值。JF2 字段预赋值为 33H。JF3 和 JF4 字段没有预赋值。

生成的结构变量 STD2 没有预赋值。STDSS 为复制的 100 个结构变量的起始地址。

结构变量的预置可以用图 8-25 来说明。

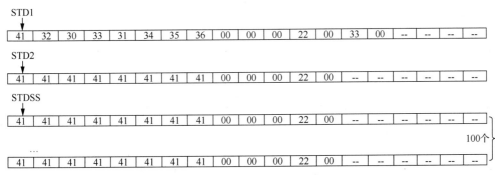

图 8-25　例 8.9 结构变量的预置情况

例 8.10 对结构变量的访问。

```
MOV   SI, 1
LEA   BX, STD1                ; STD1 地址送 BX
MOV   AL, STD1.NAME[SI]       ; 取 STD1 的字段 NAME 第 2 字节
MOV   AL, [BX].NAME[SI]       ; 取 STD1 的字段 NAME 第 2 字节
MOV   DL, STDSS+3*19.NAME[SI] ; 取 STDSS 的第 4 条记录中字段 NAME 的第 2 字节
```

上面用 3 个例子介绍了结构类型的定义、结构变量的定义和对结构变量的访问 3 个步骤。

2. 用结构变量传递参数

下面介绍如何使用结构变量传递参数。

例 8.11 在数据段中定义两个字符串，完成字符串的复制和输出，用结构变量传递参数地址，程序如下：

```
DATA    SEGMENT
DW  50 DUP(?)                  ; 堆栈为 50 个字
TOS   LABEL WORD               ; 栈顶地址为 TOS
STRING DB 'I LOVE CHINA!'      ; 源串
ARRY  DB  16 DUP(?)            ; 目标串
NUMB  DB  ARRY-STRING          ; 源串的实际字节数
DATA    ENDS
CODE    SEGMENT
ASSUME CS:CODE,DS:DATA,SS:DATA
MAIN    PROC    FAR
; 设置 SS 和 SP
MOV   AX,DATA
MOV   SS,AX
LEA   SP,TOS
; DS 初始值和 0 压入堆栈，以便返回 DOS
PUSH  DS
```

```
        XOR   AX,AX
        PUSH  AX
        MOV   AX,DATA
        MOV   DS,AX
    ; 参数地址压入堆栈
        LEA   BX, STRING
        PUSH  BX                  ; STRING 的地址压入堆栈
        LEA   BX, ARRY
        PUSH  BX                  ; ARRY 的地址压入堆栈
        LEA   BX, NUMB
        PUSH  BX                  ; NUMB 的地址压入堆栈
        PAR   STRUC
        P3    DW  ?
        P2    DW  ?
        P1    DW  ?
        PAR   ENDS                ; STRUC 结构类型定义
        MOV   BP,SP
        MOV   DI,[BP].P3          ; 取 NUMB 的地址
        MOV   CL,[DI]
        MOV   CH,0                ; 复制的次数
        MOV   BX, [BP].P1         ; 源串首地址送入 BX
        MOV   DI, [BP].P2         ; 目标串首地址送入 DI
    LP: MOV   AL, [BX]
        MOV   [DI], AL
        INC   BX
        INC   DI
        LOOP LP                   ; 循环复制
    CALL OUTPUT
    RET
    MAIN  ENDP
    ; -------------------
    OUTPUT  PROC NEAR
    MOV   DI,[BP].P3
    MOV   BL,[DI]
    MOV   BH,0
    MOV   DI,[BP].P2
    MOV   BYTE PTR[DI+BX],'$'
    MOV   DX, DI
    MOV   AH,9
    INT   21H
    RET   6
    OUTPUT  ENDP
    CODE    ENDS
    END   MAIN
```

要注意以下几点。

（1）在 MAIN 过程中只有两个地方有了修改。第一是增加了 STRUC 结构类型定义。由于结构类型定义不分配内存，是伪指令，因此可以出现在任何地方。图 8-26 是例 8.11 对应的机器码，可以看到 STRUC 结构类型定义没有对应的机器码。

（2）第二是取参数地址时，用 BP 寄存器指向存放参数的堆栈的栈顶，即指向存放变量 NUMB 的位置。而这个位置开始的 3 个字正好符合 STRUC 定义的结构类型，可以看成一个结构变量。BP 正好指向这个结构变量的首地址，因此，可以直接使用结构变量的字段来取得参数地址，如图 8-27 所示。

```
0773:000D B86A07      MOV     AX,076A
0773:0010 8ED8        MOV     DS,AX
0773:0012 8D1E6400    LEA     BX,[0064]
0773:0016 53          PUSH    BX
0773:0017 8D1E7100    LEA     BX,[0071]
0773:001B 53          PUSH    BX
0773:001C 8D1E8100    LEA     BX,[0081]
-U
0773:0020 53          PUSH    BX
0773:0021 8BEC        MOV     BP,SP
0773:0023 8B7E00      MOV     DI,[BP+00]
0773:0026 8A0D        MOV     CL,[DI]
0773:0028 B500        MOV     CH,00
0773:002A 8B5E04      MOV     BX,[BP+04]
0773:002D 8B7E02      MOV     DI,[BP+02]
0773:0030 8A07        MOV     AL,[BX]
0773:0032 8805        MOV     [DI],AL
0773:0034 43          INC     BX
0773:0035 47          INC     DI
0773:0036 E2F8        LOOP    0030
```

图 8-26　例 8.11 对应的机器码

```
AX=076A BX=0081 CX=00E2 DX=0000 SP=005A BP=005A SI=0000 DI=0000
DS=076A ES=075A SS=076A CS=0773 IP=0023  NV UP EI PL ZR NA PE NC
0773:0023 8B7E00      MOV     DI,[BP+00]                     SS:005A=0081
-P

AX=076A BX=0081 CX=00E2 DX=0000 SP=005A BP=005A SI=0000 DI=0081
DS=076A ES=075A SS=076A CS=0773 IP=0026  NV UP EI PL ZR NA PE NC
0773:0026 8A0D        MOV     CL,[DI]                        DS:0081=0D
-P

AX=076A BX=0081 CX=000D DX=0000 SP=005A BP=005A SI=0000 DI=0081
DS=076A ES=075A SS=076A CS=0773 IP=0028  NV UP EI PL ZR NA PE NC
0773:0028 B500        MOV     CH,00
-P

AX=076A BX=0081 CX=000D DX=0000 SP=005A BP=005A SI=0000 DI=0081
DS=076A ES=075A SS=076A CS=0773 IP=002A  NV UP EI PL ZR NA PE NC
0773:002A 8B5E04      MOV     BX,[BP+04]                     SS:005E=0064
-P

AX=076A BX=0064 CX=000D DX=0000 SP=005A BP=005A SI=0000 DI=0081
DS=076A ES=075A SS=076A CS=0773 IP=002D  NV UP EI PL ZR NA PE NC
0773:002D 8B7E02      MOV     DI,[BP+02]                     SS:005C=0071
```

图 8-27　使用结构变量的字段来取得参数地址

（3）虽然没有用结构预置语句生成结构变量，但这个结构变量实际上是在程序执行过程中动态产生的，通过在主程序中把参数地址压入堆栈这些操作形成的。

（4）主程序所做的一系列对堆栈压入数据的操作形成的堆栈和例 8.7 的相同。

（5）子程序 OUTPUT 中的 RET 6 指令，其作用是返回到主程序，并使 SP+6，使 SP 寄存器指向堆栈中存放 0 的单元，而接着执行主程序中的 RET 指令就可以把 0 弹出到 IP，把 MAIN 过程中压栈保护的 DS 值弹出到 CS，从而结束程序并正确返回到操作系统。

（6）该程序用结构变量的方法避免计算各参数地址的复杂性，方便用户编写程序。

本章小结

本章介绍了子程序的概念和结构，以及子程序间参数的传递方法。通过本章的学习，读者可在遇到复杂的问题时采用模块化的程序设计方法，合理地分解任务和划分功能，设计多个子程序，增加程序的可读性。

习题 8

8.1　过程定义如下，补充括号中的指令。

```
CODE    SEGMENT
ASSUME    CS:CODE
MAIN    PROC FAR
(          )
```

```
        (          )
        (          )
        …
        …
        …
        RET
MAIN    ENDP
CODE    ENDS
END   MAIN
```

8.2　补充下列程序括号中的指令，使得程序对堆栈的操作全部利用程序中定义的 TOS 堆栈，并画出程序执行后堆栈 TOS 中的数据。

```
DATA    SEGMENT
        DW    100 DUP(?)
  TOS LABEL  WORD
DATA   ENDS
CODE   SEGMENT
ASSUME    CS:CODE,SS:DATA
MAIN  PROC FAR
  (          )
  (          )
  (          )
PUSH  DS
XOR  AX, AX
PUSH  AX
CALL  FAR PTR SUBA
…;假定此处指令的地址为 CS=3400H, IP=30H
…
…
CODE   ENDS
END   MAIN
```

8.3　主程序从键盘输入一个字符串到 BUFF，再输入一个字符到 AL，用子程序在字符串 BUFF 中查找是否存在该字符，如果找到，显示发现的字符位置。用寄存器传递要查找的字符。（提示：主程序输入一个字符到 AL 寄存器，子程序查找字符串 BUFF 中有没有 AL 中的字符，AL 寄存器起到参数传递的作用）

8.4　主程序从键盘输入一个 8 位的二进制数，对其做求补操作，用子程序将求补后的值以二进制形式显示。（提示：8 位二进制数的输入需要利用循环实现，并要考虑把输入的 ASCII 转换成对应的数字；子程序将求补后的值以二进制形式输出也需要利用循环实现，并考虑把数字转换成对应的 ASCII）

8.5　主程序从键盘输入两个 4 位的十六进制数 A 和 B，用子程序做十六进制计算 $A+B$，并显示计算结果。

8.6　某字数组为有符号数，第一个单元为元素个数 N，后面为 N 个元素，编写通用子程序，求数组元素中的最大值，并把它放入 MAX 单元。（提示：可以把 N 个元素中的第一个元素作为最大值放入 MAX 单元，然后遍历后面的 $N-1$ 个元素，如果有元素比 MAX 单元中的元素大，把该元素作为新的最大值放入 MAX 单元，直到 N 个元素遍历结束为止。子程序完成最大值的查找并将其存到 MAX 单元，主程序完成子程序的调用，并对 MAX 单元的值进行输出，MAX 单元实现程序之间的参数传递）

8.7　设有一个数组存放学生的成绩（0～100），编制一个子程序统计 0～59 分、60～69 分、70～79 分、80～89 分、90～100 分的人数，并将它们分别存放到 scoreE、scoreD、scoreC、scoreB 及 scoreA 单元中。编写一个主程序与之配合使用。（提示：在数据段中定义存放学生成绩的数组，scoreE、scoreD、scoreC、scoreB 及 scoreA 单元；主程序调用具有统计功能的子程序；子程序利用复合分支结构把不同分数段的人数分别存放到对应的单元中；统计的结果可以在主程序中进行显示。数据段中定义的 scoreE、scoreD、scoreC、scoreB 及 scoreA 单元实现程序之间参数的传递）

8.8 用多模块程序设计一个简单的计算器程序，实现整数的加、减、乘、除。运算符可以为：+、–、×、/、=。（提示：在主程序中提示用户输入相应的加、减、乘、除运算符，并根据用户的输入分别调用实现加、减、乘、除操作的子程序，并显示运算结果；加、减、乘、除运算分别定义 4 个子程序完成，并把结果送到数据段定义的变量中。数据段中定义的变量完成程序之间参数的传递）

8.9 从键盘输入姓名和电话号码，建立通讯录，通讯录的最大容量为 9 条记录，程序结束时无须保留通讯录，但程序运行时要保留通讯录信息。程序的人机界面和顺序要求如下。

（1）提示信息 INPUT NAME：（输入提示信息后，主程序调用子程序 INNAME 录入姓名，序号自动产生）。

（2）提示信息 INPUT TELEPHONE NUMBER：（输入提示信息后，主程序调用子程序 INTELE 录入电话号码）。

（3）提示信息 INPUT NUMBER：（输入提示信息后，主程序调用子程序 PRINT 显示某人的姓名和电话号码，如果序号不存在，则提示信息 NO THIS NUMBER）。

09 第9章 高级汇编语言程序设计

前面介绍了基本的汇编语言程序设计方法，本章在此基础上进一步介绍一些高级的汇编语言程序设计方法，例如分支和循环结构控制的伪指令、宏汇编及其高级伪指令、模块化方法以及输入/输出程序设计等。

9.1 高级程序设计特性

分支、循环和子程序是最基本的程序结构，但用汇编语言编写实现这些程序结构较为烦琐。为此，MASM 6.0 引入一组具有高级语言设计特性的伪指令，使得汇编语言也可以像高级语言一样来简洁地编写分支、循环和子程序结构，大大提升了汇编语言的编程效率。这些伪指令包括分支和循环的流程控制伪指令、过程声明和过程调用伪指令。

9.1.1 条件控制伪指令

MASM 6.0 引入了 .IF、.ELSEIF、.ELSE 和 .ENDIF 伪指令，功能类似于高级语言中的 IF、THEN、ELSE 和 ENDIF。这些伪指令在汇编时被自动展开，生成相应的比较和条件转移汇编指令序列。

条件控制伪指令格式如下：

```
.IF 条件表达式            ; 条件为真（值为非 0），执行分支体
   分支体

   [.ELSEIF 条件表达式    ; 前面 IF 条件为假（值为 0），并且当前 ELSEIF 条件为分支体 ]
                          ; 真，执行分支体

   [.ELSE                ; 前面 IF 条件以及前面 ELSEIF 条件为假，执行分支体
   分支体 ]
   .ENDIF                ; 分支结束
```

其中，"[ ]"内的部分可选。条件表达式可以使用的操作符如表 9-1 所示。

表 9-1   条件表达式中的操作符

操作符	功能	操作符	功能	操作符	功能
==	等于	&&	逻辑与	OVERFLOW?	OF=1?
!=	不等于	||	逻辑或	PARITY?	PF=1?
>	大于	!	逻辑非	SIGN?	SF=1?
>=	大于等于	&	位测试	ZERO?	ZF=1?
<	小于	( )	改变优先级	—	—
<=	小于等于	CARRY ?	CF=1?	—	—

汇编程序在汇编相应的条件表达式时，将生成一组功能等价的比较、测试和转移指令。操作符的优先关系为：逻辑非"!"最高，表 9-1 最左列的比较类操作符次之，最低的是逻辑与"&&"和逻辑或"||"。当然，可以通过加"()"来改变运算的优先级。位测试操作符的使用格式是"数值表达式&位数"。

例 9.1　单分支结构条件控制。对 AX 寄存器的数值取绝对值。

```
.IF  AX<0
NEG  AX
.ENDIF
```

例 9.2　双分支结构条件控制。判断 AX 寄存器的值是否为 5，如果是，将 AX 寄存器的数存入 BX 寄存器，并将 AX 寄存器置 0；如果否，则对 AX 寄存器执行减 1 操作。

```
.IF  AX= =5
MOV  BX, AX
MOV  AX, 0
.ELSE
DEC  AX
.ENDIF
```

注意　　　　条件表达式比较的两个数值是作为无符号数还是作为有符号数，将影响后续产生的条件转移指令。

使用数据定义伪指令定义的字节变量、字变量、双字变量，既可以是有符号数，也可以是无符号数。因此，处理定义的数据变量时，需要时刻清楚它是有符号数还是无符号数，并选择相应的指令（特别是条件转移指令），否则将造成程序错误。

对于条件表达式中的变量，如果是用 DB、DW、DD 定义的，一律作为无符号数。若需要进行有符号数的比较，相应变量在数据定义时必须使用对应的 SBYTE、SWORD、SDWORD 这些有符号数据定义语句来定义。

采用寄存器或者常数作为数值表达式的参数时，默认其是无符号数。若需要作为有符号数使用，可以利用 SBYTE PTR 或 SWORD PTR 操作符进行指定。若数值表达式中有一个数值是有符号数，则表达式的另一个数值会被强制作为有符号数来进行比较。

9.1.2　循环控制伪指令

MASM 6.0 及以上版本提供了循环控制伪指令来简化循环结构的程序设计，包括：.WHILE 和.ENDW、.REPEAT 和.UNTIL、.REPEAT 和.UNTILCXZ。另外，.BREAK 和.CONTINUE 分别表示无条件退出和转向循环体开始。利用这些伪指令可以实现 DO-WHILE 和 DO-UNTIL 两种基本的循环结构形式。

DO-WHILE 结构的循环控制伪指令格式如下：

```
.WHILE  条件表达式
循环体
.ENDW
```

格式中的条件表达式与条件控制伪指令.IF 后面跟的条件表达式要求一样，这里不赘述，下同。

DO-UNTIL 结构的循环控制伪指令格式如下：

```
.REPEAT
循环体
.UNTIL  条件表达式
```

DO-UNTIL 结构还有一种格式：

```
.REPEAT
循环体
.UNTILCXZ  [条件表达式]
```

不带条件表达式的.REPEAT/ .UNTILCXZ 伪指令的循环结束条件是 CX=0，而带有条件表达式的.REPEAT/ .UNTILCXZ 伪指令的循环结束条件是 CX=0 或条件表达式判断为真。

.UNTILCXZ 伪指令只能比较寄存器与寄存器、寄存器与常数、存储器与寄存单元、存储单元与常数相等（==）或者不等（!=）。

9.1.3　过程定义和过程调用伪指令

MASM 6.0 及以上版本参照高级语言的函数形式扩展 PROC 过程定义伪指令的功能，使其具有带参数的能力，极大地方便了过程间参数的传递。

带有参数的过程定义伪指令 PROC 格式如下：

```
过程名    PROC  [过程属性][语言类型][作用范围][起始参数]
          [寄存器列表][ ，参数：[类型]]…
          LOCAL 参数列表
          …
过程名    ENDP
```

各参数具体要求如下。

① 过程名：表示过程名称，应该遵循汇编语言相应的命名规则。

② 过程属性：可以是 NEAR 或 FAR，表示该过程是近调用还是远调用。

③ 语言类型：可以是任何有效的语言类型，确定该过程采用的命名约定和调用约定；语言类型可以用.MODEL 伪指令指定。

④ 作用范围：可以是 PUBLIC、PRIVATE、EXPORT，表示该过程是否对其他过程可见。默认是 PUBLIC，表示对其他过程可见；PRIVATE 表示对其他过程不可见；EXPORT 隐含有 PUBLIC 和 FAR，表示该过程应该放置在导出条目表（Export Entry Table）中。

⑤ 起始参数：表示传送给起始代码的参数，必须用 "<>" 括起来，多个参数用 "," 分隔。起始代码（Prologue Code）和收尾代码（Epilogue Code）是汇编系统自动为该过程创建的，用于传递堆栈参数和清除堆栈参数。

⑥ 寄存器列表：指通用寄存器名，多个寄存器用空格分隔。只需要利用 "USES 寄存器列表" 罗列该过程需要保存与恢复的寄存器，汇编系统将自动在起始代码中产生相应的入栈指令，并在收尾代码中产生出栈指令。

⑦ 参数及类型：表示该过程中使用的形参及其类型。参数类型可以是任何 MASM 有效的类型或 PTR；PROC 伪指令中要使用参数，必须定义参数类型。在 16 位段中，默认的类型是字；在 32 位段中；默认的类型是双字。多个参数用 "," 进行分隔。

在汇编语言程序中，CALL 指令是进行子程序调用的必要指令。调用指令 CALL 与无条件转移指令 JMP 一样，都是转移到标号指出的程序去执行。在调用子程序时，系统会按照子程序的过程属性是 NEAR 或 FAR 进行转移。

通常，主程序调用子程序的目的是要求子程序完成某些特定任务，因此主程序和子程序之间的参数传递是很重要的。对于具有参数的过程定义，CALL 指令在进行过程调用时就比较烦琐，必须写出过程名的完整格式。

9.2　宏汇编程序设计

早期的汇编语言（ASM）还只具备一些基本功能，程序员对描述任务、编程设计仍感不便，于是进一步产生了更加灵活的宏汇编语言（MASM）。宏汇编语言提供了类似于高级语言的某些复杂功能，如宏汇编、重复汇编与条件汇编，是可以简化源程序结构的方法。

9.2.1　宏汇编

宏与子程序类似，可以作为一个独立的功能程序供其他程序多次调用。子程序的设计方法可以实现程序复用，节省存储空间，优化程序结构。但宏和子程序的调用方式不同。调用子程序的不便之处是参数的传递，传递参数时要占用寄存器或者存储器，特别是参数比较多时，增加了程序的复杂性。另外，调用子程序还需要为保存断点实现转移及返回到调用程序增加消耗的时间。而宏汇编语言提供的宏功能既可以实现程序复用，又能方便地传递多个参数。若程序中重复部分只是一组较简单的语句序列，且要传送的参数又比较多时，更适合使用宏汇编功能。

1. 宏定义、宏调用和宏展开

宏是源程序中一段有独立功能的程序代码。宏的使用需要 3 个步骤：宏定义、宏调用和宏展开。因此程序设计中使用宏功能的步骤是：首先进行宏定义（类似写一个子程序），然后在需要时进行宏调用（类似调用子程序），最后在汇编阶段对宏指令进行展开。

（1）宏定义

宏定义用一对伪指令 MACRO 和 ENDM 来定义。格式为：

```
宏指令名　MACRO　［形参 1，形参 2，…］
        <宏定义体>
        ENDM
```

宏指令名给出宏定义的名称，第一个符号必须是字符。

宏定义体由一系列指令语句和伪指令语句组成，也可以是其他非语句形式。

宏定义的指令名可用伪指令 PURGE 来取消，然后重新定义。

宏定义在程序中的位置没有严格要求，可以写在某一个段内，也可以不在段内。

　　宏指令具有比机器指令和伪指令更高的优先权，当宏指令与机器指令或伪指令同名时，宏汇编程序都视为宏指令进行处理。因此宏指令名不要和指令或伪指令同名。

例 9.3　定义两数相加宏指令 SUMN。

```
SUMN    MACRO   X, Y, RESULT
        MOV     AX, X
        ADD     AX, Y
        MOV     RESULT, AX
        ENDM
```

（2）宏调用

宏指令被定义后，在源程序中可以直接使用，称为宏调用。格式为：

```
宏指令名 [实参 1，实参 2，…]
```

实参可以是常数、寄存器、存储单元名以及用寻址方式能找到的地址或表达式等，但在宏展开后必须形成合法的指令或伪指令语句，否则机器无法识别。

实参个数可以少于形参个数，这时多余的形参取空值。

例 9.3（续）　调用宏 SUMN 实现(BX)= 34 + 25。

在代码段使用宏调用：

```
…
SUMN    34,25, BX
…
```

（3）宏展开

在源程序的汇编阶段，汇编程序对源程序中的每个宏调用都进行了宏展开，即用宏定义体取代每个宏调用的位置，并用实参按顺序逐一替换宏定义体中的形参。因此，可执行文件的长度与程序中宏调用的次数成正比。

例 9.3（续） 宏调用的例子在宏展开后的情况。

展开前： 展开后：

```
    …                              …
    SUMN    34, 25, BX        1    MOV     AX, 34
                             1    ADD     AX, 25
                             1    MOV     BX, AX
```

展开后，原来的宏指令换成了若干条汇编指令。各指令前的"1"是汇编程序自动加上去的，表示这些指令是由宏展开得到的。可以看到，例 9.3 中的形参 X、Y、RESULT 已经被实参 34、25、BX 取代了。

下面再看一个综合宏定义、宏调用和宏展开的例子。

例 9.4 用宏指令实现两个 8 位有符号数的乘法。

宏定义如下：

```
IMULTIPLY        MACRO    X, Y, RESULT
                 PUSH     AX
                 MOV      AL, X
                 IMUL     Y
                 MOV      RESULT, AX
                 POP      AX
                 ENDM
```

在代码段使用宏调用：

```
        IMULTIPLY    CL, DL, [BX]
        IMULTIPLY    ARY, VAR, SAVE
```

宏展开为：

```
    1    PUSH     AX
    1    MOV      AL, CL
    1    IMUL     DL
    1    MOV      [BX], AX
    1    POP      AX
         …
    1    PUSH     AX
    1    MOV      AL, ARY
    1    IMUL     VAR
    1    MOV      SAVE, AX
    1    POP      AX
```

由于程序中有两次宏调用，因此进行了两次宏展开，产生了两段代码。如果用子程序实现本例，无论程序中几次调用子程序，子程序代码仅有一段，只是主程序多次执行了这一段子程序代码。从本例还可以看出，宏指令可以直接带形参，调用时直接用实参代换，避免了子程序因参数传递带来的麻烦，使编程更加灵活。

由以上例子可以看出，宏指令与子程序具有类似的功能，但它们的工作方式是完全不同的，如图 9-1 所示。

由图 9-1 可以总结宏调用与子程序调用具有以下区别。

① 空间的区别：宏指令不节省目标程序所占的内存空间，而子程序在目标程序中只有一段。

② 时间的区别：宏指令在运行时不需要额外的 CPU 开销，而子程序的调用和返回需要占用 CPU 时间。

③ 参数的区别：宏调用可实现多个参数的直接代换，方式简单灵活，而子程序参数传递较为麻烦。

在编程时是使用子程序还是宏调用，可以根据具体情况选择。一般来说，当代码不长、参数较多或者要求快速执行时，选用宏调用比较合适；当程序较长或者对内存空间有要求时，选用子程序比较好。

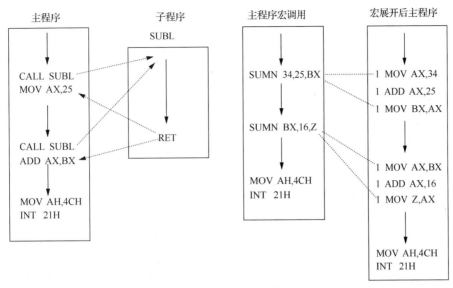

（a）子程序调用方式　　　　　（b）宏调用方式

图 9-1　两种调用方式对比

2. 宏定义的嵌套

宏嵌套能够增加宏的功能，简化宏的操作。这种嵌套结构的特点是外层宏定义的宏定义体中又有宏定义，只有调用外层宏定义一次后，才能调用内层宏定义。

例 9.5　用嵌套的宏定义实现两个 8 位数的算术运算。

宏定义如下：

```
MATH     MACRO    MATHNAME,ACTION,NUM
MATHNAME     MACRO    X, Y, RESULT
                 PUSH     AX
                 MOV      NUM, X
                 ACTION   Y
                 MOV      RESULT, AX
                 POP      AX
                 ENDM
             ENDM
```

其中外层宏定义的形参是内层宏定义名，调用外层宏定义一次后，才能形成一个不含嵌套的宏定义。实施宏调用：

```
MATH    IMULTIPLY, IMUL, AL
```

宏展开为有符号数的乘法宏定义：

```
IMULTIPLY    MACRO    X, Y, RESULT
                 PUSH AX
                 MOV   AL, X
                 IMUL Y
                 MOV   RESULT, AX
                 POP  AX
                 ENDM
```

实施宏调用：

```
MATH    DIVIDE, DIV, AX
```

宏展开为无符号数的除法宏定义：

```
DIVIDE    MACRO    X, Y, RESULT
              PUSH  AX
              MOV   AX, X
```

```
            DIV    Y
            MOV    RESULT, AX
            POP    AX
        ENDM
```

再实施宏调用：

```
DIVIDE  DIVIDE   ARY, VAR, SAVE
```

宏展开为如下代码：

```
1   PUSH   AX
1   MOV    AX, ARY
1   DIV    VAR
1   MOV    SAVE, AX
1   MOV    POP AX
```

3. 宏定义中使用宏调用

这种结构主要是为了使宏定义结构更加简明清晰，宏定义中的宏调用必须已经定义。

例 9.6 用宏指令显示字符。

宏定义如下：

```
INT21   MACRO   FUNCTION
MOV     AH, FUNCTION
INT     21H
ENDM
DISPC   MACRO   CHAR
MOV     DL, CHAR
INT21   2
ENDM
```

宏调用：

```
DISPC     'A'
```

宏展开：

```
1   MOV    DL,'A'
2   MOV    AH, 2
2   INT    21H
```

这里的 2 表示第二层宏展开结果。

4. 带间隔符的实参

在宏调用中，有时实参使用的是字符串（不是单引号括起来的），而且字符串中包括间隔符（如空格、逗号等），为使得间隔符成为实参的一部分，要用尖括号将字符串括起来，作为一个实参的整体来替换形参。

例 9.7 在数据段中定义 40 个字节的存储空间，首地址为 **ARRAY**。

```
DEFDB   MACRO   BUF,X
BUF     X
        ENDM
DATA    SEGMENT
DEFDB   ARRAY,<DB 40 DUP (?)>
DATA    ENDS
…
```

宏展开为：

```
1   ARRAY   DB 40 DUP (?)
```

本例中的宏调用放在数据段，数组名和类型及长度作为参数，使数组定义更加灵活。但如果宏调用时实参不合适，宏展开时因不能产生合法的语句而不能通过汇编。

5. 连接操作符&

在宏定义体中，形参可以表现为操作码的一部分、操作数的一部分或者是一个字符串，用连接操作符&可连接实参，形成一个完整的符号或字符串。

例 9.8 用操作符&连接实参，生成指令中的操作码。

```
SHIFT      MACRO    RIG, M, N
           MOV      CL, N
           S&M      RIG,CL
           ENDM
```

宏调用：

```
SHIFT      AX, HL, 4
SHIFT      DX, HR, 2
```

宏展开：

```
1     MOV      CL, 4
1     SHL      AX, CL
1     MOV      CL, 2
1     SHR      DX, CL
```

例 9.9 用操作符&连接实参，生成指令中的操作数。

```
STUDENT    MACRO    REC, N, NAME, TEL
           REC      DB    &N
           REC1     DB    '&NAME&,&TEL'
           REC2     DB    '&COMPUTER'
           ENDM
```

宏调用：

```
STUDENT    MSG, 1, WANG, 12345678
```

宏展开：

```
1     MSG      DB    1
1     REC1     DB    'WANG,12345678'
1     REC2     DB    '&COMPUTER'
```

从第 3 条宏展开中可以看出，由于操作符&后面不是参数，因此&只代表一个普通字符。

6. 宏替换操作符%

前面介绍的实参替换形参，都是直接以实参符号来替换形参的。而有些场合需要用实参的值来替换形参，称为宏替换。这时实参符号前面要用宏替换操作符%，将%后面的表达式的值转换为当前基数下的数来替换形参。

例 9.10 用操作符%用实参的值替换形参。

```
STUDENT    MACRO    REC, N, MSG
              REC&N    DB MSG
ENDM
```

宏调用：

```
N=1
STUDENT    NUMB, %N, 'WANG,12345678'
N=N+1
STUDENT    NUMB, %N, 'ZHOU,56781234'
```

宏展开：

```
1     NUMB1 DB    'WANG,12345678'
1     NUMB2 DB    'ZHOU,56781234'
```

7. LOCAL 伪指令

在宏定义中，常常使用标号，当多次进行宏调用后，就会出现标号重复定义的错误。先看下面的例子。

例 9.11 宏定义体中使用标号 MR1 和 MR2。

```
CMPDATA    MACRO       R1, R2, MAX
           CMP         R1, R2
           JGE         MR1
           MOV         MAX, R2
```

```
            JMP         MR2
            MR1:        MOV MAX, R1
            MR2:
            ENDM
```

宏调用：

```
CMPDATA     AX, BX, VAR
CMPDATA     DX, CX, VALUE
```

显然两次调用的结果会使同一个标号 mr1 在程序中定义两次，这是不允许的，因此不能通过汇编。避免标号重复定义的办法是在宏定义中使用 LOCAL 伪指令，将标号声明为局部标号，这样每次调用后，宏展开的标号是不同的。这是因为汇编程序会为 LOCAL 伪指令声明的局部标号重新建立唯一的符号（??0000~??FFFF）来代替每个局部标号，从而避免多次调用导致的标号重复定义的错误。LOCAL 伪指令应作为宏定义体中的第一条语句。LOCAL 伪指令的格式为：

```
LOCAL       符号[, 符号]
```

其中符号表示宏内的标号、变量等。

伪指令 LOCAL 必须是伪指令 MACRO 后的第一条语句，并且在 MACRO 和 LOCAL 之间不允许有注释和分号标志。

上面的宏定义应修改为：

```
CMPDATA     MACRO       R1, R2, MAX
            LOCAL       MR1, MR2
            CMP         R1, R2
            JGE         MR1
            MOV         MAX, R2
            JMP         MR2
            MR1:        MOV     MAX, R1
            MR2:
            ENDM
```

宏调用：

```
CMPDATA     AX, BX, VAR
CMPDATA     DX, CX, VALUE
```

宏展开：

```
1           CMP     AX, BX
1           JGE     ??0000
1           MOV     VAR, R2
1           JMP     ??0001
1   ??0000: MOV     VAR, R1
1   ??0001:
1           CMP     DX, CX
1           JGE     ??0002
1           MOV     VAR, R2
1           JMP     ??0003
1   ??0002: MOV     VAR, R1
1   ??0003:
```

8. 使用宏库文件

如果在程序中定义了多个宏，用户可以把它们集中建立在一个独立的文件中，需要时随时调用。这种文件与高级语言中的库文件类似，称为宏库文件。宏库文件为文本文件，扩展名没有特殊要求，可为 MAC。

当程序中需要用到宏库中的某些宏定义时，只需在程序的开始用 INCLUDE（包含）伪指令加入宏库文件。INCLUDE 伪指令也可以不放在程序的最前面，只要在所有的宏调用之前加入宏库文件就可以了。程序中可以使用多个 INCLUDE 伪指令加入多个宏库文件。

格式：

```
INCLUDE 宏库文件名
```

因为 INCLUDE 伪指令把宏库文件和当前源程序合并为一个文件进行汇编，所以两个文件中定义的标识符不能重复。

9.2.2 其他高级伪指令

1. PURGE 伪指令

一个宏定义可以用伪操作 PURGE 来取消，然后重新定义。

格式：

```
PURGE   宏指令名[, 宏指令名]
```

功能：取消宏定义。

取消宏定义的作用是使该宏定义成为空，如果程序中对已被取消的宏定义进行宏调用，汇编程序则忽略该宏调用，不进行宏展开。

用 PURGE 伪指令取消已有的宏定义，比彻底删除已有的宏定义更具灵活性和留有余地，删除意味着不可挽回，除非再重写，而取消还可以再启用。特别是在使用宏库文件时，有可能程序与宏库中的宏定义出现冲突，在这种情况下，就可以使用 PURGE 伪指令解决冲突，而不必修改宏库文件。

2. 列表伪指令

列表伪指令可以控制其后的宏调用是否在列表文件中出现宏展开，并不影响宏展开的实际产生。这样可以有选择地控制在列表文件中列出某些宏展开。

格式：

```
.LISTMACRO 或 .XALL
```

功能：列出产生目标码的宏展开，属于默认情况。

格式：

```
.LISTMACROALL 或 .LALL
```

功能：列出包括注释在内的所有宏展开。

格式：

```
.NOLISTMACRO 或 .SALL
```

功能：不列出任何宏展开。

3. 重复汇编

有时程序中需要得到连续相同的或者格式相同的一组代码，这时可使用重复汇编。重复汇编包含的内容是在汇编期间展开的，可与宏配合使用。重复汇编可分为重复次数已知的重复汇编和重复次数未知的重复汇编。

（1）重复次数已知的重复汇编

格式：

```
REPT   表达式
(重复块)
ENDM
```

其中表达式的值表示重复块的重复次数。

例 9.12 在数据段产生字节数据，首地址为 ARRAY。

```
X=0
ARRAY    LABEL   BYTE
         REPT    99
         DB      X
```

```
X=X+1
        ENDM
```
汇编后产生：
```
    1    DB    0
    1    DB    1
         ...
    1    DB    99
```

例 9.13 在代码段产生一组代码，该组代码的功能是从键盘获取 9 个字符，放入数组 ARRAY。
程序如下：
```
GETCHAR    MACRO
           MOV    AH, 1
           INT    21H
           ENDM
DATA       SEGMENT
           ARRAY  DB 10 DUP(?)
DATA       ENDS
CODE       SEGMENT
           ASSUME  CS:CODE,DS:DATA
START:
           MOV    AX,DATA
           MOV    DS,AX
N=0
           REPT   9
           GETCHAR
           MOV    ARRAY+N, AL
N=N+1
           ENDM
           MOV AH,4CH
           INT 21H
CODE       ENDS
           END    START
```
重复汇编中使用了宏调用，这部分经汇编后产生：
```
2              MOV    AH, 1
2              INT    21H
1              MOV    ARRAY+N,AL
1    N=N+1
2              MOV    AH, 1
2              INT    21H
1              MOV    ARRAY+N,AL
1    N=N+1
2              MOV    AH, 1
2              INT    21H
1              MOV    ARRAY+N,AL
               ...

1    N=N+1
2              MOV    AH, 1
2              INT    21H
1              MOV    ARRAY+N,AL
```
（2）重复次数未知的重复汇编
- IRP 伪指令

格式：
```
IRP  形参,<实参1,实参2,…,实参n>
...  （重复块）
ENDM
```

功能：将重复块的代码重复几次，重复次数由实参个数确定，注意实参列表用尖括号括起来。实参可以是常数、符号、字符串。

例 9.14　用不定次数的重复汇编伪指令在数据段产生字节数据，首地址为 ARRAY。

```
ARRAY       LABEL   BYTE
            IRP     X,  <3,5,7,22,6,8,19>
            DB      X
ENDM
```

汇编后产生：

```
    1       DB      3
    1       DB      5
            ...
    1       DB      19
```

- IRPC 伪指令

格式：

```
IRPC   形参,字符串
...  (重复块)
ENDM
```

功能：将重复块重复汇编，重复的次数由字符串的字符个数决定，并在每次重复时，依次用相应位置的字符代换形参。字符串不需用引号，但可以用尖括号括起来。

例 9.15　用 IRPC 伪指令在数据段产生字节数据，首地址为 ARRAY。

```
ARRAY       LABEL   BYTE
            IRPC    X, 5678
            DB      X
            ENDM
            IRPC    X, <1234>
            DB      X
            ENDM
CHAR= 'A'
            IRPC    N, ABCD
N           DB  CHAR
CHAR=CHAR+1
            ENDM
```

汇编后，从 LST 列表文件中可以看到展开的实际内容如下：

```
    1       DB      5
    1       DB      6
    1       DB      7
    1       DB      8
    1       DB      1
    1       DB      2
    1       DB      3
    1       DB      4
    1   A   DB      61
    1   B   DB      62
    1   C   DB      63
    1   D   DB      64
```

例 9.16　用 IRPC 伪指令定义寄存器清 0 指令。

```
IRPC    REG, ABCD
MOV     REG&X, 0
ENDM
```

汇编后，从 LST 列表文件中可以看到展开的实际内容如下：

```
    1       MOV     AX, 0
    1       MOV     BX, 0
```

145

```
        1    MOV    CX, 0
        1    MOV    DX, 0
```

4. 条件汇编

让汇编程序根据某些条件是否成立来决定是否把一段汇编语句包括在程序中或者排除在外，满足条件的那部分语句生成目标代码，可以用条件汇编伪指令实现，一般格式为：

```
IF      条件表达式或参数
        <语句体1>
[ELSE]
        <语句体2>
ENDIF
```

功能：若条件为真，则汇编语句体1中的语句；否则，对语句体2进行汇编。条件汇编伪指令共有8条，如表9-2所示。

表9-2 条件汇编伪指令

格式	功能	格式	功能
IF 表达式	表达式不为0，条件为真	IFB <变量>	变量为空，条件为真
IFE 表达式	表达式为0，条件为真	IFNB <变量>	变量不为空，条件为真
IFDEF 符号	符号已定义，条件为真	IFIDN <串变量1>,<串变量2>	两串相等，条件为真
IFNDEF 符号	符号未定义，条件为真	IFNIDN <串变量1>,<串变量2>	两串不相等，条件为真

条件汇编伪指令可以在宏定义体内，也可以在宏定义体外，还可以嵌套。IF和IFE的表达式可以用关系操作符EQ、NE、LT、LE、GT、GE和逻辑操作符AND、OR。

例 9.17 用宏指令MAX把3个变元中的最大值放在AX中。变元个数不同，产生的程序段也不同。

```
MAX       MACRO   K, A, B, C
          LOCAL   NEXT, OUT
          MOV     AX,  A
          IF      (K  GE  2) AND (K  LE  3)    ; K在2~3则满足条件
                  IF    K  EQ  3               ; K=3则满足条件
                  CMP   C, AX
                  JLE   NEXT
                  MOV   AX, C
                  ENDIF
NEXT:     CMP     B, AX
          JLE     OUT
          MOV     AX, B
          ENDIF
OUT:
          ENDM
```

宏调用：

```
          MAX     1, X
          MAX     2, X, Y
          MAX     3, X, Y, Z
```

宏展开：

```
          MAX     1, X
    1     MOV     AX, X
    1  ??0001:
          MAX     2, X, Y
    1     MOV     AX, X
    1  ??0002:
    1     CMP     Y, AX
    1     JLE     ??0003
    1     MOV     AX, Y
```

```
1   ??0003:
    MAX     3, X, Y, Z
1   MOV     AX, X
1   CMP     Z, AX
1   JLE     ??0004
1   MOV     AX, Z
1   ??0004:
1   CMP     Y, AX
1   JLE     ??0005
1    MOV    AX, Y
1   ??0005:
```

例 9.18　求 k 的阶乘，结果放在 AX 中。宏定义和子程序一样，也可以递归调用，用条件伪指令可结束宏递归。

```
POW     MACRO   k
        POP     AX                  ; 把上次的结果从堆栈弹出到累加器
        MOV     BL, k
        MUL     BL
        PUSH    AX                  ; 把结果压入堆栈
        k=k-1
        IF      k GE 1
                POW  k              ; 递归调用
        ENDIF
        ENDM
```

宏调用：

```
        MOV     AX, 1
        PUSH    AX                  ; 把 1 压入堆栈
        N=4
        POW N
```

宏展开：

```
1   POP  AX
1   MOV BL,N
1   MUL BL
1   PUSH AX
1   N=N-1
2   POP  AX
2   MOV BL,N
2   MUL BL
2   PUSH AX
2   N=N-1
3   POP  AX
3   MOV BL,N
3   MUL BL
3   PUSH AX
3   N=N-1
4   POP  AX
4   MOV BL,N
4   MUL BL
4   PUSH AX
4   N=N-1
```

9.2.3　宏汇编应用

　　本节中我们给出两个宏汇编的完整应用案例。第一个案例是利用表达式进行复杂运算的宏汇编，第二个案例是使用宏库实现输入输出的应用。

例 9.19 某工厂工人的周工资由计时工资和计件工资两部分组成，计时工资部分的计算方法是每小时工资率 RATE 乘以工作小时数 HOUR，计件工资部分按超定额部分每件乘以 SUP 计算，超定额=实际完成的工件数 MADE－定额工件数 PART，工资总额放在 WAGE 中。用宏指令计算某人的周工资。

宏定义如下：

```
WAGES      MACRO    RATE, HOUR, MADE, PART, SUP
           WAGE=RATE*HOUR+(MADE-PART)*SUP
           ENDM
RATE=5
PART=100
SUP=4
```

宏调用：

```
           WAGES    RATE, 40, 120, PART, SUP
```

宏展开为：

```
    1      WAGE=RATE*40+(120-PART)*SUP
```

从 LST 列表文件中可以看到 WAGE 的值被计算出来。宏定义使用了 5 个参数，对于同一种工作，RATE、PART、SUP 对每个人来说都是一样的，不同的只是工作小时数 HOUR 和实际完成的工件数 MADE。

例 9.20 宏库文件 STDIO.MAC 是关于输入/输出的文件。程序内容如下：

```
CR EQU 13
LF EQU 10
GETCHAR  MACRO                    ; 宏 GETCHAR，输入一个字符
         MOV     AH, 1
         INT     21H
         ENDM
PUTCHAR  MACRO ASC                ; 宏 PUTCHAR，输出一个字符
         MOV     AH, 2
         MOV     DL, ASC
         INT     21H
         ENDM
PRINTS   MACRO MSG                ; 宏 PRINTS，输出字符串
         MOV     AH, 9
         MOV     DX, OFFSET  MSG
         INT     21H
         ENDM
INPUTS   MACRO    CONBUF          ; 宏 INPUTS，输入字符串
         MOV     AH, 10
         MOV     DX, OFFSET  CONBUF
         INT     21H
         ENDM
CRLF     MACRO                    ; 宏 CRLF，回车换行
         PUTCHAR CR
         PUTCHAR LF
         ENDM
EXIT     MACRO                    ; 宏 EXIT，退出程序
         MOV     AH, 4CH
         INT     21H
         ENDM
```

例 9.20（续） 在程序中加入宏库文件 STDIO.MAC，并使用其中的宏指令。程序内容如下：

```
INCLUDE  STDIO.MAC
DATA     SEGMENT
         STRING DB  16, ?,16 DUP(?)
```

```
              MSGBOX  DB  '输入字符串请用$结束' ,13,10,'$'
DATA     ENDS
CODE     SEGMENT
         ASSUME  CS:CODE,DS:DATA
START:
         GETCHAR                 ; 输入一个字符
         CRLF                    ; 输出回车换行
         PUTCHAR 'A'             ; 输出一个字符
         CRLF                    ; 输出回车换行
         INPUTS   STRING         ; 输入字符串
         CRLF                    ; 输出回车换行
         PRINTS   STRING+2       ; 输出字符串
         EXIT                    ; 退出程序
CODE     ENDS
         END START
```

程序的代码段中全部使用了宏指令实现键盘输入和输出，大大简化了程序设计。

程序的部分 LST 清单如下：

```
INCLUDE  STDIO.MAC
= 000D           C CR EQU 13
= 000A           C LF EQU 10
                 C GETCHAR   MACRO
                 C           MOV   AH, 1
                 C           INT   21H
                 C           ENDM
                 C PUTCHAR   MACRO   ASC
                 C           MOV   AH, 2
                 C           MOV   DL, ASC
                 C           INT   21H
                 C           ENDM
                 C PRINTS    MACRO   MSG
                 C           MOV   AH, 9
                 C           MOV   DX, OFFSET MSG
                 C           INT   21H
                 C           ENDM
                 C INPUTS    MACRO   CONBUF
                 C           MOV   AH, 10
                 C           MOV   DX, OFFSET CONBUF
                 C           INT   21H
                 C           ENDM
                 C CRLF      MACRO
                 C           PUTCHAR  CR
                 C           PUTCHAR  LF
                 C           ENDM
                 C EXIT      MACRO
                 C           MOV   AH,4CH
                 C           INT   21H
                 C           ENDM
                 C
0000               CODE      SEGMENT
                             ASSUME  CS:CODE,DS:DATA
0000                 START:
0000  B8 ---- R               MOV AX,DATA
0003  8E D8                    MOV DS,AX
0005  8E C0                    MOV ES,AX
```

```
                        GETCHAR
    0007  B4 01             1         MOV     AH, 1
    0009  CD 21             1         INT     21H
                        CRLF
    000B  B4 02             2         MOV     AH, 2
    000D  B2 0D             2         MOV     DL, CR
    000F  CD 21             2         INT     21H
    0011  B4 02             2         MOV     AH, 2
    0013  B2 0A             2         MOV     DL, LF
    0015  CD 21             2         INT     21H
                        PUTCHAR  'A'
    0017  B4 02             1         MOV     AH, 2
    0019  B2 41             1         MOV     DL, 'A'
    001B  CD 21             1         INT     21H
                        CRLF
    001D  B4 02             2         MOV     AH, 2
    001F  B2 0D             2         MOV     DL, CR
    0021  CD 21             2         INT     21H
    0023  B4 02             2         MOV     AH, 2
    0025  B2 0A             2         MOV     DL, LF
    0027  CD 21             2         INT     21H
                        INPUTS     STRING
    0029  B4 0A             1         MOV     AH, 10
    002B  BA 0000 R         1         MOV     DX, OFFSET  STRING
    002E  CD 21             1         INT     21H
                        CRLF
    0030  B4 02             2         MOV     AH, 2
    0032  B2 0D             2         MOV     DL, CR
    0034  CD 21             2         INT     21H
    0036  B4 02             2         MOV     AH, 2
    0038  B2 0A             2         MOV     DL, LF
    003A  CD 21             2         INT     21H
                        PRINTS     STRING+2
    003C  B4 09             1         MOV     AH, 9
    003E  BA 0002 R         1         MOV     DX, OFFSET  STRING+2
    0041  CD 21             1         INT     21H
                        EXIT
    0043  B4 4C             1         MOV     AH,4CH
    0045  CD 21             1         INT     21H
    0047            CODE              ENDS
                                      END  START
```

9.3　模块化程序设计

模块化程序设计是编写复杂程序的有效手段。前面已经介绍了汇编语言中使程序模块化的几种基本方法，包括程序分段、子程序、宏和一些结构伪指令等。除了这些基本方法之外，本节进一步介绍汇编语言提供的其他模块化程序设计方法。

9.3.1　多模块源程序

为了编辑大型源程序，汇编程序允许把源程序分放在几个文件夹中，在程序汇编阶段通过INCLUDE伪指令将它们结合到一起，其格式为：

```
    INCLUDE     文件名
```

文件名的命名要符合 DOS 规范，扩展名一般为.ASM（汇编源程序）、.MAC（宏库文件）和.INC

（包含文件）。汇编程序在对 INCLUDE 伪指令进行汇编时，将它指定的文件文本内容插入该伪指令所在的位置，与其他部分同时汇编。

　　程序员可以将常用的子程序形成 ASM 文件，也可以把一些常用的或者有价值的宏定义放在 MAC 文件中，还可以将各种常量定义、声明语句等组织在 INC 文件中（类似于 C/C++语言中的头文件，此时 INCLUDE 语句类似于 C++中的#include 语句）。

9.3.2　多模块目标代码

　　利用 9.3.1 节的 INCLUDE 伪指令包含多个文件，其实质仍然是一个源程序，只是分成几个文件书写。被包含的文件不能独立汇编，是依附主程序而存在的。因此各个文件之间的标识符等不能发生冲突。另外，由于是源程序的结合，每次汇编都要连带对被包含的文件文本的汇编，因此增加了汇编时间。

　　汇编程序还提供目标代码级的结合。程序员可以把常用的子程序改写成一个或者多个相对独立的源程序文件，单独汇编它们，形成若干常用子程序的目标文件（.OBJ）。主程序也经过汇编之后形成目标文件，然后利用连接程序将多个目标文件结合起来，最终产生可执行文件（.EXE）。目标文件的连接也称为模块的连接。

　　利用目标文件的连接开发源程序，需要注意以下几个问题。

　　（1）各模块间公用的变量、过程等要用 PUBLIC、EXTERN 伪指令进行说明。

　　MASM 提供 PUBLIC 伪指令，用于说明某个变量或者过程可以被别的模块使用；同时提供 EXTERN 伪指令，用于说明某个变量或者过程是在别的模块中定义的。其格式为：

```
PUBLIC 标识符 [,标识符…]              ; 定义标识符的模块使用
EXTERN 标识符:类型 [,标识符:类型…]     ; 调用标识符的模块使用
```

　　其中，"标识符"是变量名、过程名等；"类型"是 BYTE、WORD、DWORD（变量）或者 FAR、NEAR（过程）。在一个源程序中，PUBLIC、EXTERN 语句可以有多条。各模块间的 PUBLIC、EXTERN 语句要互相配对，并且指明的类型互相一致。

　　（2）要设置好段属性，进行正确的段组合。

　　各文件独立汇编，因此子程序文件必须定义在代码段中，也可以具有局部的数据变量。

　　如果采用简化的段定义格式，因为默认的段名、类别相同，组合类型都是 PUBLIC，所以只要采用相同的存储模型，就容易实现正确的近调用或者远调用。如果采用完整的段定义格式，为了实现模块间的段内近调用，各模块定义的段名、类别必须相同，组合类型都是 PUBLIC，因为这是多个段能够组合成一个物理段的条件。但在实际程序开发中，各模块往往由不同的程序员完成，不容易实现段名相同或者类别相同，因此定义远调用更为方便。此时 EXTERN 语句中要与之配合，声明正确。

　　定义数据段时，同样要注意这个问题。当各模块的数据段不同时，要正确设置数据段寄存器 DS 的段基址。

　　（3）要处理好各模块间的参数传递问题。

　　子程序间的参数传递方法同样适用于模块间的参数传递。少量参数的传递可以用寄存器或者堆栈直接传递数据本身；大量参数可以安排在缓冲区，然后用寄存器或堆栈传送参数存放的地址；还可以利用变量传递参数，但是要用 PUBLIC 或 EXTERN 声明其为公共变量；采用段覆盖传递参数时，数据段的段名、类别要相同，组合类型是 COMMON。

　　（4）各模块独立汇编，用连接程序将各模块结合在一起。

　　各模块需要连接起来形成一个可执行文件，必须有且只有一个模块中含有主程序，其他模块为子程序。

9.3.3　子程序库

　　与多模块源程序方法相比，多模块目标代码方法有效提高了程序开发的效率。不过，被连接的目

标文件代码都会成为最终可执行程序的一部分，因此当前未使用到的子程序也将出现在可执行程序中，会造成可执行程序的冗余、庞大。MASM 汇编程序又提供了子程序库的方法来解决这个问题。

子程序库（.LIB）是子程序模块的集合，其中存放着各子程序的名称、目标代码以及位置信息。存入子程序库的子程序的编写与多模块目标代码方法中的要求一样，只是为了方便调用。例如，各子程序的参数传递方法要一致；子程序类型最好一样，都采用相同的存储模式等。

子程序文件编写完成后，汇编形成目标文件，然后利用库管理程序 **LIB.EXE**，把子程序目标模块逐一加入库。其格式为：

> LIB 库文件名+子程序目标文件名

库管理程序 **LIB** 帮助创建、组织和维护子程序库，如增加、删除、替换、合并库文件等，输入带"/?"或者"/help"参数的 LIB 命令可以查看相关功能。

有了子程序库之后，可以直接在主程序源文件中用库文件包含指令 **INCLUDELIB** 的说明，这样就不用在连接时输入库文件名，操作起来更加方便。其格式为：

> INCLUDELIB 文件名

这里的文件必须是库文件，命名须符合 **DOS** 规范。

9.3.4 多模块应用

本节通过两个多模块程序设计案例来展示完整的模块化程序设计思想的应用。

例 9.21 主程序通过键盘输入内容到缓冲区，子程序对缓冲区内容排序并输出，采用独立模块。

```
; 812MAIN.ASM
PUBLIC  BUFF,NUMB,ARRY
EXTERN   ORDER:FAR
DATA    SEGMENT
BUFF   DB   16
NUMB   DB   ?
ARRY   DB   16 DUP(?)
DATA    ENDS
CODE    SEGMENT
ASSUME  CS:CODE,DS:DATA
MAIN PROC FAR
PUSH DS
SUB  AX,AX
PUSH AX
MOV  AX,DATA
MOV  DS,AX
LEA  DX,BUFF
MOV  AH,10
INT  21H
CALL ORDER
RET
MAIN      ENDP
CODE      ENDS
END MAIN
; ------------------
; 812SUB.ASM
PUBLIC  ORDER
EXTRN    BUFF:BYTE,NUMB:BYTE,ARRY:BYTE
CODE    SEGMENT
ASSUME  CS:CODE
ORDER   PROC NEAR
MOV  CL,NUMB
MOV  CH,0
```

```
       MOV   DI,CX
LP1:   MOV   CX,DI
       MOV   BX,0
LP2:   MOV   AL,ARRY[BX]
       CMP   AL,ARRY[BX+1]
       JGE   CONT
       XCHG  AL,ARRY[BX+1]
       MOV   ARRY[BX],AL
CONT:  INC   BX
       LOOP  LP2
       DEC   DI
       JNZ   LP1
       MOV   BL,NUMB
       MOV   BH,0
       MOV   BYTE PTR[ARRY+BX],'$'
       MOV   DX, OFFSET ARRY
       MOV   AH,9
       INT   21H
       RET
ORDER  ENDP
CODE   ENDS
       END
```

主程序文件 812MAIN.ASM 和子程序文件 812SUB.ASM 独自汇编后，如图 9-2 和图 9-3 所示，再将它们进行连接，如图 9-4 所示。连接时主模块在前，连接命令操作如下：

```
LINK  812MAIN +812SUB
```

```
C:\>MASM 812MAIN.ASM
Microsoft (R) Macro Assembler Version 5.00
Copyright (C) Microsoft Corp 1981-1985, 1987.  All rights reserved.

Object filename [812main.OBJ]:
Source listing  [NUL.LST]:
Cross-reference [NUL.CRF]:

  51746 + 464798 Bytes symbol space free

      0 Warning Errors
      0 Severe  Errors
```

图 9-2　汇编 812MAIN.ASM

```
C:\>MASM 812SUB.ASM
Microsoft (R) Macro Assembler Version 5.00
Copyright (C) Microsoft Corp 1981-1985, 1987.  All rights reserved.

Object filename [812sub.OBJ]:
Source listing  [NUL.LST]:
Cross-reference [NUL.CRF]:

  51560 + 464984 Bytes symbol space free

      0 Warning Errors
      0 Severe  Errors
```

图 9-3　汇编 812SUB.ASM

```
C:\>LINK 812MAIN+812SUB

Microsoft (R) Overlay Linker  Version 3.60
Copyright (C) Microsoft Corp 1983-1987. All rights reserved.

Run File [812MAIN.EXE]:
List File [NUL.MAP]:
Libraries [.LIB]:
LINK : warning L4021: no stack segment
```

图 9-4　连接两个模块生成 812MAIN.EXE 文件

我们一直想知道如何显示一个十进制数，下面再来看一个例子。

例9.22 从键盘输入一个十六进制数（不超过4位），输出该数的十进制形式。

算法分析：输入的十六进制数转换为十进制显示可以分为两步实现。第一步，把输入的十六进制数转成二进制数。子程序接收键盘输入的十六进制数，只考虑以下情况为合法：为数字（30H～39H）和大写字母A～F（41H～46H）。其他输入则为非法输入，退出程序。当输入为数字时，减30H；当输入为大写字母A～F时，减37H。把4次的输入拼装成4位十六进制数存放在BX寄存器中。第二步，把二进制数用十进制形式显示。这可以通过辗转相除法得到该数的十进制形式的各数位。

这两步的功能相对独立，可以分别用子程序实现，HTOB子程序把输入的十六进制数转换成二进制数，BTOD子程序把二进制数用十进制形式显示。BX寄存器用来在子程序间传递参数。为了避免显示的重叠，另外用一个子程序CRLF实现输出回车符换行。图9-5为程序结构框图。

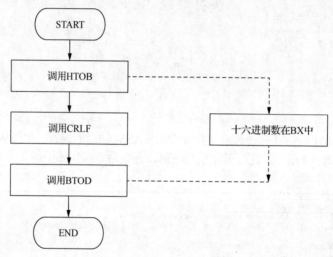

图9-5 例9.22程序结构框图

主程序文件 HTODPRO.ASM 如下：

```
EXTRN   HTOB:FAR,CRLF:FAR,BTOD:FAR
CODE    SEGMENT
ASSUME  CS:CODE
MAIN    PROC FAR
PUSH DS
XOR  AX, AX
PUSH AX
CALL HTOB
CALL CRLF
CALL BTOD
RET
MAIN    ENDP
CODE    ENDS
END  MAIN
; ------------------
```

子程序文件 HTOBPRO.ASM 如下：

```
PUBLIC  HTOB
CODE1   SEGMENT
ASSUME  CS:CODE1
HTOB    PROC FAR
START:  MOV  BX, 0          ; 初始化
        MOV  CH, 4
```

```
        MOV   CL, 4
INCHR:  MOV   AH, 1                 ; 键盘输入
        INT   21H
        CMP   AL, 30H
        JL    EXIT                  ; 非法输入
        CMP   AL, 39H
        JLE   DIG                   ; 输入是数字 0～9
        CMP   AL, 41H
        JL    EXIT                  ; 非法输入
        CMP   AL, 46H
        JG    EXIT                  ; 非法输入
        SUB   AL, 37H               ; 输入是大写字母 A～F
        JMP   LS4
DIG:    SUB   AL, 30H
LS4:    SHL   BX, CL
        ADD   BL, AL
        DEC   CH
        JNZ   INCHR
EXIT:   RET
HTOB    ENDP
CODE1   ENDS
        END
; ------------------
```

子程序文件 BTODPRO.ASM 如下：

```
PUBLIC BTOD
CODE2   SEGMENT
ASSUME  CS:CODE2
BTOD    PROC FAR
MOV   CX, 10000
CALL  DDIV
MOV   CX, 1000
CALL  DDIV
MOV   CX, 100
CALL  DDIV
MOV   CX, 10
CALL  DDIV
MOV   CX, 1
CALL  DDIV
RET
BTOD    ENDP
DDIV    PROC NEAR
MOV   AX, BX
MOV   DX, 0
DIV   CX
MOV   BX, DX
MOV   DL, AL
ADD   DL, 30H
MOV   AH, 2
INT   21H
RET
DDIV    ENDP
CODE2   ENDS
        END
; ------------------
```

子程序文件 CRLFPRO.ASM 如下：

```
PUBLIC  CRLF
CODE3   SEGMENT
ASSUME  CS:CODE3
CRLF    PROC  FAR
MOV   DL,0AH
MOV   AH, 2
INT   21H
MOV   DL, 0DH
MOV   AH, 2
INT   21H
RET
CRLF    ENDP
CODE3   ENDS
        END
```

多模块程序文件独立汇编后，做如下连接操作，可产生可执行文件。

```
LINK  HTODPRO+HTOBPRO+BTODPRO+CRLFPRO
```

9.4 输入/输出程序设计

计算机主机与外部设备之间进行数据交换是微机系统中至关重要的部分，但是计算机主机与外设之间的速度、数据格式等不匹配，决定了两者之间不能直接进行数据交换，因此计算机主机通过硬件接口或控制器及输入/输出程序对外部设备进行控制和访问，完成输入/输出任务。很多情况下，这种信息交换的提出来自外部设备，对于计算机主机而言，要能够暂时中断当前执行的程序，及时处理紧急的随机事件，处理完毕再回到被中断的程序继续执行。中断机制的引入大大提高了系统效率。中断方式是非常重要和有效的输入/输出方式。本节主要讨论输入/输出和中断的概念，特别是中断方式的输入/输出程序设计。

9.4.1 外部设备与输入/输出

在计算机系统中，输入/输出设备（统称为外设）是实现人机交互及机间通信的重要组成部分。程序、原始数据和各种现场采集到的信息，通过输入设备输入至计算机，计算结果或各种控制信号输出给各种输出设备。由于外部设备的电气特性与计算机主机的差异，外部设备的速度低于主机 CPU 的速度，因此为了协调外部设备和计算机主机的这些差异，计算机系统通过 I/O 硬件接口以及 I/O 控制程序对外部设备进行控制和访问。对于系统中标准输入/输出设备的常规操作，汇编语言程序员通常使用系统提供的标准输入/输出程序，也就是 DOS 功能调用（INT 21H）或 BIOS（Basic Input/Output System，基本输入输出系统）调用，而不是直接使用 I/O 指令。采用这种方式进行输入/输出时，不需要考虑程序的实现细节以及输入/输出设备的特性，只要按约定准备入口参数或者从约定的出口参数取出数据即可。但在实际应用中仅靠系统提供的标准输入/输出程序是不够的，有时需要直接用 I/O 指令控制外设的输入/输出操作。

在涉及外设操作的输入/输出程序中，各种寄存器以 I/O 端口体现。程序员需要知道外设占用哪些端口，各端口交换什么信息。

1. I/O 端口

CPU 与 I/O 设备的通信有 3 种信息，即控制信息、状态信息和数据信息。

每一个外部设备都通过 I/O 接口部件和 CPU 相连，I/O 接口部件中应该有 3 种寄存器，即数据寄存器、状态寄存器和控制命令寄存器。数据寄存器用来存放数据信息；状态寄存器用来存放表示外部设备当前状态的状态信息；控制命令寄存器用来传递 CPU 发出的控制信息。这些寄存器并不属于外部设备，而属于计算机主机。计算机主机的 CPU 通过访问这些寄存器来实现与外部设备交换数据。在实际使用中，我们通常把接口中的这些寄存器称为设备的端口（Port）。

为了便于 CPU 对这些端口的访问，通常给这些端口分配端口地址（即端口号）。在 80x86 微机中，端口与存储器地址完全分开，采用独立编址的方式。

I/O 端口地址空间不大，由于系统中实际外设数量很少，系统只占用了 1K（1024）个端口中的一部分，其中一些保留给用户使用。表 9-3 列出了部分端口地址。

表 9-3　部分端口地址分配

端口地址	功能
00～0F	DMA 控制器 8237A
20～3F	可编程中断控制器 8259A
40～5F	可编程中断定时器/计数器
60～63	可编程并行接口 8255A
70～71	CMOS RAM
81～8F	DMA 页表地址寄存器
93～9F	DMA 控制器
A0～A1	可编程中断控制器 2
C0～CE	DMA 通道，内存地址寄存器/传输地址寄存器
F0～FF	协处理器
170～1F7	硬盘控制器
200～20F	游戏控制
278～27A	3 号并行口（LPT2）
2E0～2E3	EGA（增强彩色图形适配器）/VGA（视频图形阵列）使用
2F8～2FE	2 号串行口（COM2）
320～324	硬盘控制器
366～36F	PC 网络
372～377	软盘适配器
378～37A	2 号并行口（LPT1）
380～38F	SDLC 及 BSC（二进制同步通信）
390～393	Cluster 适配器
3A0～3AF	BSC
3B0～3BF	MDA（单色显示适配器）视频寄存器
3BC～3BE	1 号并行口
3C0～3CF	EGA/VGA 视频寄存器
3D0～3D7	CGA（彩色图形适配器）视频寄存器
3F0～3F7	软盘控制寄存器
3F8～3FE	1 号串行口（COM1）

当 CPU 执行输入/输出指令时，指令中给出的端口地址送达地址总线，系统依据输入/输出指令就可以知道当前是访问 I/O 端口而不是访问存储器，还可以知道是输入还是输出操作。

第 5 章介绍了两条专门的 I/O 指令与端口进行通信，即 IN 和 OUT 指令，这两条指令既可以传送字节也可以传送字，根据外设端口宽度决定。这两条 I/O 指令是主机 CPU 与外部设备进行数据交换的最基本途径。即使使用 DOS 功能调用或 BIOS 调用，其例行程序也是用 I/O 指令实现 CPU 与外部设备的数据交换的。使用 I/O 指令对端口直接进行输入输出，需要熟悉硬件结构。程序对硬件的依赖性很强，一般来说，程序员首先应尽可能使用层次较高的 DOS 功能，其次是使用 BIOS 功能，最后才是使用输入输出指令直接操作端口访问外设。理由是使用层次较高的 DOS 功能大大方便了编程，同时可以避免因系统底层硬件和软件的改动而导致用户程序不能正常运行。

2．I/O 的数据传送控制方式

CPU 与外设之间数据传送方式通常有 3 种：程序控制传送、中断传送和 DMA（Direct Memory Access，直接存储器访问）传送。

（1）程序控制传送

程序控制传送方式是指用输入输出指令实现信息传输的方式。根据程序控制方法的不同，又可以分为无条件传送和条件传送。

① 无条件传送是最简单的数据传送方式，它所需要的硬件和软件都是最节省的。当外设的数据传送随时可以进行而不需要 CPU 查询外设的状态后再决定时，可直接用 IN 或 OUT 指令实现 CPU 与指定的外设寄存器之间的信息传送，这就是无条件传送。当然这个外设必须随时处于准备就绪的状态才能进行无条件传送，否则就会出错或者数据传送无效。

② 条件传送又称查询传送，即通过程序查询相应的外设状态再决定传送或者等待。CPU 查询外设的状态，实际就是检查相应的状态标记。通常外设速度总是低于 CPU 工作速度的，为防止数据的丢失，CPU 要不断查询外设的状态，只有当输入设备就绪或输出设备空闲时，才能进行数据传送，否则就等待。CPU 查询外设的状态时，通过执行输入指令读入该外设的端口（状态寄存器）数据，做出判断。这种先查询再传送的控制方式表明外设和 CPU 在时间上是串行工作的，CPU 花费大量的时间用于查询外设状态，等待与外设的同步，这是一种低效率的传送方式。当系统中有多个外设时，可以对每个设备轮流查询、轮流服务。

由图 9-6 可以看出，最先查询的设备，其工作优先级最高。改变查询顺序就改变了设备优先级。

（2）中断传送

查询传送中，CPU 为了不断查询外设状态而不能做任何其他事情，CPU 完全为外设服务。为了提高 CPU 的效率，可采用中断方式，CPU 与外设并行工作。即 CPU 启动外设之后，不再等待外设工作的完成，而是执行其他程序。当外设需要和 CPU 进行数据传送时，主动向 CPU 发出中断请求，请求 CPU 为其服务。CPU

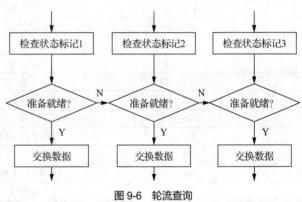

图 9-6　轮流查询

接到请求后，暂时中断当前程序的执行，转去执行处理相应的中断服务程序，完成所需的数据传送。当处理结束后，CPU 又返回到被中断的程序的断点处继续往下执行。这种方式避免了 CPU 反复查询外设状态而浪费时间，可以使多台外设与 CPU 并行工作。

中断方式的一个典型例子是时钟中断，例如很多应用程序在运行阶段都会动态显示时间，如每隔一秒就显示一次当前时间。这里是把定时器作为一个外设，在应用程序的开始设置定时器初值后，定时器就自行做减法计数，CPU 则继续执行自己的程序，此时定时器和 CPU 并行工作。当定时器计数为 0 时，就会发出中断信号，该中断信号会被 CPU 及时捕获，于是 CPU 暂停正在执行的程序，转而执行一段时钟中断处理程序。该中断处理程序再次设置定时器初值后，CPU 又返回到先前被暂停的应用程序继续执行。显然这里只能使用中断方式。

在很多集散型计算机生产过程多测点实时监控系统中，以中断方式和查询方式相结合，每隔一定时间或某个事件发生就启动后台程序，后台程序以查询方式进行多个测点的轮询访问，实现中心计算机与测点的数据传送。

（3）DMA 传送

前面介绍的数据传送方式都是使用程序进行外部设备与 CPU 之间的数据交换。而 DMA 传送方式是在外部设备与主存储器之间直接进行数据交换而不通过 CPU。这种传送方式适用于高速 I/O 设备，如磁盘、模数转换器等。这种设备数据传输速度很快，例如硬盘的数据传输速度约为每秒 200 000 字节（随着硬盘数据密度的提高和转速的提高，数据传输速度越来越高），也就是说传输一个字节只需 5μs。如果采用指令一个字节一个字节地传输，则会造成数据的丢失。而 DMA 方式能使硬盘和主存储器进行成批数据的交换，每个字节一到达端口，就直接送到存储器。同样，接口和它的 DMA 控制器也能直接从存储器取出字节并把它送到硬盘。

DMA 控制器（8237A）主要包括控制寄存器、状态寄存器、地址寄存器、字节计数器等。地址寄存器设置要传送的数据块首地址；字节计数器设置要传送的数据字节数；控制寄存器设置控制字，用以指出输入或输出，并启动 DMA 操作。系统执行 DMA 操作的过程如下。

① DMA 控制器向 CPU 发出 HOLD（总线请求）信号，请求使用总线。

② CPU 发出 HOLD 信号给 DMA 控制器，DMA 控制器获得总线控制权。

③ DMA 控制器把地址寄存器中的存储器地址送到地址总线。

④ 传送一个字节数据。

⑤ 地址寄存器加 1，字节计数器减 1；若字节计数器的值不为 0，则转③继续传送下一字节。

⑥ 否则，本次数据交换完毕，DMA 控制器撤销 HOLD 信号，交还总线控制权。

9.4.2　中断

1. 中断的概念

（1）中断与中断源

由于某种事件的发生，使得 CPU 暂时停止（中断）正在执行的程序，转而去执行处理该事件的程序，对该事件的程序处理结束后，再继续执行先前被中断的程序，这个过程称为中断。引起中断的事件称为中断源，它们可能是来自外设的 I/O 请求，也可能是计算机的一些异常事故或其他内部原因，还可能是为调试程序而设置的中断源等。

（2）中断源的分类

80x86 的中断源如图 9-7 所示，根据中断源所处的位置，可分为外部中断源和内部中断源。

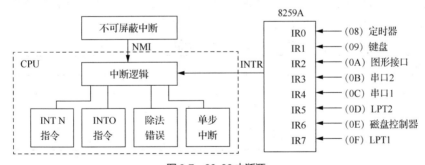

图 9-7　80x86 中断源

内部中断源来自 CPU 的内部，其特点是不需要外部硬件支持，不受中断允许标志 IF 的限制，内部中断也称为软件中断。通常由以下 3 种情况引起。

① 中断指令 INT

中断指令 INT 必须指定一个类型号，如执行 INT 21H 指令时，CPU 会立刻产生中断，从 84H 存储单元（84H=21H×4）的开始位置取出两个字分别送入 IP 和 CS，从而实现类型号为 21H 的系统功能调用。

② CPU 的某些错误

CPU 的某些错误引发的中断，如除法错误（除数为 0 或商超出寄存器表示范围），则立刻产生类型为 0 的中断。

③ 为调试程序 Debug 而设置的中断

单步中断是当标志位 TF=1 时，每条指令执行后，CPU 自动产生类型号为 1 的中断。单步中断处理程序的功能是执行一条用户指令后就停下，并把 TF 置 1，使 CPU 为单步方式。

断点中断是使程序从指定的位置开始执行，并暂停在某个指定的位置（断点）。设置断点实际上就是把 INT 3 指令插入断点处，CPU 执行断点处的 INT 3 指令就会产生类型号为 3 的断点中断。

外部中断源来自 CPU 的外部。外部中断也称为硬件中断。外部中断请求线有两条：NMI（不可屏蔽中断源）和 INTR（可屏蔽中断源）。

① 不可屏蔽中断源由硬件故障引起，不受标志位 IF 的影响，在当前指令执行完以后，CPU 就响应。不可屏蔽中断源有电源掉电、存储器出错或总线奇偶检验错误等，这些错误如不及时响应和处理，机器就难以操作下去，因此系统必须无条件地及时处理。

② 所谓可屏蔽中断源，就是允许程序员决定对该中断源是否予以处理。这由两个控制条件决定，一是该设备的中断请求是否被屏蔽掉，如果被屏蔽掉，则该设备就不能发出中断请求，当然谈不上 CPU 的响应。二是 CPU 是不是一定要响应未被屏蔽的中断请求呢？不是的，这要取决于标志寄存器 FLAGS 的中断允许标志位 IF 的状态，当 CPU 处于开中断状态（IF=1）时，CPU 能够响应外设的中断请求；当 CPU 处于关中断状态（IF=0）时，CPU 不能响应外设的请求。可用 STI 指令开中断（使 IF=1），也可用 CLI 指令关中断（使 IF=0）。

可屏蔽中断源由 8259A 可编程中断控制器统一管理。通过对 8259A 可编程中断控制器中的中断屏蔽寄存器（IMR）进行设置可以控制外设是否被屏蔽。中断屏蔽寄存器的 I/O 端口地址为 21H，它的 8 位对应控制 8 个外设，某位为 1 表示某种外设被屏蔽。例如，只允许键盘和定时器中断，可在主程序的初始化部分设置如下的中断屏蔽字（参见图 9-8 的中断屏蔽寄存器）：

```
MOV   AL, 11111100B
OUT   21H, AL
```

在一次中断处理完毕，退出中断处理程序之前，应该对 8259A 可编程中断控制器中的中断命令寄存器（端口地址为 20H）发出中断结束命令 EOI（End of Interrupt）。中断结束命令的作用是使中断命令寄存器的 5 位（EOI）置 1，表示清除当前正在处理的中断请求。这样做的目的是通知 8259A，本次中断处理结束，让系统能够继续响应其他同级和低级的中断请求。

中断命令寄存器的 L2～L0 位指定 IR0～IR7 中最低优先级的中断。SL（Set Level）位和 R（Rotate）位控制 IR0～IR7 的中断优先级顺序，它们的 4 种组合含义见表 9-4。

表 9-4　SL 位和 R 位的组合及含义

R	SL	含义
0	0	正常优先级
0	1	清除由 L2～L0 位指定的中断请求
1	0	各中断优先级依次左循环一个位置
1	1	各中断优先级依次循环，使得 L2～L0 位指定的中断请求到达最低优先级位置

结束中断的指令为：

```
MOV   AL, 00100111B
OUT   20H, AL
```

其中中断命令寄存器 EOI 位为 1，表示结束当前中断；

L2～L0 位为 111，表示最低优先级中断为 IR7；

SL 位和 R 位为 00，表示正常优先级，正常优先级的次序为：IR0、IR1、……、IR7。

图 9-8　中断屏蔽寄存器和中断命令寄存器

（3）中断类型号

在实际的系统中，中断源有多个，需要给每个中断源编一个号，以便于识别。在执行软件中断指令 INT N 时，N 表示中断类型号。由于 CPU 引脚的限制，只有一条中断请求线连接 8259A 可编程中断控制器。当 8259A 控制器所连接的外部设备请求中断时，8259A 控制器向 CPU 发出 INTR 信号，CPU 读取那个请求中断的设备的中断类型号，然后转去调用该设备的中断处理程序。在图 9-8 中，定时器的中断类型号为 08H。

（4）中断优先级和中断嵌套

当在同一时刻有若干个中断源发出中断请求时，CPU 如何处理呢？CPU 应该按中断源的优先级顺序予以响应。这个优先级规则由程序员编程决定，交由 8259A 管理。

另外，正在运行的中断服务程序在开中断（IF=1）的情况下，可以被其他更高级的中断源中断，这种一个中断服务程序又被另一个中断服务程序中断的情况称为中断嵌套。因此需要对系统中的所有中断源设置中断优先级。系统规定的中断优先级从高到低的顺序依次为：

◆　内部中断（除法错、INTO、INT）；

◆　不可屏蔽中断（NMI）；

◆　可屏蔽中断（INTR）；

◆　单步中断（调试程序）。

① 对于可屏蔽中断，程序员可以通过对 8259A 可编程中断控制器编程，设置和改变中断优先级。

② 可屏蔽中断的优先级分 8 级，默认情况的优先级次序为：IR0、IR1、IR2、IR3、IR4、IR5、IR6、IR7。

因此，在图 9-8 中，定时器的优先级最高。

2. 中断向量表

（1）中断向量

CPU 获得中断类型号后，把中断类型号自动乘 4 计算出存放该中断处理程序的起始地址的存储器地址，从而从该地址取出该中断处理程序的起始地址，转去执行相应的中断处理程序（或称为中断服务程序）。我们把中断处理程序的起始地址称为中断向量。在存储器的最低 1KB（地址为 0000～3FFH）集中存放 256 种中断类型的中断向量，每个中断向量为 4 个字节，其中前两个字节是偏移地址，后两个字节是段基址。这个集中存放中断向量的存储区称为中断向量表。中断向量表如图 9-9 所示。256 个中断向量对应的中断类型号为 0～255（00000H～000FFH）。

类型0的中断向量	00000H
类型1的中断向量	00004H
类型2的中断向量	00008H
…	…
类型FF的中断向量	003FCH

图 9-9　中断向量表

无论是软件中断还是硬件中断，CPU 获得中断类型号以后，就从中断向量表中取出中断向量，送入 IP 和 CS 寄存器，即调用相应的中断处理程序。

对于软件中断指令 INT N 来说，其操作如下。

① 将标志寄存器内容、当前 CS 及 IP 的值入栈，并将 IF 和 TF 两个标志清 0。

② 取中断类型号 N，并计算中断向量地址为 4N。从中断向量地址表中 4N 处取中断向量，第一个字为偏移地址送入 IP，第二个字为段基址送入 CS，从而执行 N 号中断处理程序。

对于硬件中断，即便有程序在运行，在每一条指令的周期内，CPU 都会检测中断控制器，一旦捕捉到中断请求，即刻获取中断类型号。

由于采用中断类型号和中断向量表，使得计算机能快速得到中断向量，转而执行相应的中断处理程序，从而大大提高了响应和处理速度。表 9-5 列出各类中断在中断向量表中的地址分配。

表 9-5　中断向量表的地址分配

地址	中断类型号及功能	地址	中断类型号及功能
00～7F	00～1F，BIOS 中断向量	1C0～1DF	70～77，I/O 设备中断向量
80～FF	20～3F，DOS 中断向量	1E0～1FF	78～7F，保留
100～17F	40～5F，扩充 BIOS 中断向量	200～3C3	80～FD，BASIC 中断
180～19F	60～67，用户中断向量	3C4～3FF	F1～FF，保留
1A0～1BF	68～6F，保留		

（2）设置中断向量的方法

用户可以设置自己的中断向量，有两种方法。

第一种方法比较直观，根据中断类型号和中断向量地址的关系，即中断类型号×4=中断向量地址，用指令直接设置：

```
MOV   AX, 0
MOV   ES, AX
MOV   BX, N*4
MOV   AX, OFFSET  INTMY          ; INTMY 的偏移地址
MOV   ES: WORD PTR[BX],AX        ; 送入中断向量表
MOV   AX, SEG INTMY             ; INTMY 的段基址
MOV   ES: WORD PTR[BX+2],AX      ; 送入中断向量表
      ...
INTMY:
      ...
IRET
```

程序中从 INTMY 标号开始到 IRET 指令这一段指令序列就是用户自己的中断处理程序，接下来，程序中就可以使用 INT N 指令调用中断类型号为 N 的中断处理程序。

第二种方法比较方便，通过 DOS 功能调用来完成。下面列出设置中断向量和取中断向量的 DOS 功能调用。

设置中断向量的步骤如下。

设置：AH=25H

AL=中断类型号

DS:DX=中断向量

执行：INT　21H

取中断向量的步骤如下。

设置：AH=35H

AL=中断类型号

执行：INT　21H

返回：ES:BX=中断向量

如果用户使用自己的中断处理程序替代系统中的某个中断处理程序，应注意在设置自己的中断向量前，先从中断向量表中取出原中断向量并保存，在中断处理程序执行结束前再恢复原中断向量。

例 9.23　使用 DOS 功能调用，取出原中断向量并保存，再设置自己的中断向量，用完后再恢复原中断向量。程序段如下：

```
MOV   AL, N                        ; 中断类型号 N
MOV   AH, 35H
```

```
INT    21H                        ; 取中断向量到 ES:BX
PUSH   ES
PUSH   BX                         ; 保存中断向量
PUSH   DS                         ; 暂存当前 DS
MOV    AX, SEG  INTMY             ; INTMY 的段基址
MOV    DS, AX
MOV    DX, OFFSET  INTMY          ; INTMY 的偏移地址
MOV    AL, N                      ; 中断类型号 N
MOV    AH, 25H
INT    21H                        ; 设置自己的中断向量
POP    DS                         ; 恢复当前 DS
 …
 …
; 下面这段代码把原中断向量写入中断向量表
POP    DX                         ; DX=原中断向量的偏移地址
POP    DS                         ; DS=原中断向量的段基址
MOV    AL, N                      ; 中断类型号 N
MOV    AH, 25H
INT    21H                        ; 原中断向量写入中断向量表
RET
; 下面这段代码是 INTMY 中断处理程序
; 因为 INTMY 的中断向量已设置好，所以在这里使用 INT N 指令可以调用 INTMY 中断处理程序。如果此时发生 N 号外
部中断请求，也将启动执行 INTMY 中断处理程序

INTMY:                            ; INTMY 中断处理程序的开始
…
IRET
```

3. 中断过程

从中断请求的发生到处理中断并从中断返回到原来程序被中断的位置，一个完整的中断过程一般经历以下 5 个步骤：中断请求、中断优先级判定、中断响应、中断处理和中断返回。

（1）中断请求。由中断源提出中断请求，如定时器时间到发出的中断请求、输入设备要求输入数据的中断请求等。

（2）中断优先级判定。按规定的优先级次序对各中断源进行判优，通常由硬件完成。

（3）中断响应。CPU 在每执行完一条指令后，通过硬件自动查询是否有中断请求，因此能够及时发现中断请求。如果允许 CPU 响应（标志寄存器 FLAGS 的中断允许标志位 IF=1），则 CPU 自动完成以下工作。

① 取中断类型号 N。

② 标志寄存器内容入栈。

③ 代码段寄存器（CS）内容和指令指针寄存器（IP）内容入栈。

④ 禁止硬件中断和单步中断（IF=0，TF=0）。

⑤ 在中断向量表中的 N×4 开始的单元取两个字分别送入 IP 和 CS，即调用中断处理程序。

（4）中断处理。执行中断处理程序，程序一开始可以根据需要开中断，以允许中断嵌套。用入栈指令把中断处理程序中将要用到的寄存器内容压入堆栈，以保护现场；待中断处理完毕，退出中断处理程序之前把寄存器的内容从堆栈中弹出，从而恢复现场。

（5）中断返回。在中断处理程序的最后，用 EOI 指令清除本次中断，表示本次中断处理完毕，系统可以接收其他中断请求。如果此时没有其他中断请求，接着用 IRET 指令实现 IP 内容出栈，CS 内容出栈，状态寄存器的内容出栈，继续执行被中断了的程序。

4. 中断调用指令

在前面的介绍中，我们已经使用过 INT 21H 指令来实现 DOS 功能调用。INT 中断调用指令和 CALL 子程序调用指令作用类似，也是转去执行子程序。INT 指令是特殊的子程序调用指令，调用的子程序即中断处理程序。

前面已经介绍过，计算机系统中的某些临时紧急事件发生时，通常采取中断措施，调用中断处理程序，程序的入口地址叫中断向量。为了使用户也能在程序中调用这些中断处理程序，80x86 提供了 INT 中断调用指令。例如执行 INT 21H 指令时，机器把中断类型号 21H 乘以 4，然后从地址为 84H 的中断向量表中取出对应的中断向量送给 CS 和 IP，从而实现 DOS 功能调用。

这里介绍两条中断命令：INT（中断）指令和 IRET（中断返回）指令。

（1）INT（中断）指令

格式：

```
INT  N
```

操作：

```
PUSH  FLAGS
PUSH  CS
PUSH  IP
IP←(N×4)
CS←(N×4+2)
```

其中 N 为中断类型号，它可以是常数或常数表达式，其值必须在 0～255。如指令中不给出 N，它隐含的类型号为 3。INT 指令不影响除 IF、TF 和 AC 以外的标志位。

INT 指令是段间的间接调用，比 CALL 指令多了一个把标志寄存器推入堆栈的操作。

（2）IRET（中断返回）指令

格式：

```
IRET
```

操作：

```
POP  IP
POP  CS
POP  FLAGS
```

该指令的作用是恢复 INT 指令所保存的断点地址。

9.4.3　中断处理程序设计

中断程序设计分为主程序设计和中断处理程序设计两部分。

（1）主程序设计

主程序设计中要注意以下问题。

① 设置中断向量，把中断处理程序的入口地址存入中断向量表。设置中断向量可以直接用 MOV 指令完成，也可以用 DOS 功能调用完成，方法在前面已有介绍。

② 设置中断优先级和中断屏蔽位，对 8259A 的中断命令寄存器和中断屏蔽寄存器进行设置，方法在前面也已有介绍。或选择默认状态设置。

③ 中断系统的其他初始化，即中断控制器 8259A 的初始化和外设接口的初始化。

④ 开中断。

此后，如果有中断请求发生，CPU 就可以响应。

（2）中断处理程序设计

中断处理程序的编写方法和标准子程序的很类似，在中断处理程序中要注意的问题如下。

① 保存寄存器的内容。

② 如允许中断嵌套，则开中断（STI）。

③ 处理过程，这是中断处理程序的主体部分，与实际应用和服务对象有关。

④ 关中断（CLI），这是为了在中断处理结束，即将返回时不受新的中断干扰。

⑤ 恢复寄存器的内容。

⑥ 发中断结束命令（EOI）。

⑦ 返回被中断的程序（IRET）。

例 9.24　用定时器作为中断源产生中断，使得在主程序运行期间，每隔 1s 执行一个中断处理程序，显示"THE TIME IS："和次数。

在系统定时器（中断类型号=8）中断处理程序中，有一条 INT 1CH 指令，时钟每发生一次中断（约每秒中断 18 次），都要执行一次 INT 1CH 指令，进行 BIOS 调用。实际上 1CH 的处理程序中只有一条 IRET 指令，没有做任何工作。我们可以利用这个中断类型号，设计中断处理程序。在程序任务结束时，恢复系统原状。

本例需要设计主程序 MAIN 和中断处理程序 TIME 两部分。

（1）主程序 MAIN 主要做如下工作。

① 把原 1CH 的中断向量从中断向量表中取出，保存到堆栈。

② 设置中断处理程序 TIME 的中断向量到中断向量表。

③ 设置中断屏蔽寄存器，开放系统时钟。

④ 开中断。

⑤ 用一段程序实现延时，以便在此期间捕获时钟中断。

⑥ 恢复原 1CH 的中断向量到中断向量表。

（2）中断处理程序 TIME 主要做如下工作。

① 保存需要使用的寄存器内容。

② 开中断。

③ 因为时钟中断约每秒发生 18 次中断请求，所以须控制每隔 18 次时钟中断才显示一次信息，以得到每隔 1s 显示信息的效果，这是中断处理程序的主体部分。

④ 关中断。

⑤ 恢复寄存器的内容。

⑥ 返回被中断的程序。

程序如下：

```
DATA    SEGMENT
COUNT   DW  18
MESS    DB  'THE TIME IS:',30H,13,10,'$'
DATA    ENDS
CODE    SEGMENT

MAIN    PROC   FAR
ASSUME  CS:CODE,DS:DATA,ES:DATA
PUSH DS
XOR AX,AX
PUSH AX
; 把原 1CH 的中断向量从中断向量表中取出，保存到堆栈
MOV AL,1CH
MOV AH,35H
INT 21H
PUSH ES
PUSH BX
PUSH DS
; 设置中断处理程序 TIME 的中断向量到中断向量表
MOV DX, OFFSET TIME
```

```
        MOV  AX,SEG TIME
        MOV  DS,AX
        MOV  AL,1CH
        MOV  AH,25H
        INT  21H
        POP  DS
        IN   AL, 21H
        ; 设置中断屏蔽字， 开放时钟中断
        AND  AL,11111110B
        OUT  21H,AL
        STI
        ; 用循环程序实现延时，以便在此期间捕获时钟中断， 循环计数初值根据机器情况设置
        MOV  DI, 1000
DELAY:
        MOV  SI, 0000
DELAY1:
        DEC  SI
        JNZ  DELAY1
        DEC  DI
        JNZ  DELAY
        ; 延时结束， 恢复原 1CH 的中断向量到中断向量表
        POP  DX
        POP  DS
        MOV  AL, 1CH
        MOV  AH,25H
        INT  21H
        RET
MAIN    ENDP
        ; 中断处理程序 TIME
TIME    PROC NEAR
        PUSH DS
        PUSH AX
        PUSH CX
        PUSH DX
        MOV  AX,DATA
        MOV  DS, AX
        STI
        ; 每 18 次中断显示一次信息
        DEC  COUNT
        JNZ  EXIT
        ; 显示信息， MESS+12 的内存中初始值是 0 的 ASCII
        INC  MESS+12
        MOV  DX, OFFSET  MESS
        MOV  AH,09
        INT  21H
        ; 用计数值 18 控制显示的时间间隔
        MOV  COUNT,18
EXIT: CLI
        POP  DX
        POP  CX
        POP  AX
        POP  DS
        IRET
TIME    ENDP
CODE    ENDS
        END  MAIN
```

9.4.4　输入/输出应用

键盘是最基本也是最主要的输入设备，通过键盘可以将英文字母、汉字、数字、标点符号等输入计算机，从而向计算机发出命令、输入数据等。随着时间的推移，渐渐地市场上也出现了独立的、具有各种快捷功能的键盘单独出售，并带有专用的驱动和设定软件，在兼容机上也能实现个性化的操作。下面介绍的第一个汇编语言输入输出应用就是关于键盘的应用。

1. 键盘调用

（1）字符码与扫描码

为了区别每一个键，把键盘上的每个键按位置编码，称为扫描码，表 9-6 列出了键盘上各个键的扫描码。由于大多数键是双功能键，因此大部分键是两个功能对应一个扫描码。当在键盘上按一个键（或是两个键的组合）时，键盘触点电路在单片机的控制下，把该键的 8 位扫描码送入主机，主机根据扫描码来确定按的是什么键，从而做出反应，如在显示屏上回显输入的字符，或是控制光标移动到文本行的开始，或是启动执行程序。对于不同的键，主机做出的反应是不同的。键盘上的键可分 3 种基本类型。

① 字符数字键。如 A、B、a、b、1、2、$、%、+、*等。

② 扩展功能键。如 Home、End、Delete、Enter、F1、F2 等。

③ 组合控制键。如 Alt、Shift、Ctrl 等。

当按键时，扫描码被放入 60H 端口，并触发键盘中断 INT 9。

INT 9 的中断处理程序根据扫描码做出相应处理，对于非组合控制键，例如字符数字键，通常是生成 16 位值，将其存入键盘缓冲区，其中低字节为字符码（ASCII），高字节为扫描码（通码）。对于无 ASCII 的键，低字节为 0 或 E0H，高字节为通码（有些是扩展码）。不产生 ASCII 的键是 Shift、Ctrl、Alt、Num Lock、Scroll Lock、Ins、Caps Lock，但它们可以改变其他键产生的代码。

我们也可以在程序中用 BIOS 中断调用或 DOS 中断调用实现键盘输入程序。

表 9-6　键盘扫描码（十六进制表示）

键		扫描码	键		扫描码	键		扫描码	键		扫描码
Esc		01	U	u	16	|	\	2B	F6		40
!	1	02	I	i	17	Z	z	2C	F7		41
@	2	03	O	o	18	X	x	2D	F8		42
#	3	04	P	p	19	C	c	2E	F9		43
$	4	05	{	[	1A	V	v	2F	F10		44
%	5	06	}	]	1B	B	b	30	Num Lock		45
^	6	07	Enter		1C	N	n	31	Scroll Lock		46
&	7	08	Ctrl		1D	M	m	32	7（小键盘）	Home	47
*	8	09	A	a	1E	<	,	33	8	↑	48
(	9	0A	S	s	1F	>	.	34	9	PgUp	49
)	0	0B	D	d	20	?	/	35	−		4A
_	−	0C	F	f	21	Shift（右）		36	4	←	4B
+	=	0D	G	g	22	PrtSc		37	5		4C
Back Space		0E	H	h	23	Alt		38	6	→	4D
Tab		0F	J	j	24	Space		39	+		4E
Q	q	10	K	k	25	Caps Lock		3A	1	End	4F
W	w	11	L	l	26	F1		3B	2	↓	50
E	e	12	:	;	27	F2		3C	3	PgDn	51
R	r	13	"	'	28	F3		3D	0	Ins	52
T	t	14	~	`	29	F4		3E	.	Del	53
Y	y	15	Shift（左）		2A	F5		3F			

（2）键盘中断调用

8086 系统对键盘的处理分为两个层次：硬件接口处理（9 号键盘中断）和 BIOS 系统键盘处理（INT 16H）。

在执行 9 号键盘中断处理程序时，CPU 读取扫描码，查表找到对应的 ASCII 并将它们一起送入 BIOS 键盘缓冲区，然后发回响应信号。如果键为控制键（Ctrl、Shift、Esc 等），则将其扫描码和状态字节一起存入 BIOS 键盘缓冲区。系统在 BIOS 数据区中专门开辟了一个 16 字的键盘缓冲区 KB_BUFFER，它是一个先进先出的循环队列，如果缓冲区满了还在按键输入，则 BIOS 不处理该键，并发出"嘀"声。

① BIOS 键盘中断

在键盘中断处理完之后，就可以用 BIOS 的 16H 键盘中断读取键盘信息了。BIOS 键盘中断（INT 16H）提供 3 个基本的功能。

- 从键盘读出一个字符。

格式：

```
AH=00H
INT 16H
```

返回参数：AL=字符的 ASCII，AH=扫描码。

- 判断并读出键盘缓冲区字符。

格式：

```
AH=01H
INT 16H
```

返回参数：如果 ZF=0，则 AL=字符 ASCII，AH=扫描码；
          如果 ZF=1，则键盘缓冲区为空。

- 读取键盘状态字节。

格式：

```
AH=02H
INT 16H
```

返回参数：AL=键盘状态字节。

对于不产生 ASCII 的键，可以查看键盘状态字节。例如，可以在 Debug 下执行以下指令序列：

```
0B02:100  MOV   AH, 2
0B02:102  INT   16
0B02:104  NOP
-G=100  104
```

注意

在按 Enter 键之前按住组合控制键（如左 Shift 键），再按 Enter 键，则 AL=返回键盘状态字节。

例 9.25 从键盘读入字符，并显示该字符和扫描码。

```
        MOV   CX, 9
GETC:   MOV   AH, 0
        INT   16H
        MOV   DX, AX
        MOV   AH, 2
        INT   21H
        MOV   DL, DH
        MOV   AH, 2
        INT   21H
        LOOP  GETC
```

② DOS 键盘中断

DOS 是磁盘操作系统的缩写，存放于硬盘的系统区。当系统控制权交给 DOS 后，DOS 将它所提供的中断处理程序的入口地址写入中断向量表。如果中断触发了，则将中断处理程序调入内存执行。

INT 21H 中断是 DOS 功能调用，它的功能十分强大。需要注意的是，DOS 中断调用指令执行之后，绝大部分指令的返回值都会被放入 AL 寄存器中，因此 AL 寄存器的值会被修改。

前面介绍和使用了几种 DOS 键盘和显示器调用功能。本章介绍其他几种常用的 DOS 键盘中断（INT 21H）提供的功能。

- 从键盘读一字符并回显。

格式：

```
AH=01H
INT 21H
```

返回参数：AL=输入字符。

- 读键盘字符。

格式：

```
AH=06H
DL=FF（输入）
DL=字符（输出）
INT 21H
```

返回参数：AL=输入字符。

- 从键盘读一字符不回显。

格式：

```
AH=07H
INT 21H
```

返回参数：AL=输入字符。

- 从键盘读一字符不回显（检测按 Ctrl+Break 或 Ctrl+C 组合键）。

格式：

```
AH=08H
INT 21H
```

返回参数：AL=输入字符。

- 键盘输入字符缓冲区。

格式：

```
AH=0AH
DS:DX=缓冲区首地址
(DS:DX)=缓冲区最大字符数
INT 21H
```

返回参数：(DS:DX+1)= 实际输入的字符数。

- 读键盘状态。

格式：

```
AH=0BH
INT 21H
```

返回参数：AL= 00，有输入；

AL = FF，无输入。

- 清除键盘缓冲区，并调用一种键盘功能。

格式：

```
AH=0CH
AL=输入功能号（1、6、7、8）
INT 21H
```

DOS 键盘中断使用起来很方便，在前面已经使用多次，这里不再举例。

（3）键盘缓冲区

BIOS 键盘处理程序将获得的扫描码转换成相应的字符码，如果是字符数字键，则转换为标准的ASCII。如果是扩展功能键或组合控制键，则转换为其他值或产生一个操作。转换后的字符码及扫描码存储在 BIOS 的键盘缓冲区 KB_BUFFER，键盘缓冲区是一个先进先出的队列，其地址信息为：

```
0040:001A   ; KB_BUFFER_HEAD, 键盘缓冲区首地址
0040:001C   ; KB_BUFFER_TAIL, 键盘缓冲区末地址
0040:001E   ; 16 个输入量空间
0040:003E   ; 键盘缓冲区结束
```

KB_BUFFER_HEAD 和 KB_BUFFER_TAIL 是键盘缓冲区先进先出队列的两个指针，当这两个指针相等时，表示键盘缓冲区为空。

例 9.26　从键盘缓冲区读出键值并显示字符和扫描码。

```
; A1006.ASM
        CODE    SEGMENT
                ASSUME CS:CODE
                KB_BUFFER_HEAD =DS:[1AH]
                KB_BUFFER_TAIL =DS:[1CH]
                BUFFER        =1EH
                END_BUFFER    =3EH
                BUFFER_SEG    =40H
START:
                MOV   AX,BUFFER_SEG
                MOV   DS,AX
WAITKB:
                MOV   BX,KB_BUFFER_HEAD
                CMP   BX,KB_BUFFER_TAIL
                JE    WAITKB
                MOV   BX,KB_BUFFER_HEAD
                MOV   DX, [BX]
                CMP   DL, 13
                JE    EXIT
                MOV   AH, 2
                INT   21H
                MOV   DL, DH
                MOV   AH, 2
                INT   21H
                ADD   BX, 2
                CMP   BX, END_BUFFER
                JB    KEEP
                MOV   BX, BUFFER
KEEP:           MOV   KB_BUFFER_HEAD, BX
                STI
                LOOP  WAITKB
EXIT:
                MOV   AH, 4CH
                INT   21H
        CODE    ENDS
                END   START
```

显然，程序中没有键盘输入的功能调用，键盘输入的字符通过键盘硬件中断自动输入键盘缓冲区，程序只是从键盘缓冲区中读出键值并显示。

显示器是最基本也是最主要的输出设备。它是将一定的电子文件通过特定的传输设备显示到屏幕上的显示工具。显示器如今已成为日常办公、娱乐不可或缺的一部分，它是人们与机器之间交互的窗口，随着显示器技术的不断发展，人机交互体验也不断提升。

170

近年，大屏电视及显示器价格大幅下跌，让普通人也能买得起的重要原因就是国产显示器产业的崛起，京东方、TCL 华星、天马、维信诺等中国企业不断与韩国三星、LG，日本夏普、JDI 等公司竞争，打破国外显示面板行业的霸主地位。

下面介绍的输入输出应用就是关于显示器的应用。

2. 显示器的文本显示方式

（1）显示方式

显示器可简单地分为单色显示器和彩色显示器，其通过显示适配器（显示卡）与 PC 相连。

早期的显示适配器有 MDA（Monochrome Display Adapter，单色显示适配器）、CGA（Color Graphics Adapter，彩色图形适配器）。MDA 只能显示 ASCII 字符和简单的图形（如矩形），CGA 可以显示以点绘制的图形和 ASCII 字符。1987 年出现了 VGA（Video Graphics Array，视频图形阵列）。

显示分辨率和色彩数是衡量显示器质量的重要指标。显示分辨率包括字符分辨率和像素分辨率。字符分辨率表示显示器在水平方向和垂直方向上所能显示的字符数，像素分辨率表示显示器显示图形时在水平方向和垂直方向上所能显示的像素（Pixel）个数。

显示屏幕的左上角为二维的坐标原点(0,0)，水平坐标值表示屏幕的列号，垂直坐标值表示屏幕的行号。例如 80×25 的字符分辨率，表示可显示 80 列 25 行字符，屏幕的右下角字符处于 79 列 24 行。

显示器的显示方式有文本方式和图形方式，图形方式下也可以显示文本，因此有字符分辨率和像素分辨率。ROM BIOS 显示例程支持显示器的多种文本方式和图形方式。

- 获取当前屏幕的显示方式。

格式：

```
AH=0FH
INT 10H
```

返回参数：BH=页号，AH=字符列数，AL=显示方式。

- 设置显示方式。

格式：

```
AH=00H
AL=00H～13H
INT 10H
```

功能：用于设置从 40×25 的黑白文本、16 级灰度（AL=00H），到 320×200 的 256 色 XGA（Extended Video Graphics Array，扩展视频图形阵列）图形（AL=13H）模式。表 9-7 列出了几种 VGA 常用的显示方式。

表 9-7　设置显示方式（INT 10H）

AH	调用参数	字符分辨率	像素分辨率	显示方式	返回参数
0F	（获取当前显示方式）				AL=当前显示方式
00	AL=00	40×25		文本，16 级灰度	
	AL=01	40×25		文本，16 色/8 色	
	AL=02	80×25		文本，16 级灰度	
	AL=03	80×25		文本，16 色/8 色	
	AL=04	40×25	320×200	图形，4 色	
	AL=05	40×25	320×200	图形，4 级灰度	
	AL=06	80×25	640×200	图形，黑白	
	AL=07	80×25		文本，黑白	
	AL=0D	40×25	320×200	图形，16 色	
	AL=0E	80×25	640×200	图形，16 色	
	AL=0F	80×25	640×350	图形，黑白	
	AL=10	80×25	640×350	图形，16 色	
	AL=11	80×30	640×480	图形，黑白	
	AL=12	40×25	640×480	图形，16 色	
	AL=13	40×25	320×200	图形，256 色	

例 9.27 获取当前显示方式，并设置新的显示方式。

```
MOV    AH, 0FH
INT    10H
MOV    AH, 0
MOV    AL, 12H              ; 640×480 16 色图形
INT    10H
```

当前显示方式返回值在 AL 中，存放显示方式的字节内容在 00449H 存储单元。

如果对未知的显示器编程，为避免盲目设置显示方式，首先应该知道本机显示适配器的性能，这可以通过 BIOS INT 11H 来获取，其返回值在 AX 中，表示设备标志字，该设备标志字在 00410H 存储单元。

要想在显示屏上显示字符，除了需要说明该字符的 ASCII，还要说明如何显示，如前景（显示字符）和背景的颜色、是否要闪烁等。

字符属性用一个字节表示：

7	6	5	4	3	2	1	0

① 单色文本显示的字符属性字节含义如下。

第 7 位：字符是否闪烁，0=正常显示，1=闪烁显示。

第 6~4 位：字符背景颜色，000=黑，111=白。

第 3 位：字符亮度，0=正常，1=加强。

第 2~0 位：字符前景颜色，000=黑，111=白。

根据这个规定，单色文本显示的字符属性值及对应的显示效果如下。

00H：无显示。

01H：黑底白字，下画线。

07H：黑底白字，正常。

0FH：黑底白字，高亮度。

70H：白底黑字，反相。

87H：黑底白字，闪烁。

F0H：白底黑字，反相闪烁。

② 彩色文本显示的字符属性字节（16 色）含义如下。

第 7 位（BL）：字符是否闪烁，0=正常显示，1=闪烁显示。

第 6~4 位（RGB）：字符背景颜色，000~111，分别对应黑色、蓝色、绿色、青色、红色、品红色、棕色、灰白色。

第 3~0 位（IRGB）：字符前景颜色，0000~1111，分别对应黑色、蓝色、绿色、青色、灰色、浅蓝色、浅绿色、浅青色、红色、品红色、棕色、灰白色、浅红色、浅品红色、浅棕色、浅灰白色。

（2）显示存储器与直接写屏

显示屏通常可划分为行和列的二维系统，例如以 25 行 80 列来显示字符，一幅屏上就有 2000（25×80）个字符，0 行 0 列在左上角，24 行 79 列在右下角。显示屏上的每个字符在主存空间都有对应的单元，这样就很容易计算出屏上某个字符在内存中的位置，而且每个字符占用连续的两个字节单元，以表示该字符的 ASCII 值和字符属性。这 2000 个字符就需要占用 4KB（实际占用 4000 个字节），如果显示存储器（简称显存）有 16KB，则可保存 4 屏（通常称 4 页）字符。

以 25 行 80 列算，0 页在显存中的起始地址是 B800:0000，1 页在显存中的起始地址是 B800:1000，2 页在显存中的起始地址是 B800:2000……

显示屏上任一字符在显存中的有效地址可由下式计算：

$$EA=页偏移地址+((行×列宽)+列号)×每字符占用字节数$$

例如 0 页 0 行 2 列的字符，其在显存中的有效地址：

$$EA = B800+((0×80)+2)×2 =B804H$$

显示存储器与显示屏之间是一种自动对应关系，向显示存储器写入的内容，会直接在显示屏上显示，因此说显示屏是"显示存储器映像"。要验证这一点，可以在 Debug 下用 E 命令在 B800:0 处修改内存，显示屏上会立即做出映射。根据这个原理，在程序中可以直接写屏。

例 9.28　用直接写屏方式变化色彩显示 26 个英文字母。

```
; 928.ASM
.MODEL SMALL
.CODE
START:
        MOV     AH, 0
        MOV     AL, 3               ; 设置 80×25 16色文本
        INT     10H
        MOV     BX, 0B800H          ; 显存中的起始段基址
        MOV     DS, BX
        MOV     SI, 0               ; 显存中的起始偏移地址
        MOV     DL, 41H             ; 字符 A 的 ASCII
        MOV     BL, 80H             ; 设置彩色文本显示的字符属性
        MOV     CX, 26              ; 字符个数为 26
L1:     MOV     [SI], DL            ; 送待显示字符的 ASCII 值
        MOV     [SI+1], BL          ; 送待显示字符的属性
        ADD     SI, 2
        INC     DL
        INC     BL
        LOOP    L1
        MOV     AH,4CH
        INT     21H
        END     START
```

该程序的运行结果如图 9-10 所示。

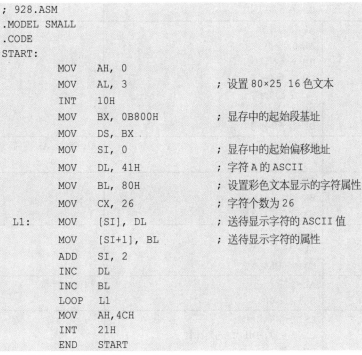

图 9-10　例 9.28 的运行结果

（3）BIOS 调用

BIOS 显示操作的中断调用（INT 10H）可以实现对页、对光标、对显示位置、对颜色的控制，来显示所选择的内容。其提供的功能如表 9-8 所示。

表 9-8　显示操作（INT 10H）

AH	功能	调用参数	返回参数/注释
1	设置光标类型	CH 的 3~0 位=光标起始行 CL 的 3~0 位=光标结束行	第 4 位=0 则光标显现 图形方式可设置光标大小
2	设置光标位置	BH=页号 DH=行号 DL=列号	
3	读光标位置	BH=页号	CH/CL=光标起始行/结束行 DH/DL=行/列
5	设置当前显示页	AL=页号	

AH	功能	调用参数	返回参数/注释
6	屏幕初始化或上卷	AL=上卷行数 AL=0, 全屏空白 BH=卷入行属性 CH=左上角行号 CL=左上角列号 DH=右下角行号 DL=右下角列号	
7	屏幕初始化或下卷	AL=下卷行数 AL=0, 全屏空白 BH=卷入行属性 CH=左上角行号 CL=左上角列号 DH=右下角行号 DL=右下角列号	
8	读光标处属性 及字符	BH=显示页号	AH=属性, AL=字符
9	在光标处显示 属性及字符	BH=显示页号 BL=属性, AL=字符 CX=字符重复次数	
A	在光标处显示字符	BH=显示页号 AL=字符 CX=字符重复次数	
E	显示字符	AL=字符 BL=前景颜色	光标跟随字符
13	显示字符串	ES:BP=字符串地址 CX=串长度, DH/DL=起始行/列 BH=页号 AL=0, BL=属性 显示串中字符, 显示后, 光标位置不变 AL=1, BL=属性 显示串中字符, 显示后, 光标位置改变 AL=2 显示串中字符和属性, 显示后, 光标位置不变 AL=3 显示串中字符和属性, 显示后, 光标位置改变	

例9.29 设置光标位置，并重复显示字符#。

```
; S119.ASM
.MODEL SMALL
.CODE
START:
    MOV   CH, 5      ; CH 的第 4 位=1 则光标隐藏, 第 4 位=0 则光标显现
    MOV   CL, 6
    MOV   AH, 1
    INT   10H
    MOV   DH, 4      ; 光标行
    MOV   DL, 40     ; 光标列
    MOV   BH, 0      ; 页号
```

```
      MOV   AH, 2        ;设置光标
      INT   10H
      MOV   AH, 0AH      ; 功能号
      MOV   AL, '#'      ; 字符
      MOV   CX, 9        ; 字符个数
      INT   10H
      MOV   AH, 4CH
      INT   21H
      END   START
```

该程序的前 3 行指令是对 **CX** 寄存器的设置，在图形方式下可以设置光标的大小，在文本方式下只是用来控制光标的显现或隐藏。程序执行结果如图 9-11 所示。

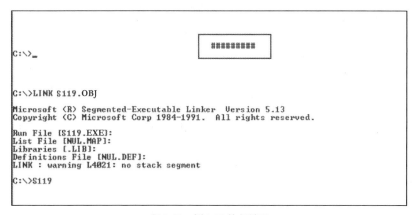

图 9-11　例 9.29 执行结果

例 9.30　读显存中的字符并显示。

```
; S1110.ASM
.MODEL SMALL
.CODE
START:
      MOV   DH, 1        ; 设置读字符的光标行
      MOV   DL, 14       ; 光标列
      MOV   BH, 0        ; 页号
      MOV   AH, 2        ; 设置光标
      INT   10H
      MOV   AH, 08       ; 读光标处字符
      MOV   BH, 0        ; 0 页
      INT   10H
      PUSH  AX           ; 保存读出的字符
      MOV   DH, 11       ; 设置显示位置光标行
      MOV   DL, 44       ; 光标列
      MOV   BH, 0        ; 页号
      MOV   AH, 2        ; 设置光标
      INT   10H
      MOV   AH, 2
      POP   DX           ; 取出字符
      INT   21H          ; 显示字符
      MOV   AH, 4CH
      INT   21H
      END   START
```

该程序使用了INT 10H控制光标，用INT 21H显示字符。程序运行前，先清除屏幕，再从键盘输入一串字符，使屏幕首行出现一行字符，这行字符正是处于显存中的第0页第1行。然后运行程序，程序运行结果是读取显存中的第0页第1行第14列（对应屏幕的第1行第14列）的字符，并在屏幕的第11行第44列重新显示。程序执行结果如图9-12所示。

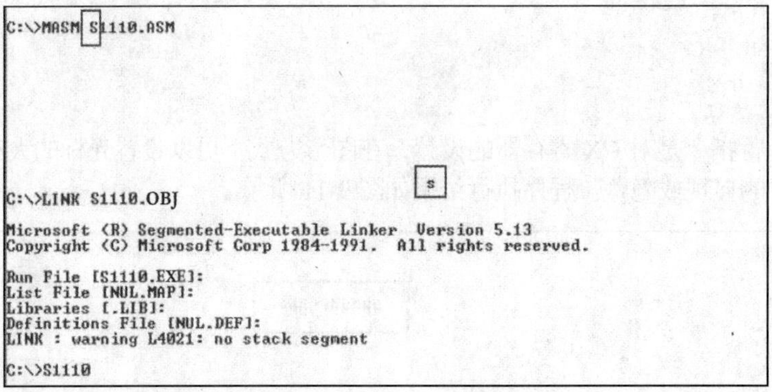

图9-12　例9.30执行结果

INT 10H的功能6可以实现屏幕的上卷，也可以实现屏幕的部分区域上卷指定的行数。屏幕的部分区域称为窗口，窗口可以设置多个，可以独立使用。

例9.31　清除屏幕并在中心开启一个9行9列的窗口，在窗口中通过键盘输入，实现卷屏。

```
; S1011.ASM
.MODEL SMALL
; 清除全屏幕
CLS   MACRO
        MOV   AH, 6
        MOV   AL, 0
        MOV   BH, 7         ; 空行
        MOV   CH, 0         ; 屏幕左上角
        MOV   CL, 0
        MOV   DH, 24        ; 屏幕右下角
        MOV   DL, 79
        INT   10H
    ENDM
.CODE
; 窗口参数
ESC_K = 1BH
WIN_LC = 30                 ; 左上角列号
WIN_LR = 8                  ; 左上角行号
WIN_RC = 50                 ; 右下角列号
WIN_RR = 16                 ; 右下角行号
WIN_WI = 9                  ; 窗口宽度
START: CLS
; 设置光标位置
NEXT:
        MOV   AH, 2
        MOV   DH, WIN_RR
        MOV   DL, WIN_LC
        MOV   BH, 0
        INT   10H
; 键盘输入
```

```
        MOV    CX, WIN_WI
GETC:
        MOV    AH, 1
        INT    21H
        CMP    AL, ESC_K
        JE     EXIT
        LOOP   GETC
; 上卷
        MOV    AH, 6
        MOV    AL, 1
        MOV    CH, WIN_LR
        MOV    CL, WIN_LC
        MOV    DH, WIN_RR
        MOV    DL, WIN_RC
        MOV    BH, 7
        INT    10H
        JMP    NEXT
EXIT:
        MOV    AH, 4CH
        INT    21H
        END    START
```

3. 显示器的图形显示方式

（1）图形存储器

① VGA 的位面组织

当显示器的显示方式设置成图形方式时，视频显示存储器用来存放屏幕上的画面，并且以每秒 50～70 次的速度更新（或刷新），屏幕上的一个像素对应视频 RAM 中的几位。因为显示屏是"存储器映像"，所以随着视频 RAM 中内容的改变，屏幕上的画面也立即改变。

在图形方式下，屏幕上的一个像素点和视频 RAM 有怎样的对应关系呢？例如某像素点为红色，是视频 RAM 中哪个单元的哪几位数据导致的呢？下面以 VGA 为例讨论。

VGA 显示适配器拥有视频 RAM，在 640×480 16 色图形（AL=12H）方式下，视频 RAM 在逻辑上由 4 个 64KB 的位面组成，每个像素由 4 位表示，每个位面提供 1 位。例如，像素 0 是由位面 3～位面 0 的 4 个字节中的最高位组合而成的，其值为 1000B。像素 7 是由位面 3～位面 0 的 4 个字节中的最低位组合而成的，其值为 0101B，如图 9-13 所示。

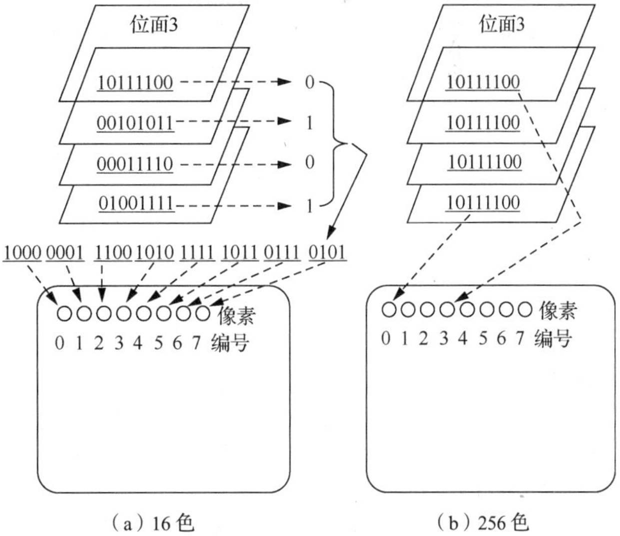

用 4 位表示一个像素，意味着每个像素可以有 16 色中的一种。每个位面提供 1 位，意味着每个位面的 1 个字节可以用来对应 8 个像素。对于全屏 307200（640×480）个像素，每个位面至少需要 38400（307200/8）字节。4 个位面至少需要 153600（38400×4=150K）字节。

（a）16 色　　　　（b）256 色

图 9-13　VGA 位面结构

VGA 图形存储器定位于主机系统的一段内存地址空间，这段内存地址称为视频地址，在图形模式下视频地址空间为 A0000H～AFFFFH，共 64KB。这个 64KB 的显示窗口显然不能同时满足全屏像素（150KB）的需要。尽管视频 RAM 可以提供超出 256KB，但也只能采取分区或分页的办法通过这个 64KB 的显示窗口。

　　VGA 在 320×200 的 256 色图形（AL=13H）方式下，视频 RAM 的组织形式与 16 色的不同，它也由 4 个位面组成，每个像素由 8 位表示，因而有 256 色。这 8 位由一个位面的 1 个字节表示，其值称为像素值。表示像素 0 的字节位于位面 0，表示像素 1 的字节位于位面 1，表示像素 2 的字节位于位面 2，表示像素 3 的字节位于位面 3，表示像素 4 的字节又位于位面 0，如此循环对应。由于每个像素由一个存储字节单元表示，因此寻址操作比较简单。

　　每页上的 320×200=64000 个像素，需要 64000 个字节，每个位面需要的字节数为 16000（64000/4）。可见，不同的分辨率和色彩数对视频 RAM 有不同的要求，表 9-9 列出了它们之间的关系。

表 9-9　分辨率和色彩数对视频 RAM 的要求

分辨率	16 色（4 位）	256 色（8 位）	65536 色（16 位）	16777216 色（24 位）
640×480	256K	512K	1M	1M
800×600	256K	512K	1M	1.5M
1024×768	512K	1M	1.5M	2.5M
1280×1024	1M	1.5M	2.5M	4M
1600×1200	1M	2M	4M	5M

　　② 像素值到颜色的转换

　　VGA 是模拟显示器，VGA 数模转换电路产生模拟的 RGB（红绿蓝）信号。为了得到更丰富多彩的效果，VGA 使用了颜色编码技术，红、绿、蓝 3 种基色每种基色有一个 6 位的 D/A 转换器，这样每种基色就有 64（2^6）种颜色，3 种基色共有 262144（2^{18}）种颜色，这就是所谓调色板的颜色数。

　　实际上，VGA 在 320×200 的 256 色图形（AL=13H）方式下，视频 RAM 的一个存储字节单元中的像素值，并不是对应像素的颜色代码，而是对应着 256 个颜色寄存器的地址，颜色寄存器中存放的才是 18 位的颜色编码，这样就可以得到 262144（2^{18}）种颜色，任一时刻，256 个颜色寄存器中的不同值就对应了一组 256 种颜色。

　　③ 掩码

　　在 640×480 的 16 色图形（AL=12H）方式下，如果要读写 0 号像素涉及不同位面的 4 个字节，为了从 4 个字节中分离出像素值 1000B，须把 10000000B 分别和这 4 个字节做"逻辑与"操作。这里 10000000B 就是掩码。1 号像素的掩码是 01000000B。

　　掩码的确定有两种方法，具体如下。

　　• 用基本位模式 10000000 右移 N 位，N 等于像素的水平坐标除以 8 得到的余数。例如，像素 8 的坐标是(8,0)，其水平坐标为 8，8 除以 8 的余数等于 0，则其掩码=10000000B；像素 9 的坐标是(9,0)，9 除以 8 的余数等于 1，则其掩码=01000000B。

　　• 用余数去对应一个 8 位掩码，余数为 0 的掩码为基本位模式 10000000，余数为 1 的掩码为 01000000，以此类推。

　　（2）直接视频显示

　　对于 640×480 的 16 色图形（AL=12H）方式，要读写一个像素，必须计算出两个值：一个是含有该像素存储位的字节地址，另一个是对应的掩码。例如，7 号像素(7,0)，不难计算出其存储位的字节地址=0A000H，掩码=00000001B。在对 7 号像素存储位的字节地址单元 0A000H 进行写操作时，就会在 4 个并行的位面引起联动，存放 4 个字节的数据，经掩码的作用，分离出 4 位的值 0101B，这就是 7 号像素的 IRGB 值。

　　对于 320×200 的 256 色图形（AL=13H）方式，由于视频 RAM 的每个独立字节对应一个像素点，其中存放的就是像素值，无须使用掩码分离。图形存储器定位于 A0000H～AF9FFH，0 号像素对应地址为 A000:0000、1 号像素对应地址为 A000:0001、……、右下角的 63999 号像素对应地址为 A000:F9FF。这种方式下的编程比较容易。

　　用直接视频显示方式编写程序需要针对具体的图形方式，需要很多技巧，但程序的效果很好，特别是图形显示的速度比较快。

例 9.32 在 320×200 的 256 色图形（AL=13H）方式下，用直接视频显示方式在第 10 行画一条水平线。

```
; S1012
CODE    SEGMENT
        ASSUME  CS:CODE
        LINE=10
START:
        MOV   AH,0
        MOV   AL,13H
        INT   10H
        MOV   BX,0A000H
        MOV   ES,BX
        MOV   DI,320*LINE
        MOV   CX,320
        MOV   AL,45H
        REP   STOSB
L2:
        MOV   AH,1
        INT   21H
        CMP   AL,13
        JNZ   L2
        MOV   AL,3
        MOV   AH,0
        INT   10H
        MOV   AH,4CH
        INT   21H
CODE    ENDS
        END   START
```

（3）BIOS 功能视频显示

用 BIOS 功能实现视频显示，无须了解显存的组织结构，与直接视频显示方式相比，程序设计容易，程序的通用性和移植性好，但图形显示的速度稍慢。

BIOS 10H 功能读写像素的调用有两个。

① 写像素，AH=0CH。

调用参数： AL=颜色值
        BH=显示页号
        DX=像素行号
        CX=像素列号

返回参数：无。

② 读像素，AH=0DH。

调用参数： BH=显示页号
        DX=像素行号
        CX=像素列号

返回参数： AL=像素的颜色值。

例 9.33 在 320×200 的 256 色图形（AL=13H）方式下，用 BIOS 功能在第 10 行画水平线。

```
; S1013
CODE    SEGMENT
        ASSUME   CS:CODE
        LINE=10
START:
        MOV   AH,0
        MOV   AL,13H
```

```
        INT   10H
        MOV   AH,0CH
        MOV   AL,45H
        MOV   BH,0
        MOV   CX,320
L1:  MOV  DX, LINE
        INT   10H
        LOOP  L1
L2:  MOV  AH,1
        INT   21H
        CMP   AL,13
        JNZ   L2
        MOV   AL,3
        MOV   AH,0
        INT   10H
        MOV   AH,4CH
        INT   21H
CODE  ENDS
        END   START
```

例 9.34 用 16×16 点阵写一个"中"字，要求在 320×200 的 256 色图形（AL=13H）方式下，用 BIOS 功能。

```
; S1014
XLINE  MACRO X1,X2,Y
        LOCAL L1
        MOV  CX,X1
        MOV  DX,Y
L1: INT  10H
        INC CX
        CMP CX, X2
        JNZ L1
        ENDM
YLINE   MACRO Y1,Y2,X
        LOCAL L2
        MOV  CX,X
        MOV  DX,Y1
L2: INT  10H
        INC DX
        CMP DX,Y2
        JNZ L2
        ENDM
CODE    SEGMENT
ASSUME CS:CODE
START:
        MOV  AH,0
        MOV  AL,13H
        INT  10H
        MOV  AH,0CH
        MOV  AL,45H
        MOV  BH, 0
        XLINE 100,115,100
        XLINE 100,115,105
        YLINE 100,105,100
        YLINE 100,105,114
        YLINE  95,111,107
K1: MOV AH,1
    INT 21H
```

```
        CMP AL,13
        JZ EXIT
        LOOP K1
EXIT:
        MOV AH,0
        MOV AL,3
        INT 10H
        MOV AH,4CH
        INT 21H
CODE ENDS
        END START
```

本章小结

本章介绍了 4 种高级汇编语言程序设计方法的相关指令和伪指令格式以及基本功能。通过本章的学习，读者可学会使用相关高级汇编语言程序设计技术，以简化程序的设计。

习题 9

9.1　条件表达式中逻辑与"**&&**"表示两者都为真，整个条件才为真，对于程序段：

```
.IF (X= =5) && (AX!=BX)
INC  AX
.ENDIF
```

请用汇编语言的条件转移指令实现上述分支结构。

9.2　条件表达式中逻辑与"||"表示两者之一为真，整个条件就为真，对于程序段：

```
.IF (X= =5) | | (AX!=BX)
INC  AX
.ENDIF
```

请用汇编语言的条件转移指令实现上述分支结构。

9.3　对于程序段：

```
.WHILE  AX!= 10
MOV [BX], AX
INC  BX
INC  AX
.ENDW
```

请用处理器指令实现上述循环结构。

9.4　对于程序段：

```
.REPEAT
MOV [BX], AX
INC  BX
INC  AX
.UNTIL AX= = 10
```

请用处理器指令实现上述循环结构。

9.5　宏定义：

```
MSG MACRO  P1, P2, P3
    IN&P1  P2  P3
    ENDM
K=1
```

展开下列宏调用：

```
MSG %K, DB, 'MY NAME'
MSG C, AX
```

9.6 使用宏指令，在数据段定义 9 条通讯录记录，宏展开后的数据段形如：

```
DATA   SEGMENT
    DA1  LABEL BYTE
    DB   1, 'NAME1', 'TELE1'
    DB   2, 'NAME2', 'TELE2'
         ...
    DB   9, 'NAME9', 'TELE9'
    DATA   ENDS
```

9.7 宏指令和指令的区别是什么？使用宏指令和使用子程序有何异同？宏指令有何优点？

9.8 在宏定义中有时需要 LOCAL 伪指令，为什么？

9.9 宏定义在程序中的位置有何规定？宏调用是否一定放在代码段？

9.10 用宏指令计算 S=(A+B)×K/2，其中 A、B、K 为常量。

9.11 编写宏定义，比较两个常量 X 和 Y，如果 X>Y，MAX=X；否则 MAX=Y。

9.12 编写非递归的宏定义，计算 K 的阶乘，K 为变元。

9.13 在数据段中定义了 3 个有符号数 A、B、C，使用宏指令，给 3 个数排序，3 个变量作为参数。

9.14 编写一个宏定义 SCAN，完成在一个字符串中查找某个字符的工作。被查找的该字符，字符串首地址及其长度均为变元。

9.15 编写宏指令 COMPSS，比较两个同长度的字符串 str1 和 str2 是否相等，两个字符串的首地址和长度为变元。写出完整程序，在数据段中写出数据定义，在代码段中写出宏定义和宏调用，并处理，若相等则显示 "MATCH"，否则显示 "NOT MATCH"。

9.16 编写宏定义程序，可以对任意字数组求元素之和，数组名称、元素个数和结果存放单元为宏定义的形参。

9.17 编写一个宏库文件，其中包括系统功能调用（INT 21H）的 00～0A 号功能调用，并通过宏调用实现以下各项功能：从键盘输入一个字符串到 BUFF；再输入一个单字符，然后在字符串 BUFF 中查找是否存在该字符；如果找到，显示发现的字符位置。

9.18 I/O 数据传送控制方式有哪几种？

9.19 什么是 I/O 接口？什么是端口？接口部件在计算机主机一方还是在外设一方？

9.20 通过端口可传递哪 3 种信息？

9.21 根据以下要求写出输入输出指令。

（1）读 61H 端口。 （2）写 20H 端口。

（3）读 3F8H 端口。 （4）写 3F9H 端口。

9.22 举例说明何为中断类型号、中断向量、中断向量表。对于 INT 8 指令，中断向量存放的内存地址是多少？

9.23 举例说明何为内中断、外中断、硬件中断、可屏蔽中断。

9.24 何为开中断和关中断？关中断情况下，内中断能否被响应？不可屏蔽中断能否被响应？可屏蔽中断能否被响应？

9.25 读取键盘状态字节，并显示十六进制结果。

9.26 设置文本 40×25（AL=0DH）显示方式，并在 Debug 下设回原来的显示方式。

9.27 置光标到 0 显示页面(20,40)的位置，显示蓝色的字符。

9.28 图形方式（AL=12H）下画一个矩形。用直接写屏方式或 BIOS 调用实现。

9.29 61H 端口的 PB4 每 0.015ms 触发一次，以此作为时间基准，设计延时 0.1s 的子程序，子程序的入口参数 BL 为 0.1s 的整数倍，并利用该子程序，编程实现每隔 1s 显示一次 "you are welcome！"。

10 第10章　32位汇编指令及其编程

通过本章的学习，读者可认识32位汇编指令运行环境和32位X86 CPU支持的数据寻址方式，并熟悉新增32位汇编指令，了解使用32位汇编指令编程的方法。

10.1　32位汇编指令运行环境

IA-32（Intel Architecture 32-bit，英特尔32位体系架构），属于X86体系结构的32位版本，即具有32位内存地址和32位数据操作数的CPU体系结构。从1985年面世的80386直到Pentium 4，都是使用IA-32体系结构的CPU。IA-32体系结构的CPU全面支持32位数据、32位操作数和32位寻址方式。

IA-32 CPU主要有两种工作模式：实模式和保护模式。

① 实模式：IA-32 CPU相当于高性能的16位8086 CPU，进行了功能扩充，能够使用8086所没有的寻址方式和32位通用寄存器以及大部分指令；但不具备保护机制，不能使用部分特权指令。实模式下只有20条地址线有效，存储空间为1MB。

② 保护模式：能够充分发挥IA-32 CPU的存储管理功能和硬件支持的保护机制，为多任务操作系统设计提供支持。该模式下每个任务的存储空间为4GB。

在保护模式下还具有一种子模式——虚拟8086模式（V86模式），可以在保护模式的多任务环境中以类似实模式的方式运行16位8086软件。

10.1.1　寄存器

32位X86 CPU含有7类寄存器：通用寄存器与指令指针寄存器、段寄存器、标志寄存器、控制寄存器、系统地址寄存器、调试寄存器和测试寄存器。通常，应用程序主要使用前3类寄存器（见图10-1），只有系统程序才会用到所有寄存器。因此，下面重点介绍前3类寄存器。

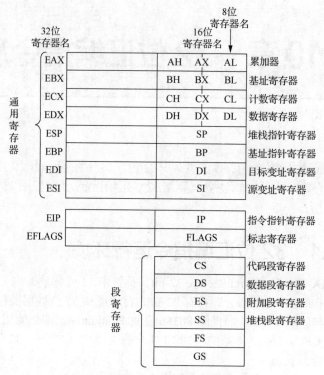

图 10-1　应用程序主要使用 3 类寄存器

1. 通用寄存器与指令指针寄存器

（1）通用寄存器

通用寄存器包括表 10-1 所示的 8 组寄存器。

表 10-1　32 位 X86 CPU 中的通用寄存器

寄存器	名称	32 位	16 位	高 8 位	低 8 位
EAX	累加器	EAX	AX	AH	AL
EBX	基址寄存器	EBX	BX	BH	BL
ECX	计数寄存器	ECX	CX	CH	CL
EDX	数据寄存器	EDX	DX	DH	DL
EBP	基址指针寄存器	EBP	BP	—	—
ESI	源变址寄存器	ESI	SI	—	—
EDI	字符串操作目标指针	EDI	DI	—	—
ESP	栈指针寄存器	ESP	SP	—	—

具体介绍如下。

EAX 通常称为累加器（Accumulator），用累加器进行的操作可能需要更少时间，可用于乘、除、输入/输出等操作，使用频率很高。

EBX 称为基址寄存器（Base Register）。它可作为存储器指针来使用。

ECX 称为计数寄存器（Count Register）。在循环和字符串操作中，要用它来控制循环次数；在位操作中，当移多位时，要用 CL 来指明移位的位数。

EDX 称为数据寄存器（Data Register）。在进行乘、除运算时，它可作为默认的操作数参与运算，也可用于存放 I/O 的端口地址。

32 位寄存器 ESI、EDI 和 16 位寄存器 SI、DI 称为变址寄存器（Index Register）。它们主要用于存放存储单元在段内的偏移地址，它们可作为一般的存储器指针使用。

32 位 X86 CPU 有 2 个 32 位通用寄存器 EBP 和 ESP。它们主要用于访问堆栈内的存储单元，并且规定：

EBP 为基址指针（Base Pointer）寄存器，一般作为当前堆栈的最后单元，用它可直接存取堆栈中的数据；

ESP 为堆栈指针（Stack Pointer）寄存器，用它只可访问栈顶。

（2）指令指针寄存器

32 位 X86 CPU 把指令指针寄存器扩展到 32 位，并记作 EIP，EIP 的低 16 位与先前 CPU 中的 IP 作用相同。32 位指令指针寄存器 EIP 和指令指针寄存器 IP（Instruction Pointer）存放下次将要执行的指令在代码段的偏移地址。在具有预取指令功能的系统中，下次要执行的指令通常已被预取到指令队列中，除非发生转移情况。

2. 段寄存器

Intel CPU 中的段寄存器，用于支持处理器的段式存储器管理机制。16 位的 8086/80286 CPU 有 4 个段寄存器 CS/DS/SS/ES。32 位的 CPU 运行在保护模式下时，除了先前的 4 个段寄存器，还引入了两个新的段寄存器 FS/GS，这些寄存器位宽都是 16 位。

IA-32 CPU 中的段寄存器（CS/DS/ES/SS/FS/GS）用于保存 16 位的段选择器（Segment Selector）。要访问存储器中的特定段，对应的段选择符必须要加载到正确的段寄存器中。

每个段寄存器都关联下列 3 种存储类型（即段类型）之一：代码段、数据段、堆栈段。DS/ES/FS/GS 这 4 个寄存器指向 4 个数据段。

CS 称为代码段（Code Segment）寄存器。对应于内存中的存放代码的区域，用来存放内存代码段区域的入口地址（段基址）。在 CPU 执行指令时，通过代码段寄存器 CS 和指令指针寄存器 IP 来确定要执行的下一条指令的内存地址。

DS 称为数据段（Data Segment）寄存器。其指向数据段，在存取操作数时，DS 的值和一个偏移地址合并就可得到存储单元的物理地址，该偏移地址可以是具体数值、符号地址和指针寄存器的值等，具体情况将由指令的寻址方式来决定。

ES 称为附加段（Extra Segment）寄存器。与 DS 类似，其指向数据段。该段是串操作指令中目的串所在的段。

SS 称为堆栈段（Stack Segment）寄存器。SS 用于存放堆栈的段基址，SP 用来指向该堆栈的栈顶，把它们合在一起可访问栈顶单元。另外，当偏移地址用到了指针寄存器 BP 时，则其默认的段寄存器也是 SS，并且用 BP 可访问整个堆栈，不仅仅是只访问栈顶。

FS 称为附加数据段寄存器（Extra Segment）。FS 用于存放当前线程的线程局部存储（Thread-Local Storage，TLS）的偏移地址，以实现多线程环境下的数据独立保护。

GS 称为附加数据段寄存器（Extra SegmenT）。GS 是一个通用寄存器，主要用于指定全局描述符表（Global Descriptor Table，GDT）或局部描述符表（Local Descriptor Table，LDT）的基址。

这些描述符表是用于管理内存和 I/O 的两种重要机制，提供了一种方式来定义哪些程序可以访问哪些内存区域和 I/O 端口。通过使用这些描述符表，可以有效地保护系统资源，并确保各个程序之间的隔离。

GS 的重要性在于它提供了一种访问这些描述符表的方式。通过设置 GS 寄存器的值，可以指定要访问的特定范围，从而控制程序的内存和 I/O 访问权限。

3. 标志寄存器

32 位 X86 CPU 的标志寄存器如图 10-2 所示，包括运算标志位、控制标志位和 32 位 X86 CPU 新增的标志位，这里仅介绍 32 位 X86 CPU 新增的标志位。

IOPL 称为 I/O 特权（I/O Privilege Level）标志位。IOPL 用 2 个位来表示，也称为 I/O 特权字段，表示要求执行 I/O 指令的特权级。如果当前 I/O 指令的特权级在数值上小于等于 IOPL 的值，那么该 I/O 指令可执行，否则将发生一种保护异常。

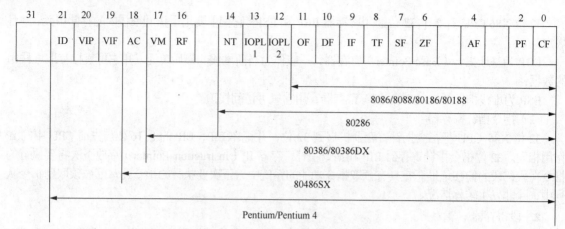

图 10-2　32 位 X86 CPU 的标志寄存器

NT 称为嵌套任务（Nested Task）标志位，用来控制中断返回指令 IRET 的执行。具体规定如下：

当 NT=0 时，用堆栈中保存的值恢复 EFLAGS、CS 和 EIP，执行常规的中断和返回操作；

当 NT=1 时，通过任务转换实现中断返回。

RF 称为重启动（Restart）标志位，用来控制是否接收调试故障。当 RF=0 时，表示接收调试故障，否则拒绝。在成功执行完一条指令后，处理器把 RF 置为 0，当接收到一个非调试故障时，处理器将它置为 1。

VM 称为虚拟 8086 模式标志位。如果该标志的值为 1，则表示处理器在虚拟 8086 模式下工作，否则在一般保护模式下工作。

AC 称为对齐检测标志。其设置是否在存储器访问时进行数据对齐检测。

VIF 称为虚拟中断标志。VIF 的功能主要是用来支持虚拟内存和虚拟中断技术。当 VIF 设置为 1 时，表示有一个虚拟中断正在等待处理；当 VIF 设置为 0 时，表示没有等待处理的虚拟中断。VIF 往往与 VIP 连用。

VIP 称为虚拟中断挂起标志，指示有一个中断被挂起。

ID 称为 CPU 识别标志。如果程序能够置位和复位这个标志位，则表示该 CPU 支持 CPU 识别指令 CPUID。

4. 其他寄存器

（1）系统地址寄存器

全局描述符表（GDT）、局部描述符表（LDT）和中断描述符表（IDT）等都是保护模式下非常重要的特殊段，它们包含为段机制所用的重要表格。为了方便快速地定位这些段，处理器采用一些特殊的寄存器保存这些段的基地址和段界限，我们把这些特殊的寄存器称为系统地址寄存器，包括全局描述符表寄存器 GDTR、局部描述符表寄存器 LDTR、中断描述符表寄存器 IDTR 和任务状态段寄存器 TR。

（2）控制寄存器

IA-32 CPU 有 4 个 32 位的控制寄存器，分别命名为 CR0、CR1、CR2 和 CR3。但 CR1 被保留，供今后开发的处理器使用。CR0 包括指示处理器工作模式的控制位，包含启用和禁止分页管理机制的控制位，控制浮点协处理器操作的控制位。CR2 及 CR3 由分页管理机制使用。CR0 中的位 5～位 30 及 CR3 中的位 0～位 11 是保留位，这些位不能是随意值，必须为 0。

（3）调试寄存器

用于进行断点调试，IA-32 CPU 有 8 个 32 位的调试寄存器，分别命名为 DR0、DR1、DR2、DR3、DR4、DR5、DR6、DR7。

（4）测试寄存器

控制对分页单元中转换后备缓冲器（CPU 的一种缓存，通常被用于虚拟内存系统，用于改进虚拟地址到物理地址的转译速度）的调试，包括 TR3、TR4、TR5、TR6、TR7。

10.1.2　存储器组织

32 位 CPU 的内存管理仍然采用"分段"的管理模式，存储器的逻辑地址同样由段基址和偏移地址两部分组成。32 位 CPU 的内存管理与 16 位 CPU 的有相同之处，也有不同之处，因为它提供了两种不同工作模式：实模式和保护模式。

1.　物理地址的计算方式

实模式：存储单元逻辑地址中的段基址仍然是 16 的倍数，每个段的最大容量仍为 64KB。段寄存器的值是段的起始地址，存储单元的物理地址仍为段寄存器的值乘 16，再加上段内偏移地址。在此模式下，32 位 CPU 的内存管理与 16 位 CPU 的是一致的。

保护模式：段基址可以长达 32 位，其值可以不是 16 的倍数，每个段的最大容量可达 4GB。段寄存器的值是表示段基址的"选择符"（Selector），用该"选择符"可从内存中得到一个 32 位的段基址，存储单元的物理地址是该段基址加上段内偏移地址，这与 16 位 CPU 的物理地址计算完全不同。

2.　段寄存器的引用

32 位 X86 CPU 内有 6 个段寄存器，程序在某一时刻可访问 6 个不同的段，其段寄存器的值在不同的工作模式下具有不同的含义：

（1）在实模式下，段寄存器的值就是段基址；

（2）在保护模式下，段寄存器的值不是段基址，是段基址的"选择符"，它间接指出一个 32 位的段基址。

下面分别说明各段寄存器的用法和作用。

代码段寄存器：32 位 CPU 在取指令时，系统自动引用 CS 和 EIP 来取出下一条指令。在实模式下，由于段的最大容量不超过 64KB，因此 EIP 的高 16 位全为 0，其效果相当于 16 位 CPU 中的 IP。

堆栈段寄存器：32 位 CPU 在访问堆栈段时，总是引用堆栈段寄存器 SS。但在不同的工作模式下其堆栈指针有所不同：

（1）在实模式下，32 位 CPU 把 ESP 的低 16 位 SP 作为指向堆栈的指针，因此，我们可以认为栈顶单元是由 SS 和 SP 来指定的，这就与 16 位 CPU 访问栈顶单元的方法相一致；

（2）在保护模式下，堆栈指针可用 32 位的 ESP 和 16 位的 SP。

数据段寄存器：DS 是主要的数据段寄存器。通常情况下，它是除访问堆栈以外数据时的默认段寄存器。在某些串操作中，其目的操作数的段寄存器被指定为 ES 是另一个例外。

另外，段寄存器 CS、SS、ES、FS 和 GS 也都可以作为访问数据时的段寄存器，但它们必须用段超越前缀的方式在指令中直接写出。用这种方式会增加指令的长度，指令的执行时间也有所延长。

一般来说，程序频繁访问的数据段用 DS 来指向，不太经常访问的数据段可用 ES、FS 和 GS 等来指向。

3.　存储单元的内容

32 位 CPU 存储单元内容的存储格式与 16 位 CPU 的完全一致，采用"高位数据存放在高地址，低位数据存放在低地址"的原则来存放数据。

10.2　数据寻址方式

32 位汇编指令中的操作数有可能在以下几处位置。

① 代码段中，作为指令中的立即数；

② CPU 寄存器中；

③ 存储器的数据段、堆栈段或附加数据段中。

因此，总体来说，32 位 X86 CPU 支持的数据寻址方式分为 3 种：立即数寻址方式、寄存器寻址方式、存储器寻址方式。

10.2.1　立即数寻址方式

32 位寻址方式的操作数可以是 8 位、16 位或 32 位的，包括 32 位的立即数。如：

```
MOV   EAX,80000000H
MOV   AL,12H
MOV   AX,2000
```

需要注意的是，立即数只能作为源操作数；立即数寻址方式主要用来给通用寄存器或存储器赋值，而不允许用来给段寄存器直接赋值。

10.2.2　寄存器寻址方式

与 16 位寻址方式类似，如果操作数在寄存器中，CPU 则使用寄存器寻址方式来访问操作数。如图 10-1 所示，32 位 X86 CPU 中包含的常用的寄存器按照字长可以分类如下。

32 位寄存器：EAX、EBX、ECX、EDX、ESP、EBP、ESI、EDI。

16 位寄存器：AX、BX、CX、DX、SP、BP、SI、DI、CS、DS、SS、ES、FS、GS。

8 位寄存器：AH、AL、BH、BL、CH、CL、DH、DL。

寄存器寻址方式的格式如下：

```
MOV AX, BX
MOV EDI, ESI
MOV AL, CL
```

10.2.3　存储器寻址方式

操作数在存储器中时，使用存储器寻址方式来访问操作数，其地址由指令以某种方式指出。32 位指令模式下物理地址由 5 部分组成：

段址+基址+变址×比例因子+偏移地址

其中存放基址或变址的寄存器可以是除 ESP 以外的任何 32 位通用寄存器。当基址寄存器为 EBP 时，默认 SS 存放段选择符，否则，默认 DS 存放段选择符。也可使用段超越前缀来指定存放段选择符的段寄存器。比例因子为 1、2、4、8。偏移地址为 8 位或 32 位。

存储器寻址方式包括以下几种。

① 直接寻址。如：

```
MOV EAX,[10000000H]
```

② 寄存器间接寻址。如：

```
MOV EDX,[ECX]
```

③ 相对基址寻址。如：

```
MOV ECX,[EAX+80H]
```

存储器寻址方式中，32 位 X86 CPU（例如 80386）在保留上述 8086 的寻址方式的基础上，又增加了 3 种寻址方式：比例变址寻址、基址比例变址寻址和相对基址比例变址寻址。

1. 比例变址寻址

操作数的有效地址是变址寄存器内容乘比例因子再加位移量。引入比例因子对于访问元素类型为 2、4、8 字节的数组很方便。例如：

```
MOV   EAX,ARRAY[ESI*4]
```

ARRAY 是数组的首地址，元素类型为 4 字节。当 ESI=0 时，访问第一个元素，ESI 逐步增 1，就可以逐个访问每个元素。这里比例因子为 4，通过[ESI*4]直接得到数组下标。有关有效地址成分参见表 10-2。

表 10–2　16/32 位寻址时有效地址的成分

有效地址成分	16 位寻址	32 位寻址
位移量	0、8、16 位	0、8、32 位
基址寄存器	BX、BP	任何 32 位通用寄存器（含 ESP）
变址寄存器	SI、DI	除 ESP 外的 32 位通用寄存器
比例因子	无	1、2、4、8

例 10.1　用比例变址寻址求 ARRAY 数组的 8 个元素之和。

```
MOV     CX,8
MOV     EDI,0
MOV     AX,0
K1: ADD     AX,ARRAY[EDI*2]
INC     EDI
LOOP    K1
```

2. 基址比例变址寻址

操作数的有效地址是变址寄存器内容乘比例因子再加基址寄存器内容。比例因子的引入对于访问元素类型为 2、4、8 字节的数组很方便。例如：

```
MOV     EAX,[ESI*4+EBX]
```

EBX 存放数组的首地址，元素类型为 4 字节。当 ESI=0 时，访问第一个元素，ESI 逐步增 1，就可以逐个访问每个元素。这里比例因子为 4，通过[ESI*4]直接得到数组下标。有关有效地址成分参见表 10-2。

例 10.2　用基址比例变址寻址求 ARRAY 数组的 8 个元素之和。

```
LEA     EBX,ARRAY
MOV CX,8
MOV     EDI,0
MOV     AX,0
K1: ADD     AX,WORD PTR[EDI*2+EBX]
INC     EDI
LOOP    K1
```

3. 相对基址比例变址寻址

操作数的有效地址是变址寄存器内容乘比例因子再加基址寄存器内容及位移量。相对基址比例变址寻址方便了对二维数组的访问，例如，访问 6 行 8 列的二维数组（元素按先行后列的优先顺序存放）。

```
MOV     EAX, ARRAY[ESI*2+EBX]
```

ARRAY 为数组的首地址，元素类型为 2 字节。设 EBX=0，当 ESI=0 时，访问数组第一行的第一个元素，ESI 逐步增 1，就可以逐个访问该行每个元素。设 EBX=16，就可以访问数组第二行的元素。有关有效地址成分参见表 10-2。

例 10.3　用相对基址比例变址寻址求 ARRAY 行列式对角线元素之和。

```
ARRAY   DW  2,3,5,8
        DW  1,4,6,5
        DW  2,7,9,3
        DW  1,3,2,5
MOV     EBX,0
MOV     EDI,0
MOV     CX,4
MOV     EAX,0
K1: ADD     AX,ARRAY[EDI*2+EBX]
INC     EDI
ADD     EBX,8
LOOP    K1
```

10.3 32 位汇编指令格式

下面简要列出 80386 机型新增的常用指令，供读者使用时参考。

随着 80386 后继机型的陆续出现，在全面兼容 8086/8088 的 16 位机指令的基础上，80386 指令系统把操作数扩展到 32 位，例如传送指令 MOV EAX,EBX 可以传送 32 位数据；加法指令 ADD EAX,VAR 可以进行 32 位的加法；PUSH EAX 可以一次向堆栈压入 32 位数据。不仅如此，还增加了一些新的指令（约 70 条）。显然 32 位的数据操作可以加快运算速度、提高程序的运行效率，给编程带来了方便。但一般来说，用 16 位指令就可以设计汇编语言程序，程序员并不需依赖 32 位指令。因此，本节不介绍 32 位扩展指令。

10.3.1 数据传送指令

数据传送指令负责在寄存器、存储单元或 I/O 端口之间传送数据。80386 机型新增的数据传送指令包括以下几种。

（1）MOVSX（符号扩展传送）

格式：

```
MOVSX  DST.SRC
```

操作：将源操作数 SRC 进行符号扩展，扩展后的长度和目的操作数长度一样，并将其传送到 DST。其中，DST 表示目的操作数，SRC 表示源操作数，SRC 长度可以小于 DST 长度。

例如：

```
MOVSX  EAX, DL
```

（2）MOVZX（零扩展传送）

格式：

```
MOVZX  DST.SRC
```

操作：将源操作数 SRC 高位加 0 进行扩展，扩展后的长度和目的操作数长度一样，并将其传送到 DST。

例如：

```
MOVZX  EAX.BX
```

（3）CWDE（16 位符号扩展）

格式：

```
CWDE
```

操作：将 AX 符号扩展到 32 位 EAX。

（4）CDQ（32 位符号扩展）

格式：

```
CDQ
```

操作：将 EAX 符号扩展到 64 位，扩展结果存放在（EDX、EAX）

（5）PUSHAD（32 位通用寄存器内容入栈）

格式：

```
PUSHAD
```

操作：将所有 32 位通用寄存器内容入栈，入栈顺序为 EAX、ECX、EDX、EBX、ESP、EBP、ESI、EDI。其中 ESP 是指该指令操作前的栈顶指针。

（6）PUSHFD（32 位标志寄存器内容入栈）

格式：

```
PUSHFD
```

操作：将 32 位标志寄存器内容入栈。

（7）POPAD（32 位通用寄存器内容出栈）

格式：

```
POPAD
```

操作：将所有 32 位通用寄存器内容出栈，出栈顺序为 EDI、ESI、EBP、ESP、EBX、EDX、ECX、EAX，弹出的顺序与 PUSHAD 指令相反。在弹出堆栈之后，ESP+32→ESP。

（8）POPFD（32 位标志寄存器内容出栈）

格式：

```
POPFD
```

操作：将 32 位标志寄存器内容出栈。

（9）PUSH DWORD PTR imm32（32 位立即数入栈）

格式：

```
PUSH DWORD PTR imm32
```

操作：将 32 位立即数入栈。imm32 表示 32 位立即数。

例如：PUSH DWORD PTR 12345678H

（10）LFS/LGS/LSS（地址传送）

格式：

```
LFS/LGS/LSS  REG,SRC
```

操作：传送目标指针，把指针内容装入 FS/GS/SS 寄存器。

例如：

```
LFS EBX,VAR
```

把 VAR 单元中的 48 位地址（32 位的偏移地址+16 位的段基址）分别装入 EBX 和 FS 寄存器。

```
LGS EBX,VAR
```

把 VAR 单元中的 48 位地址（32 位的偏移地址+16 位的段基址）分别装入 EBX 和 GS 寄存器。

```
LSS EBX,VAR
```

把 VAR 单元中的 48 位地址(32 位的偏移地址+16 位的段基址)分别装入 EBX 和 SS 寄存器。

10.3.2　位操作指令

位操作指令可以对二进制数进行位级别的操作，80386 新增的数据传送指令主要包括以下几种。

（1）SHLD（双精度左移）

格式：

```
SHLD DST,REG,CNT
```

操作：将目的操作数 DST、寄存器 REG 的内容左移 CNT 位。寄存器 REG 为源操作数。DST 在左，REG 在右，串接起来左移。REG 的高 CNT 位内容左移进入 DST，DST 高位移入 CF，REG 本身内容不改变。DST 长度和 REG 长度要一致。

（2）SHRD（双精度右移）

格式：

```
SHRD DST,REG,CNT
```

操作：将目的操作数 DST、寄存器 REG 的内容右移 CNT 位。寄存器 REG 为源操作数。DST 在右，REG 在左，串接起来右移。REG 的低 CNT 位内容右移进入 DST，DST 低位移入 CF，REG 本身内容不改变。DST 长度和 REG 长度要一致。

（3）BT（位测试）

格式：

```
BT  DST,SRC
```

操作：由 SRC 的数值指定对目的操作数 DST 的某位进行测试，结果送入 CF。即把 DST 的某位送入 CF。

（4）BTS（位测试并置1）

格式：

```
BTS DST,SRC
```

操作：由 SRC 的数值指定对目的操作数 DST 的某位进行测试，结果送入 CF，并对 DST 的该位置1。

（5）BTR（位测试并置0）

格式：

```
BTR DST,SRC
```

操作：由 SRC 的数值指定对目的操作数 DST 的某位进行测试，结果送入 CF，并对 DST 的该位置0。

（6）BTC（位测试并取反）

格式：

```
BTC DST,SRC
```

操作：由 SRC 的数值指定对目的操作数 DST 的某位进行测试，结果送入 CF，并对 DST 的该位取反。

（7）BSF（正向位扫描）

格式：

```
BSF REG,SRC
```

操作：从低位到高位扫描源操作数中的各位，若所有位都是 0，则 ZF=1；否则遇到第 1 个 1，则 ZF=0，并将扫描到的第 1 个 1 的位号送入目的操作数。

（8）BSR（反向位扫描）

格式：

```
BSR REG,SRC
```

操作：从高位到低位扫描源操作数中的各位，若所有位都是 0，则 ZF=1；否则遇到第 1 个 1，则 ZF=0，并将扫描到的第 1 个 1 的位号送入目的操作数。

10.3.3 串操作指令

（1）INS/INSB/INSW/INSD（串输入）

格式：

```
INS/INSB/INSW/INSD STR, DX
```

操作：把由 DX 指定的端口输入的字节串、字串、双字串传送到由 ES:DI 或 ES:EDI 指出的串单元，加重复前缀完成整个串的输入。STR 表示串地址。

例如：

```
REP INS  BYTE PTR ES:[DI], DX
REP INS  WORD PTR ES:[DI], DX
REP INSB ES:[DI], DX
REP INSW ES:[DI], DX
REP INSD ES:[DI], DX
```

（2）OUTS/OUTSB/OUTSW/OUTSD（串输出）

格式：

```
OUTS  DX,STR
```

操作：把由 ES:DI 或 ES:EDI 指出的串输出到 DX 指定的端口，加重复前缀完成整个串的输出。

例如：

```
REP OUTS  DX,BYTE PTR ES:[DI]
REP OUTS  DX,WORD PTR ES:[DI]
REP OUTSB DX,ES:[DI]
REP OUTSW DX,ES:[DI]
REP OUTSD DX,ES:[DI]
```

（3）串处理指令

含义同 16 位的串处理指令，处理长度为 32 位，有如下 5 条：

```
MOVSD;串移动

CMPSD;串比较

SCASD;串扫描

STOSD;串存储

LODSD;串读取
```

10.3.4　算术指令和其他指令

（1）IMUL（有符号数乘法）

格式：

```
IMUL   DST, SRC       ;DST=DST*SRC
IMUL   OP1, OP2,imm   ;OP1=OP2*imm   (imm 为立即数)
```

例如：

```
IMUL   AX, 1234H          ;DX, AX=AX*1234H
IMUL   EDX, [EAX], 56H    ;EDX, [EAX]=EAX*56H
```

（2）XADD[交换并相加（80486）]

格式：

```
XADD  DST, SRC
```

操作：把两个操作数之和送入 DST，把原 DST 内容送入 SRC。

（3）CMPXCHG[比较并交换（80486）]

格式：

```
CMPXCHG DST, SRC
```

操作：累加器 AC 与 DST 比较，如相等，则 ZF=1，SRC 内容送入 DST；否则，ZF=0，DS 内容送入累加器 AC。累加器 AC 可以是 AL、AX、EAX。

（4）BSWAP[字节交换（80486）]

格式：

```
BSWAP  r32
```

操作：32 位寄存器（r32）字节次序变反。1、4 字节互换，2、3 字节互换。

（5）BOUND（界限检查）

格式：

```
BOUND  reg, mem
```

其中，寄存器（reg）存放当前要访问的数组下标，内存单元（mem）存放数组的下界和上界。16位操作数时，mem 的两个字存放下界和上界，下界在低地址。32 位操作数时，mem 的两个双字存放下界和上界，下界在低地址。

操作：检查给出的数组下标是否越界，如越界则产生中断 5，中断返回还指向该指令；如不越界，则顺序执行下条指令。

（6）ENTER（建立堆栈帧）

格式：

```
ENTER  imm16, imm8
```

其中，imm16 为 16 位立即数，表示堆栈帧所占的字节数；imm8 为 8 位立即数，表示过程的嵌套层数（范围应在 0～31）。

操作：把 EBP 入栈，将当前栈顶的 EBP 寄存器的值推入栈中。

把 EBP 设置为堆栈帧的基址：将 ESP 的值赋给 EBP，使 EBP 成为新的堆栈帧的基址。

为局部变量保留空间：根据第一个操作数 imm16 的值，从 ESP 中减去这个值，为函数的局部变量在堆栈中保留空间。

例如：

```
ENTER  4, 0
```

指令建立的堆栈帧如图 10-3 所示。该指令一般位于过程的开始处，便于存放变量和过程间的参数传递。

（7）LEAVE（释放堆栈帧）

格式：

```
LEAVE
```

操作：将 EBP 寄存器的内容复制到 ESP 寄存器中，以释放分配给该过程的所有堆栈空间。

从堆栈恢复 EBP 寄存器的旧值。

LEAVE 在程序中位于推出过程的 RET 指令前，用来释放由 ENTER 指令建立的堆栈帧。

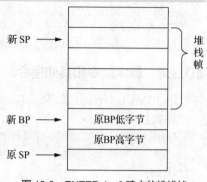

图 10-3　ENTER 4，0 建立的堆栈帧

10.3.5　条件测试并设置指令

16 位条件转移指令是根据上条指令产生的条件码来判断是否实现程序转移的，而有时希望保留这个条件码，待以后在程序的另一个位置实现程序转移，下面的指令为此目的而设置。

指令格式：

```
SETcc  DST
```

其中 DST 为 8 位，根据指定的条件码，如满足条件，则 DST 目的字节置 1，否则置 0。测试条件同 16 位条件转移指令，分为 3 组。

1. 根据单个条件

（1）SETZ（SETE），结果为 0 则目的字节置 1。

（2）SETNZ（SETNE），结果不为 0 则目的字节置 1。

（3）SETS，结果为负则目的字节置 1。

（4）SETNS，结果为正则目的字节置 1。

（5）SETO，结果溢出则目的字节置 1。

（6）SETNO，结果不溢出则目的字节置 1。

（7）SETP（SETPE），奇偶位为 1 则目的字节置 1。

（8）SETNP（SETPO），奇偶位为 0 则目的字节置 1。

（9）SETC（SETB/SETNAE），CF 为 1 则目的字节置 1。

（10）SETNC（SETNB/SETAE），CF 为 0 则目的字节置 1。

2. 比较两个无符号数

（1）SETB（SETNAE/SETC），小于则目的字节置 1。

（2）SETNB（SETAE/SETNC），不小于则目的字节置 1。

（3）SETBE（SETNA），小于等于则目的字节置 1。

（4）SETNBE（SETA），不小于等于则目的字节置 1。

3. 比较两个有符号数

（1）SETL（SETNGE），小于则目的字节置 1。

（2）SETNL（SETGE），不小于则目的字节置 1。

（3）SETLE（SETNG），小于等于则目的字节置 1。

（4）SETNLE（SETG），不小于等于则目的字节置 1。

例如：

```
SETO  CL
```

如溢出则置 CL 为 1。

10.4　编程举例

10.4.1　Windows 汇编语言特点

　　DOS 下的汇编程序是"指令+中断"，而 Windows 下 32 位汇编程序是"指令+API+消息"。API 是"Application Program Interface"的英文缩写，即应用程序接口，很像 DOS 下的中断。中断是系统提供的功能，在操作系统运行后就被装载在内存中，而 API 函数是通过将函数所在的动态链接库装载到内存后用于调用函数的。在 Windows 下设计应用程序不使用 API 函数是不可能的，有些高级语言看似没有使用 API 函数，但它们提供的模块对 API 函数进行了封装。

　　API 函数是 Windows 的基础，其包含在众多扩展名为 dll 的动态链接库中，3 个关键的动态链接库文件如下。

　　① Kernel32.dll：系统服务功能，包含内存管理、任务管理和文件操作等 API 函数。一般情况下都要使用它。也许一个程序什么功能也没有，但不能没有类似 DOS 下退出内存的.EXIT 0 指令，在 Windows 下为 API 函数 ExitProcess。

　　② Gui32.dll：图形设备接口，提供显示文本和图形等 API 函数。Windows 程序最大的一个特点是包含窗口，如果设计的程序要包含窗口，则需要使用该库中的函数，包括窗口的建立、显示、事件处理和销毁。

　　③ User32.dll：用户接口服务，提供建立窗口和传送消息的 API 函数。用户单击按钮或拖动窗口时，界面之所以出现相应的变化，是因为系统对不同的用户操作用消息来描述，不同的消息又对应不同的 API 函数，由它们去处理。

　　消息是指 Windows 发出的一个通知，告诉应用程序某个事情发生了。例如，单击、改变窗口尺寸、按键盘上的一个键都会使 Windows 发送一个消息给应用程序。消息本身是作为一个用 MSG 命名的结构传递给应用程序的，这个结构中包含消息的类型等信息。其定义如下：

```
MSG STRUCT
HWND      DWORD  ?        ;消息目的窗口句柄
MESSAGE   DWORD  ?        ;消息常量标识符，是用 WM_开头的预定义常量
WPARAM    DWORD  ?        ;32 位消息带的参数 1
LPARAM    DWORD  ?        ;32 位消息带的参数 2
TIME      DWORD  ?        ;消息创建时的时间
PT        POINT  <>       ;消息创建时的鼠标指针位置
MSG ENDS
```

10.4.2　Windows 下 32 位汇编程序示例

　　Windows 下汇编程序的开发使用 MASM32 或 TASM32 软件，本书使用的是 MASM32。汇编程序的调试使用 W32DASM、Soft-Ice 等软件。

　　MASM32 是由个人开发的一套可以在 Windows 平台上编写汇编程序的工具，只需要简单配置，就可以编写汇编程序。

1. MASM32 的安装

　　到 MASM32 官网下载安装文件，将其安装到 C 盘或 D 盘根目录下即可。

2. 配置环境变量（用户变量）

　　对于 Windows 10 和 Windows 11 等操作系统，按 Win+R 组合键打开"运行"对话框，输入 SystemPropertiesAdvanced 打开系统属性"高级"选项卡，选择"环境变量"，如图 10-4 所示，在"用户变量"框中新建 3 个变量（根据安装 MASM32 的位置不同，前面的路径要调整），分别配置 include（××.inc 的头文件）、lib（静态链接库）、PATH（工具的路径），如图 10-5 所示。如果不配置环境变量，之后在汇编文件中写代码，其包含文件必须使用绝对路径（include ××××××masm32.inc）。

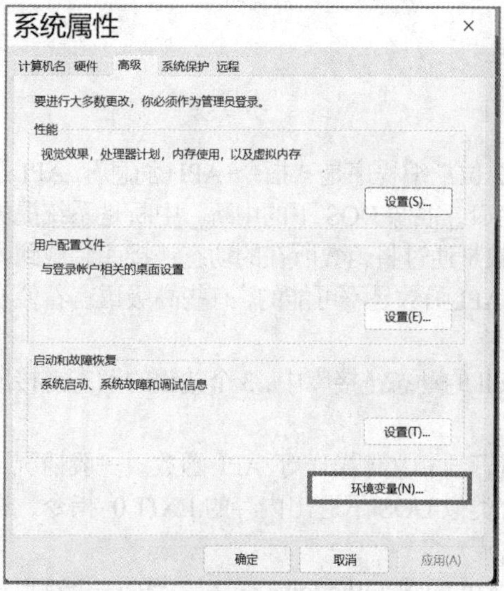

图 10-4 系统属性"高级"选项卡

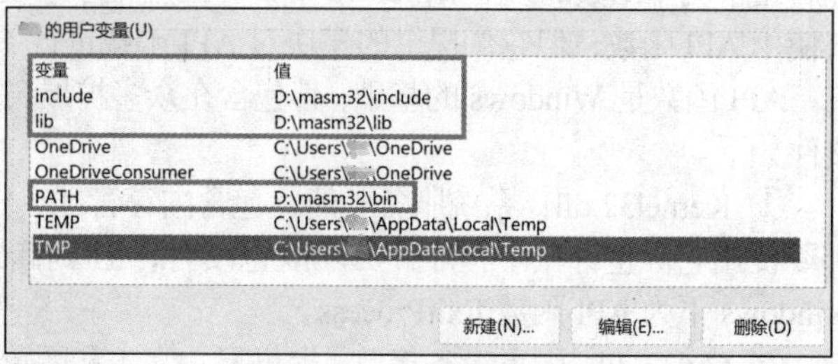

图 10-5 配置用户变量示意

3. 编写 Win32 汇编程序

例 10.4 编写程序，可以通过提示让用户输入一个字符串，并显示这个字符串。

```
.386                          ; 告诉编译器在本程序中使用的指令集
.MODEL FLAT, STDCALL
OPTION CASEMAP:NONE           ; 告诉编译器程序中变量名对大小写敏感

INCLUDE KERNEL32.INC
INCLUDELIB KERNEL32.LIB

INCLUDE MASM32.INC
INCLUDELIB MASM32.LIB

.DATA
    MSG1 DB "WHERE ARE YOU FROM? ", 0
    MSG2 DB "WELCOME! WE ALL LOVE ",0

.DATA?
    BUFFER DB 30 DUP(?)        ; 为输入存储单元保留 30 字节

.CODE
START:
    PUSH OFFSET MSG1           ; 把 MSG1 的有效地址压入堆栈
    CALL STDOUT                ; 调用控制台显示 API

    PUSH 30                    ; 设置最大输入字符的个数
    PUSH OFFSET BUFFER         ; 把输入存储单元 BUFFER 的有效地址压入堆栈
    CALL STDIN                 ; 调用控制台输入 API

    PUSH OFFSET MSG2           ; 把 MSG2 的有效地址压入堆栈
    CALL STDOUT                ; 调用控制台显示 API

    PUSH OFFSET BUFFER         ; 把输入存储单元 BUFFER 的有效地址压入堆栈
    CALL STDOUT                ; 调用控制台显示 API
```

```
EXIT:
      PUSH 0
      CALL EXITPROCESS
END START
```

例 10.4 中.model flat, stdcall 表示使用平坦内存模式（在平坦内存模式中，内存被视为是连续的、平坦的，不再像 DOS 可执行程序那样，必须把超过 64KB 的一块内存划分为几个小的、不超过 64KB 的段来使用）并使用 stdcall 调用习惯（STDCALL 指函数的参数从右往左压入，即最后的参数先压入，且函数在结束时清栈），这几乎是所有 Windows API 函数和 DLL 的标准。INCLUDE KERNEL32.INC、INCLUDELIB KERNEL32.LIB、INCLUDE MASM32.INC、INCLUDELIB MASM32.LIB 是一些 INCLUDE 语句。为了使用 Windows API 的函数，需要导入 DLL 文件，这里由静态链接库（.LIB）完成，它们使系统能在内存的动态基地址处动态载入 DLL 文件。我们不仅需要包含静态库，还需要包含.INC 文件，这是由 l2inc 工具根据库文件自动生成的。

4. 编译并执行 Win32 汇编程序

例 10.4 具体的编译和执行步骤如图 10-6 所示，包括以下步骤。

（1）打开 MASM32 EDITOR，定位到 EG1001.ASM 文件。

（2）汇编，生成 EG1001.OBJ 文件，命令为 ML /C /COFF EG1001.ASM。

（3）链接，生成 EG1001.EXE 文件，命令为 LINK /SUBSYSTEM:CONSOLE EG1001.OBJ。（注意：这是生成命令行程序，如果要生成窗口程序，subsystem 参数要修改为 windows）

（4）执行，输入 EG1001.EXE 文件名后按 Enter 键，即可执行程序。

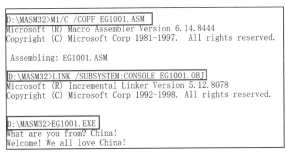

图 10-6　Win32 汇编程序编译和执行示意

5. 调试 Win32 汇编程序

W32Dasm 是著名的静态反汇编工具，它能把 PE 等格式的文件反汇编为易于阅读的文本文件。所谓的静态反汇编是有别于动态反汇编的，在对可执行代码进行反汇编的过程中，不执行相关的代码，而通过对代码的静态分析得到汇编程序，从而获得程序的功能。W32Dasm 的主要功能包括：

- 保存反汇编文本文件和创建方案文件；
- 跳转到代码的某个位置；
- 查看导入、导出函数；
- 以二进制方式查看数据段和代码段数据；
- 资源定位；
- 简单的动态调试。

下面通过举例说明如何使用 W32Dasm 实现反汇编一个程序。从菜单"Open File to Disassemble"中选择文件"EG1001.EXE"，反汇编结束后从菜单"Debug"中选择"Load Process"，单击"Load"，生成受 W32Dasm 控制的进程 EG1001.EXE，如图 10-7 所示。单击图 10-7 中的按钮"Step Into F7"或者"Step Over F8"可以实现对 EG1001.EXE 的单步执行。如果用户需要从键盘输入，W32Dasm 则弹出图 10-8 所示的窗口，方便用户输入程序所需的字符串。

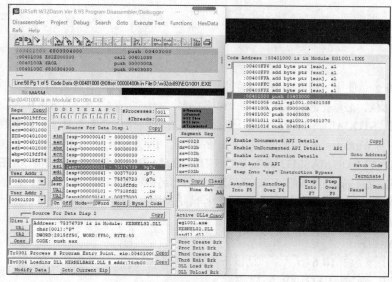

图 10-7　利用 W32Dasm 反汇编

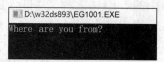

图 10-8　用户输入字符串窗口

本章小结

　　本章介绍了 IA-32 CPU 的硬件架构、数据寻址方式，新增 32 位汇编指令，并介绍了 Win32 汇编编程的方法。

习题 10

　　10.1　IA-32 CPU 有 8 个 32 位通用寄存器，其中 EAX、＿＿＿＿＿＿、＿＿＿＿＿＿＿和 EDX 可以分成 16 位和 8 位操作，另外 4 个是＿＿＿＿＿＿、＿＿＿＿＿＿、＿＿＿＿＿＿和＿＿＿＿＿＿。

　　10.2　寄存器 EDX 是＿＿＿＿＿＿位的，其中低 16 位的名称是＿＿＿＿＿＿，还可以分成两个 8 位的寄存器，其中 D0～D7 和 D8～D15 部分可以分别用名称＿＿＿＿＿＿和＿＿＿＿＿＿表示。

　　10.3　IA-32 CPU 有＿＿＿＿＿＿个段寄存器，它们都是＿＿＿＿＿＿位的。

　　10.4　已知 ESI = 04000H，EBX = 20H，指令"MOV EAX,[ESI+EBX*2+8]"中访问的有效地址是＿＿＿＿＿＿。

　　10.5　指令"POP EDX"的功能也可以用 MOV 和 ADD 指令实现，依次应该是＿＿＿＿＿＿和＿＿＿＿＿＿指令。

　　10.6　Windows 系统有 3 个最重要的系统动态链接库文件，它们是＿＿＿＿＿＿、＿＿＿＿＿＿和＿＿＿＿＿＿。

　　10.7　数据段有如下定义：

```
VAR  DWORD 12345678H
```

　　（1）现以字节为单位按地址从低到高的顺序，写出这个变量内容。

　　（2）说明如下指令的执行结果：

```
MOV EAX,VAR
MOV BX,WORD PTR VAR
MOV CX,WORD PTR VAR+2
MOV DL,BYTE PTR VAR
MOV DH,BYTE PTR VAR+3
```

　　10.8　IA-32 CPU 的指令 CDQ 将 EAX 符号扩展到 EDX。假如没有该指令，编程实现该指令功能。

11 第11章 MIPS 指令系统简介

不同的处理器对应不同的机器指令集，RISC 和 CISC 是当前 CPU 的两种架构。x86 是 CISC 的代表架构，占据了 95% 以上的桌面计算机和服务器市场；Arm 作为 RISC 的一种，在智能手机、可穿戴设备等移动处理器市场占领主要地位；MIPS 也是一种 RISC 架构的指令集，中科院计算所基于 MIPS 架构研发了龙芯 LoongArch 指令系统。本章主要介绍 MIPS 指令系统、MIPS 汇编程序设计等。

11.1 MIPS 体系结构与指令集

MIPS 体系结构是由 2017 年图灵奖获得者约翰·汉尼斯（John Hennessy）于 20 世纪 80 年代初发明的 RISC 体系结构。MIPS 相比于 Intel X86 的 CISC 架构，更加简洁高效。MIPS 处理器包含一个 5 级流水线：取指令、指令译码、执行、访存、写回。MIPS 的指令集就是针对流水线优化而设计的，其机制是尽量利用软件的办法避免流水线中出现资源冲突等相关问题。MIPS 指令中除单独的访存指令外，其他指令一律只允许使用寄存器作为操作数。本章探讨的是 MIPS 32 位体系架构，其中每条指令长度都是固定的 32 位。

11.1.1 MIPS 寄存器

1. MIPS 通用寄存器

MIPS 有 32 个通用寄存器（$0～$31），各个寄存器的约定用途如表 11-1 所示。

表 11–1　MIPS 中通用寄存器的约定用途

编号	寄存器助记符	用途
0	$zero	寄存器值恒为 0
1	$at	汇编保留寄存器
2～3	$v0～$v1	函数调用返回
4～7	$a0～$a3	函数调用参数
8～15	$t0～$t7	临时寄存器，子程序使用时不需要提前保留
16～23	$s0～$s7	存储寄存器，在过程中需要保存
24～25	$t8～$t9	临时寄存器，同$t0～$t7
26～27	$k0～$k1	操作系统内核保留的寄存器（$k0～$k1），也叫作操作系统/异常处理保留寄存器，两者至少要预留一个
28	$gp	全局指针
29	$sp	堆栈指针
30	$fp	堆栈帧指针，用于过程调用，也可以当成$s8 使用
31	$ra	存放子程序返回地址

下面具体介绍部分通用寄存器。

（1）1号寄存器（$at）

1号寄存器（$at）为汇编保留。由于MIPS I型指令的立即数字段只有16位，在加载大常数时，编译器或汇编程序需要把大常数拆开，然后将其重新组合到存储器里。例如加载一个32位立即数需要LUI（装入高位立即数）和ADDI两条指令。MIPS程序拆散和重装大常数由汇编程序来完成，汇编程序需要一个临时寄存器来重组大常数，这就是为汇编保留$at的原因之一。例如，如果用$s1来作为汇编保留的寄存器，那么当我们自己写的程序用到了$s1，汇编器在执行某些指令的时候把中间变量存到了$s1里，就会破坏数据，导致程序出错。

而如果汇编器用$at，我们用$s1，二者不相互干扰，就不会有这种隐患。$at有很多作用，整体来讲就是作为伪指令的中间变量。

例11.1 1号寄存器的应用。

```
LI $t1, 40
```

这是一条伪指令，在汇编器中会被转化成

```
ADDI $t1, $zero, 40    #其作用为存储立即数40（符号扩展至32位）到临时寄存器T1
```

但是，数字过大时：

```
LI $t1, -400000
```

因为数字太大，需要拆开，则会被转化成

```
LUI $at,0XFFC2
ORI $t1,$at 0XF700
```

其中，$at作为一个中间变量来使用。

MIPS汇编的注释内容由#号引导。

LUI（Load Upper Immediate）将imm（即-400000）的高16位，也就是0xffc2载入了汇编临时存器$at的高16位中。第二行将$at与原立即数imm的低16位0xf700相位或。显然$t1最终存储了整个32位的立即数。ORI是进行逻辑"或"运算的指令。

（2）2号和3号寄存器

2号和3号寄存器（$v0～$v1）用于函数调用返回，即用于存放一个子程序（函数）的非浮点数运算结果或返回值。对于子程序如何传递参数及如何返回，MIPS范围有一套约定，堆栈中少数几个位置处的内容装入CPU寄存器，其相应内存位置保留未做定义。当这两个寄存器不够存放返回值时，编译器通过内存来完成。

（3）4～7号寄存器

4～7号寄存器（$a0～$a3）用于函数调用参数，即用来传递前4个参数给子程序。$a0～$a3、$v0～$v1及$ra支持子程序/过程调用，分别用于传递参数、存放返回结果和存放返回地址。当需要使用更多的寄存器时，就需要堆栈，MIPS编译器总是为参数在堆栈中留有空间，以防有参数需要存储。

（4）16～23号寄存器

16～23号寄存器是存储寄存器（$s0～$s7）。MIPS提供了临时寄存器和存储寄存器，这样减少了寄存器溢出。编译器在编译一个叶（Leaf）过程（不调用其他过程的过程）的时候，总是在临时寄存器分配完时才需要存储寄存器。

在实际编程中，8～25号这两类寄存器可以通用使用。26号和27号寄存器是操作系统内核保留的寄存器，28号寄存器是全局指针，29号寄存器是堆栈指针，30号寄存器是帧指针，31号寄存器是用于存放子程序调用返回地址的寄存器。

2. MIPS特殊寄存器

MIPS 32架构中定义的特殊寄存器有3个：PC（程序计数器）、HI（乘除结果高位寄存器）、LO

（乘除结果低位寄存器）。

其中，进行乘法运算时，HI 和 LO 保存乘法运算的结果，其中 HI 存储高 32 位，LO 存储低 32 位；进行除法运算时，HI 和 LO 保存除法运算的结果，其中 HI 存储余数，LO 存储商。

11.1.2　MIPS 指令格式

MIPS 所有指令都是 32 位长，即 4 个字节。

MIPS 指令类型分为 3 种，分别是 R 型（Register Format）、I 型（Immediate Format）和 J 型（Jump Format），如表 11-2 所示，同一类型的指令格式中对应位包含的数据或操作数相同，其中 6 位的 opcode 字段用于表示指令操作码，值为 0 表示 R 型指令；寄存器字段用 5 位表示，可以访问 32 个通用寄存器，最多可以有 3 个寄存器操作数，即表 11-2 中的$rs、$rt 和$rd 字段；5 位的 shamt 字段是移位变量；6 位的 funct 字段用于区分 R 型指令的具体功能。I 型指令的 imm 立即数字段是 16 位，因此能使用的有符号立即数范围为[-32768, +32767]。J 型指令的 address 字段为 26 位。

表 11-2　MIPS 指令格式

类型	31~26	25~21	20~16	15~11	10~06	05~00
R 型	opcode	$rs	$rt	$rd	shamt	funct
I 型	opcode	$rs	$rt	imm（16 位）		
J 型	opcode	address（26 位）				

1. R 型指令

R 型指令格式如表 11-3 所示。

表 11-3　R 型指令格式

字段名	字段含义	字段长度/位
opcode	操作码	6
$rs	第一个源操作数	5
$rt	第二个源操作数	5
$rd	目的寄存器	5
shamt	偏移地址	5
funct	函数码	6

R 型指令有 6 个字段，其中有 2 个字段长度为 6 位，表示 0~63 的数；有 4 个字段长度为 5 位，表示 0~31 的数。

opcode 字段用于指定指令的类型，对于所有 R 型指令，该字段的值为 0。

之所以 R 型指令的 opcode 字段为 0，是因为如果仅使用 opcode 字段，MIPS 只能有 64 条指令。为了表示更多的指令，在 R 型指令中，将 opcode 字段与 funct 字段组合，用于精确地指定指令的类型，这样，MIPS 指令的数量就不仅仅是 64 种了。

$rs（source register）字段通常用于指定第一个源操作数所在的寄存器编号。

$rt（target register）字段通常用于指定第二个源操作数所在的寄存器编号。

$rd（destination register）字段通常用于指定目的操作数所在的寄存器编号，目的操作数通常用于保存运算结果。

shamt（shift amount）字段用于指定移位指令进行移位的位数，对于非移位指令，该字段设为 0。

本书使用 R[$rd]表示编号为 rd 的寄存器，常见的 MIPS R 型指令功能详解如表 11-4 所示。

表 11-4　MIPS R 型指令功能详解

funct	指令助记符	功能描述	备注
0	SLL $rd, $rt, shamt	R[$rd] ← R[$rt]<<shamt	逻辑左移
2	SRL $rd, $rt, shamt	R[$rd] ← R[$rt]>>shamt	逻辑右移

续表

funct	指令助记符	功能描述	备注
3	SRA $rd, $rt, shamt	R[$rd] ← R[$rt]>>shamt	算术右移
4	SLLV $rd, $rt, $rs	R[$rd] ← R[$rt]<<R[$rs]	逻辑可变左移
6	SRLV $rd, $rt, $rs	R[$rd] ← R[$rt]>>R[$rs]	逻辑可变右移
7	SRAV $rd, $rt, $rs	R[$rd] ← R[$rt]>>R[$rs]	算术可变右移
8	JR $rs	PC ← R[$rs]	R[$rs]的值应为4的倍数，字对齐
9	JALR $rd, $rs	tmp ← R[$rs] R[$rd] ← PC+8 PC ← tmp	R[$rs]的值应为4的倍数，字对齐。Undefined if $rs=$rd（无延迟槽则 PC+4）
12	syscall	系统调用	
16	MFHI $rd	R[$rd] ← HI	取 HI 寄存器的值
17	MTHI $rs	HI ← R[$rs]	
18	MFLO $rd	R[$rd] ← LO	取 LO 寄存器的值
19	MTLO $rs	LO ← R[$rs]	
24	MULT $rs, $rt	{HI,LO} ← R[$rs]*R[$rt]	有符号数乘法
25	MULTU $rs, $rt	{HI,LO} ← R[$rs]*R[$rt]	无符号数乘法
26	DIV $rs, $rt	LO ← R[$rs]/R[$rt] HI ← R[$rs]%R[$rt]	有符号数除法
27	DIVU $rs, $rt	LO ← R[$rs]/R[$rt] HI ← R[$rs]%R[$rt]	无符号数除法
32	ADD $rd, $rs, $rt	R[$rd] ← R[$rs]+R[$rt]	溢出时产生异常，且不修改 R[$rd]
33	ADDU $rd, $rs, $rt	R[$rd] ← R[$rs]+R[$rt]	无符号加法
34	SUB $rd, $rs, $rt	R[$rd] ← R[$rs]−R[$rt]	溢出时产生异常，且不修改$rd
35	SUBU $rd, $rs, $rt	R[$rd] ← R[$rs]−R[$rt]	无符号减法
36	AND $rd, $rs, $rt	R[$rd] ← R[$rs]&R[$rt]	逻辑与
37	OR $rd, $rs, $rt	R[$rd] ← R[$rs]|R[$rt]	逻辑或
38	XOR $rd, $rs, $rt	R[$rd]← R[$rs] ∧ R[$rt]	异或
39	NOR $rd, $rs, $rt	R[$rd] ← !(R[$rs]|R[$rt])	或非
42	SLT $rd, $rs, $rt	R[$rd] ← !(R[$rs]|R[$rt])	或非
43	SLTU $rd, $rs, $rt	R[$rd] ← R[$rs]<R[$rt]	小于置1，有符号比较

例 11.2 R 型指令应用。

```
ADD $8,$17,$18
```

本条指令为 R 型指令，第一个操作数是寄存器$17，第二个操作数是寄存器$18，目标寄存器是$8；该指令没有移位，shamt 为 0，opcode 为 0，funct 为 32，格式如图 11-1 所示。

0	$17	$18	$8	0	32

图 11-1 ADD $8,$17,$18 指令格式

R 型指令的 shamt 字段用于存放立即数，由于字段长为 5 位，因此可以存储的最大立即数为 31，但是往往存储的立即数大于 31，故针对立即数大于 31 的情况设计了新的指令类型：I 型指令。

2. I 型指令

I 型指令格式如表 11-5 所示。

表 11–5 I 型指令格式

字段名	opcode	$rs	$rt	imm
字段含义	操作码	第一个源操作数	目的寄存器	立即数
字段长度/位	6	5	5	16

opcode 字段用于指定指令的操作类型（没有 funct 字段）。

$rs 字段用于指定第一个源操作数所在的寄存器编号。

$rt 字段用于指定目的操作数所在的寄存器编号，目的操作数通常用于保存运算结果。

imm 字段用于存放 16 位的立即数，可以表示 2^{16} 个不同的数值。

MIPS I 型指令功能详解如表 11-6 所示。

表 11-6　MIPS I 型指令功能详解

opcode	指令助记符	功能描述	备注
4	BEQ $rs, $rt,imm	if (R[$rs]=R[$rt]), PC ← PC+4+SignExt18b ({imm, 00})	
5	BNE $rs,$rt,imm	if (R[$rs]!=R[$rt]), PC ← PC+4+SignExt18b ({imm, 00})	
6	BLEZ $rs, imm	if (R[$rs]<=0), PC ← PC+4+SignExt18b ({imm, 00})	有符号比较
7	BGTZ $rs, imm	if (R[$rs]>0), PC ← PC+4+SignExt18b ({imm, 00})	有符号比较
8	ADDI $rt, $rs,imm	R[$rt] ← R[$rs]+SignExt16b (imm)	溢出产生异常
9	ADDIU $rt, $rs, imm	R[$rt] ← R[$rs]+SignExt16b (imm)	
10	SLTI $rt, $rs, imm	R[$rt] ← R[$rs]<SignExt16b (imm)	有符号比较
11	SLTIU $rt,$rs, imm	R[$rt] ← R[$rs]<SignExt16b (imm)	无符号比较
12	ANDI $rt, $rs, imm	R[$rt] ← R[$rs]&{0*16,imm}	
13	ORI $rt, $rs, imm	R[$rt] ← R[$rs]|{0*16,imm}	
14	XORI $rt, $rs, imm	R[$rt] ← R[$rs]∧{0*16,imm}	
15	LUI $rt, imm	R[$rt] ← {(imm)[15:0], 0*16}	
32	LB $rt, imm($rs)	R[$rt] ← SignExt8b(Mem1B(R[$rs]+SignExt16b (imm)))	字节对齐。从存储器中读取一个字节的数据到寄存器
33	LH $rt, imm($rs)	R[$rt] ← SignExt16b(Mem2B(R[$rs]+SignExt16b (imm)))	半字对齐。从存储器中读取半个字的数据到寄存器
35	LW $rt, imm($rs)	R[$rt] ← Mem4B(R[$rs]+SignExt16b (imm))	字对齐。从存储器中读取一个字的数据到寄存器
36	LBU $rt, imm($rs)	R[$rt] ← {0*24, Mem1B(R[$rs]+SignExt16b (imm))}	功能和 LB 相似，但读出的是不有符号的数据
37	LHU $rt, imm($rs)	R[$rt] ← {0*16, Mem2B(R[$rs]+SignExt16b (imm))}	功能和 LH 相似，但读出的是不有符号的数据
40	SB $rt, imm($rs)	Mem1B(R[$rs]+signExt16b (imm)) ← R[$rt][7:0]	字节对齐。把一个字节的数据从寄存器存储到存储器中
41	SH $rt, imm($rs)	Mem2B(R[$rs]+signExt16b (imm)) ← R[$rt][15:0]	半字对齐。把半个字的数据从寄存器存储到存储器中
43	SW $rt, imm($rs)	Mem4B(R[$rs]+signExt16b (imm)) ← R[$rt]	字对齐。把一个字的数据从寄存器存储到存储器中

例 11.3　I 型指令应用。

```
LW $s1, 100($s2)
```

本条指令为 I 型指令，源操作数寄存器为$s2，目的寄存器是$s1，格式如图 11-2 所示。

35	$s2	$s1	100

图 11-2　LW $s1,100($s2)指令格式

分支指令包括条件分支和无条件分支指令，条件分支指令根据比较的结果改变控制流，通常为 I 型指令；而无条件分支指令则为无条件跳转，通常为 J 型指令。

3. J 型指令

J 型指令格式如表 11-7 所示。

表 11-7　J 型指令格式

字段名	opcode	address
字段含义	操作码	地址
字段长度/位	6	26

opcode 字段用于指定指令的操作类型。

address 字段用于指定跳转的地址。

MIPS J 型指令功能详解如表 11-8 所示。

表 11-8　MIPS J 型指令功能详解

opcode	指令助记符	功能描述	备注
2	J label	PC←{(PC+4)[31:28],address,00}	无条件分支
3	JAL label	R$31←PC+8（无延迟槽则加 4） PC←{(PC+4)[31:28],address,00}	保存返回地址到 31 号寄存器，同时跳转，用于子程序调用

例 11.4　J 型指令应用。

`J 10000`

本条指令为 J 型指令，指令无条件跳转到一个绝对地址 label（此处设地址为 10000）处。J 指令的前 6 位是操作码，后 26 位是地址。跳转以后的地址采用伪直接寻址，PC 高 4 位，再加上 26 位 address 字段组合后左移两位得到目标地址，格式如图 11-3 所示。

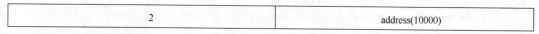

2	address(10000)

图 11-3　J 10000 指令格式

11.2　MIPS 32 位汇编常用指令

11.2.1　算术运算类指令

算术运算类指令主要包括加、减、乘、除运算指令。所有的运算都针对 32 位数据。算术运算类指令的操作数可以使用寄存器和立即数，不能直接使用 RAM 地址或者间接寻址，且区分有符号数和无符号数。

算术运算类指令如表 11-9 所示。

表 11-9　算术运算类指令

指令	格式	指令功能	备注
ADD	ADD $rd,$rs,$rt	R[$rd] ← R[$rs]+R[$rt]	执行 32 位有符号整数加法，如果补码运算结果溢出则产生异常
ADDI	ADDI $rd, $rs, imm	R[$rt] ← R[$rs]+SignExt16b (imm)	16 位有符号立即数扩展至 32 位后执行加法，如果补码运算溢出则产生异常
ADDU	ADDU $rd, $rs, $rt	R[$rd] ← R[$rs]+R[$rt]	无符号加，不产生异常
SUB	SUB $rd, $rs, $rt	R[$rd] ← R[$rs]−R[$rt]	执行 32 位有符号整数减法，如果补码运算溢出则产生异常
SUBU	SUBU $rd, $rs, $rt	R[$rd] ← R[$rs]−R[$rt]	无符号减，不产生异常
MUL	MUL $rd, $rs, $rt	R[$rd] ← R[$rs]*R[$rt]	32 位整数相乘，结果只保留低 32 位，HI/LO 寄存器无意义
MULT	MULT $rs, $rt	(HI, LO) ← R[$rs]*R[$rt]	32 位有符号整数相乘，结果存于 HI/LO 寄存器
MULTU	MULTU $rs, $rt	(HI, LO) ← R[$rs]*R[$rt]	32 位无符号整数相乘，结果存于 HI/LO 寄存器
DIV	DIV $rs, $rt	LO ← R[$rs]/R[$rt] HI ← R[$rs]%R[$rt]	32 位有符号整数相除，不会产生算术异常（即使除以 0）
DIVU	DIVU $rs, $rt	LO ← R[$rs]/R[$rt] HI ← R[$rs]%R[$rt]	32 位无符号整数相除，不会产生算术异常（即使除以 0）

1. ADD 指令

ADD 指令为 32 位有符号整数加法指令。它执行的是 32 位有符号整数加法，若数字过大导致补码运算溢出，则产生异常。

指令用法：

```
ADD $rd,$rs,$rt
```

指令作用：R[$rd]←R[$rs] + R[$rt]，将地址为 rs 的通用寄存器的值与地址为 rt 的通用寄存器的值进行加法运算，运算结果保存到地址为 rd 的通用寄存器中。

例 11.5　ADD 指令应用。

```
ADD $1, $2, $3
```

这是加法指令的使用格式。该指令的意思是将寄存器里的有符号数相加，即 R[$1]=R[$2] + R[$3]，表示将寄存器 2 和寄存器 3 中的数取出来相加，再放到寄存器 1 中。

2. ADDI 指令

ADDI 指令和 ADD 指令的区别在于：ADDI 指令是将寄存器中的值与立即数相加。ADDI 指令以常数作为操作数，无须访问存储器就可以使用常数。因为常数操作数频繁出现，所以在算术运算类指令中加入常数字段，比从存储器中读取常数快得多。

指令用法：

```
ADDI $rd, $rs, imm
```

指令作用：R[$rd]←R[$rs] + imm，将地址为 rs 的通用寄存器的值与立即数 imm 进行加法运算，运算结果保存到地址为 rd 的通用寄存器中。

例 11.6　ADDI 指令应用。

```
ADDI $1, $2, 10
```

其中 10 是十进制数。该指令的意思是将寄存器里的有符号数和立即数相加，即$1 = $2 + 10，表示将寄存器 2 中的有符号数和立即数 10 相加，再放到寄存器 1 中。

在这里我们提出一个小问题，怎样将一个 32 位的常数装入寄存器$s0 呢？

解决方法是分两次装入，即先装入高 16 位，再装入低 16 位。如待装入数为二进制数 11 1101 0000 1001 0000 0000，则我们可以把该常数化为 32 位二进制数并分为两部分。如图 11-4 所示。

0000 0000 0011 1101（高16位）　　　0000 1001 0000 0000（低16位）

61　　　　　　　　　　2304

图 11-4　待装入数据

程序如下：

```
LUI $s0, 61           # $s0 = 0000 0000 0011 1101 0000 0000 0000 0000
ADDI $s0, $s0, 2304   # $s0 = 0000 0000 0011 1101 0000 1001 0000 0000
```

其他加法运算汇编指令格式如下：

```
ADDU $rd, $rs, $rt # U 表示无符号数
ADDIU $rt, $rs, imm #IU 表示无符号立即数
```

3. SUB 指令

SUB 指令执行 32 位有符号整数减法，如果补码运算溢出则产生异常。

指令用法：

```
SUB $rd, $rs, $rt
```

指令作用：R[$rd]←R[$rs] + R[$rt]，将地址为 rs 的通用寄存器的值与地址为 rt 的通用寄存器的值进行减法运算，运算结果保存到地址为 rd 的通用寄存器中。

例 11.7　SUB 指令应用。

```
SUB $s3, $s0, $s4
```

这是减法指令的使用格式，它与 ADD 指令的使用格式类似，执行有符号整数相减。用寄存器$s0

的值减去寄存器$s4 的值，将它们的差值存储在寄存器$s3 中。

无符号减法指令格式如下：

```
SUBU $rd,$rs, $rt
```

无符号数减法运算与有符号数减法运算之间的差别主要表现在：有符号数减法若结果产生溢出，CPU 可产生溢出异常；而无符号数减法不会产生溢出异常。由于立即数减法运算可以变为立即数加法运算，因此没有立即数减法运算指令。

4. MULT 指令

MULT 指令要求参与运算的值都是 32 位有符号整数。

指令用法：

```
MULT $rs, $rt
```

指令作用: (HI, LO)←R[$rs] * R[$rt]，将地址为 rs 的通用寄存器的值与地址为 rt 的通用寄存器的值进行乘法运算，运算结果保存到寄存器(HI,LO)。

例 11.8 MULT 指令应用。

```
MULT $2, $3
```

这是乘法指令的使用格式，是有符号数相乘。意思是(HI, LO) =R[$2] * R[$3]，将寄存器 2 和寄存器 3 中的数取出来相乘，64 位乘积的高位存放在 HI 寄存器中，乘积的低位存放在 LO 寄存器中。

无符号乘法指令格式如下：

```
MULTU $rs, $rt
```

该指令的操作和有符号乘法 MULT 的操作基本一致，差别仅在处理对象是无符号数。

MUL 与 MULT 指令的不同在于，MUL 为三操作数指令，将地址为 rs 的通用寄存器的值与地址为 rt 的通用寄存器的值进行乘法运算，运算结果保存到地址为 rd 的通用寄存器中。

5. DIV 指令

DIV 指令是除法指令，使用 DIV 做除法有以下几个需要注意的地方。

除数和被除数：MIPS 除法运算使用 32 位有符号的除数和被除数。做有符号数运算时，输入的被除数和除数都是补码，做除法时需要先将补码转成原码。正数的补码就是原码，只需要将负数转化成原码即可。

结果：除数和被除数的结果会放入寄存器(HI,LO)，即使除以 0 也不会抛出异常。

指令用法：

```
DIV $rs, $rt
```

指令作用: (H1,LO)←R[$rs] / R[$rt]，将地址为 rs 的通用寄存器的值与地址为 rt 的通用寄存器的值进行除法运算，运算结果保存到寄存器(HI,LO)中。

例 11.9 DIV 指令应用。

```
DIV $t5, $t6
```

DIV 指令的结果存储在寄存器(HI,LO)中，其中$LO = $t5 / $t6，存储商的整数部分；$HI = $t5 mod $t6，存储余数。

无符号除法指令格式如下：

```
DIVU $rs, $rt
```

无符号除法的操作和有符号除法的操作基本一致，差别仅在于处理对象是无符号数。

接下来通过两个例子简单介绍 C 语言和 MIPS 汇编语言的差别，同时加深读者对算术运算类指令的理解。

例 11.10 我们假定变量 A、B、C、D、E 分别被分配到寄存器$s0、$s1、$s2、$s3、$s4 中。C 语言和 MIPS 汇编语言代码分别如下。

C 语言代码：

```
A = B + C, D = A - E
```

MIPS 汇编语言代码：

```
ADD $s0, $s1, $s2       # 将变量 B ($s1) 和 C ($s2) 相加, 把它们之和存储在 A ($s0) 中
SUB $s3, $s0, $s4       # 用变量 A ($s0) 减去 E ($s4), 把它们之差存储在 D ($s3) 中
```

针对以上代码，我们能提出以下几个问题。

① 为什么要把变量对应寄存器？因为 MIPS 中的算术运算操作只作用于寄存器（换而言之，CPU 中的算术逻辑单元只能对寄存器中的数据进行直接运算），所以变量必须对应到寄存器，才能进行运算。

② 为什么使用的是 $s0、$s1、$s2、$s3、$s4 这几个寄存器？可以使用其他的寄存器吗？

MIPS 中有 32 个寄存器，编号为 0～31。寄存器 $s0～$s7 对应的寄存器编号为 16～23，这些寄存器主要就是用来进行算术运算操作的。按照规定，寄存器 $s0～$s7 都可以使用。

例 11.11　我们假定 F、G、H、I、J 分别被分配到寄存器 $s0、$s1、$s2、$s3、$s4 中，同时我还要引入两个临时变量 t0（用来存储 G–H 的结果）和 t1（用来存储 I–J 的结果），这两个临时变量分别被分配到寄存器 $t0 和 $t1 中。其代码分别如下。

C 语言代码：

```
F = (G - H) + (I - J)
```

MIPS 汇编语言代码：

```
SUB $t0, $s1, $s2       # 用变量 G ($s1) 减去 H ($s2), 把它们的差存储在 t0 ($t0) 中
SUB $t1, $s3, $s4       # 用变量 I ($s3) 减去 J ($s4), 把它们的差存储在 t1 ($t1) 中
ADD $s0, $t0, $t1       # 用变量 t0 ($t0) 加上 t1 ($t1), 把它们的和存储在 F ($s0) 中
```

针对以上代码，我们能提出以下问题。

例 11.11 中的寄存器 $t0 和 $t1 从哪里来？为什么要引入这两个寄存器？

我们知道，一条 MIPS 指令只能执行一个运算，因此编译器会将稍复杂的 C 语言代码编译成为多条汇编语言指令，可以认为是多了一个中间环节，如图 11-5 所示。

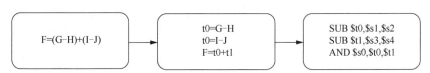

图 11-5　C 语言代码到 MIPS 汇编语言代码的中间环节

$t0 和 $t1 是 MIPS 中专门用来存储临时数据的寄存器。这样的寄存器有 8 个，即 $t0～$t7，对应 MIPS 32 个通用寄存器的 8～15 号。

例 11.12　将 C 语言赋值语句编译成 MIPS 汇编语言语句，约定 X,Y,Z 分别放在 $t1,$t2,$t3 中。
C 语言表示为：

```
A = X + Y - (Z / 2);B = 5 * X + (Y * Z)
```

用 MIPS 汇编语言编写的程序如下：

```
.DATA                         # 数据段, 输出字符串, 需要提前定义
A: .ASCII "\NA = "
B: .ASCII "\NB = "
.TEXT
                              # 读取第一个数
LI $v0, 5                     # 赋值功能号 $v0 = 5
SYSCALL                       # 系统调用, 将键盘输入的整数 (回车结束输入) 存入 $v0 中
MOVE $t1, $v0                 # 将 X 赋值给 $t1
                              # 读取第二个数
LI $v0, 5
syscall
MOVE $t2, $v0                 # 将 Y 赋值给 $t2
```

```
                                    # 读取第三个数
LI $v0, 5
syscall
MOVE $t3, $v0                       # 将 Z 赋值给$t3
                                    # 计算A = X + Y - (Z / 2)
ADD $t0, $t1, $t2                   # $t0 = $t1 + $t2, 即(X + Y)
DIV $t4, $t3, 2                     # $t4 = $t3/2, 即(Z/2)
SUB $t0, $t0, $t4                   # $t0=$t0-$t4, 即(X+Y) - (Z/2)
                                    # 显示字符串的值, 提示信息 "\NA="
LI $v0, 4
LA $a0, A
syscall
                                    # 显示调用结果A
LI $v0, 1                           # 调用1号功能
MOVE $a0, $t0                       # 将结果 t0 传给 a0, 因为1号功能能调用 a0
syscall
                                    # 计算B = (5*X) + (Y*Z)
MUL $t0, $t1,5                      # $t0 = $t1 * 5, 即(5 * X)
MUL $t1,$t2,$t3                     # $t1 = $t2 * $t3, 即(Y*Z)
ADD $t0, $t0, $t1                   # $t0 = $t0 + $t1, 即(5 * X) + (Y * Z)
                                    # 显示字符串的值, 提示信息 "\NB ="
LI $v0, 4
LA $a0, B
syscall
                                    # 显示调用结果B
LI $v0, 1                           # 调用1号功能
MOVE $a0, $t0                       # 将结果 t0 传给 a0, 因为1号功能能调用 a0
syscall
                                    # 调用10号功能, 程序结束
LI $v0, 10
syscall
```

11.2.2 逻辑运算类指令

逻辑运算类指令是另一组重要的指令，它包括逻辑与（AND）、逻辑或（OR）、逻辑非（NOT）和异或（XOR）指令等，逻辑运算类指令也是经常使用的指令，如表 11-10 所示。

表 11–10 逻辑运算类指令

指令	格式	指令功能	备注
AND	AND $rd, $rs, $rt	R[$rd] ← R[$rs]&R[$rt]	执行与操作
ANDI	ANDI $rt, $rs, imm	R[$rt] ← R[$rs]&{0*16,imm}	执行立即数与操作
OR	OR $rd, $rs, $rt	R[$rd] ← R[$rs]|R[$rt]	执行或操作
ORI	ORI $rt, $rs, imm	R[$rt] ← R[$rs]|{0*16,imm}	执行立即数操作
XOR	XOR $rd, $rs, $rt	R[$rd] ← R[$rs]∧R[$rt]	执行异或操作
XORI	XORI $rt, $rs, imm	R[$rt] ← R[$rs]∧{0*16,imm}	执行立即数异或操作
NOR	NOR $rd, $rs, $rt	R[$rd] ← !(R[$rs]|R[$rt])	执行或非操作

1. AND、OR 指令

（1）AND 指令

AND 指令对两个操作数做逻辑与运算并将结果存在寄存器中。

指令用法：

```
AND $rd, $rs, $rt
```

指令作用：R[$rd]←R[$rs]&R[$rt]，将地址为 rs 的通用寄存器的值与地址为 rt 的通用寄存器的值进行逻辑与运算，运算结果保存到地址为 rd 的通用寄存器中。

例 11.13　AND 指令应用。

```
AND $1, $2, $3
```

该指令的意思是将 2 号寄存器的值与 3 号寄存器的值进行与运算，并将结果存入 1 号寄存器。假设 2 号寄存器的值为 0x00100001，3 号寄存器的值为 0x10100001，那么运算之后得到的 1 号寄存器值为 0x00100001。

（2）OR 指令

OR 指令对两个操作数做逻辑或运算并将结果存在寄存器中。

指令用法：

```
OR $rd, $rs, $rt
```

指令作用：R[$rd]←R[$rs] V R[$rt]，将地址为 rs 的通用寄存器的值与地址为 rt 的通用寄存器的值进行逻辑或运算，运算结果保存到地址为 rd 的通用寄存器中。

例 11.14　OR 指令应用。

```
OR $1, $2, $3
```

该指令的意思是将 2 号寄存器的值与 3 号寄存器的值进行或运算，并将结果存入 1 号寄存器。

2. ANDI、ORI、XORI 指令

这 3 条指令的格式如图 11-6 所示。从图 11-6 中可以发现这 3 条指令都是 I 型指令，可以依据指令中 31～26 位指令码的值判断是哪一种指令。

31	26	25	21	20	16	15	0
ANDI 001100		rs		rt		imm	
ORI 001101		rs		rt		imm	
XORI 001110		rs		rt		imm	

图 11-6　ANDI、ORI、XORI 指令

（1）ANDI 指令

指令用法：

```
ANDI $rt, $rs, imm
```

指令作用：将地址为 rs 的通用寄存器的值与指令中的立即数进行零扩展后的值进行逻辑与运算，运算结果保存到地址为 rt 的通用寄存器中。

（2）ORI 指令

指令用法：

```
ORI $rt, $rs, imm
```

指令作用：将 16 位立即数 imm 无符号扩展至 32 位，与地址为 rs 的通用寄存器里的值进行逻辑或运算，运算结果保存到地址为 rt 的通用寄存器中。

（3）XORI 指令

指令用法：

```
XORI $rt, $rs, imm
```

指令作用：将地址为 rs 的通用寄存器的值与指令中的立即数进行零扩展后的值进行逻辑异或运算，运算结果保存到地址为 rt 的通用寄存器中。

11.2.3 移位指令和置位指令

1. 移位指令

移位指令可以分为两种情况：SLLV、SRAV、SRLV 这 3 条指令的助记符最后有"v"，表示移位位数是通过寄存器的值确定的；SLL、SRA、SRL 这 3 条指令的助记符最后没有"v"，表示移位位数就是指令中 10～6 位的 sa 的值。移位指令如表 11-11 所示。

表 11-11　移位指令

指令	格式	指令功能	备注
SLL	SLL $rd, $rt, shamt	R[$rd] ← R[$rt]<<shamt	逻辑左移，shamt 存放移位的位数，左移操作，右边补
SLLV	SLLV $rd, $rt, $rs	R[$rd] ← R[$rt]<<R[$rs]	逻辑可变左移，与 SLL 不同的是最后一个操作数是一个寄存器
SRL	SRL $rd, $rt, shamt	R[$rd] ← R[$rt]>>shamt	逻辑右移，shamt 存放移位的位数，右移操作，左边补 0
SRLV	SRLV $rd, $rt, $rs	R[$rd] ← R[$rt]>>R[$rs]	逻辑可变右移，与 SRL 不同的是最后一个操作数是一个寄存器
SRA	SRA $rd, $rt, shamt	R[$rd] ← R[$rt]>>shamt	算术右移，shamt 存放移位的位数，注意保留符号位
SRAV	SRAV $rd, $rt, $rs	R[$rd] ← R[$rt]>>R[$rs]	注意保留符号位

（1）SLL 指令，逻辑左移

指令用法：

```
SLL $rd, $rt, shamt
```

指令作用：R[$rd]←R[$rt]<<shamt，将地址为 rt 的通用寄存器的值向左移 shamt 位，空出来的位置使用 0 填充，结果保存到地址为 rd 的通用寄存器中。

（2）SLLV 指令，逻辑左移

```
SLLV $rd, $rt, $rs
```

指令作用：R[$rd]←R[$rs]<<R[$rt][4：0](logic)，将地址为 rt 的通用寄存器的值向左移位，空出来的位置使用 0 填充，结果保存到地址为 rd 的通用寄存器中，移位位数由地址为 rs 的寄存器值的 4～0 位确定。

（3）SRL 指令，逻辑右移

指令用法：

```
SRL $rd, $rt, shamt
```

指令作用：R[$rd]←R[$rt] >>shamt，将地址为 rt 的通用寄存器的值向右移 shamt 位，空出来的位置使用 0 填充，结果保存到地址为 rd 的通用寄存器中。

（4）SRLV 指令，逻辑右移

指令用法：

```
SRLV $rd, $rt, $rs
```

指令作用：R[$rd]←R[$rt] >>R[$rs][4：0](logic)，将地址为 rt 的通用寄存器的值向右移位，空出来的位置使用 0 填充，结果保存到地址为 rd 的通用寄存器中，移位位数由地址为 rs 的寄存器值的 4～0 位确定。

（5）SRA 指令，算术右移

指令用法：

```
SRA $rd, $rt, shamt
```

指令作用：R[$rd]←R[$rt] >>shamt，将地址为 rt 的通用寄存器的值向右移 shamt 位，空出来的位置使用 rt 寄存器值的第 3 位，即 R[$rt][31]的值填充，结果保存到地址为 rd 的通用寄存器中。

（6）SRAV 指令，算术右移

指令用法：

```
SRAV $rd, $rt, $rs
```

指令作用：R[$rd]←R[$rt] >>R[$rs][4：0](arithmetic)，将地址为 rt 的通用寄存器的值向右移位，

空出来的位置使用 R[$rt][31]填充，结果保存到地址为 rd 的通用寄存器中，移位位数由地址为 rs 的寄存器值的 4～0 位确定。

例 11.15　假设$s2 的值为 0x00088080, $s3 的值为 0x03210008，说明分别执行以下各条指令后$s1 的值为多少？

```
SLL $s1, $s2, 10          # ①
SRL $s1, $s2,10           # ②
SRLV $s1, $s2, $s3        # ③
```

解答：

① 指令 sll $s1, $s2, 10 将$s2 左移 10 位，相当于删除$s2 左边 10 位二进制数，然后同时在右边补充 10 个 0，结果为 (0010 0010 0000 0010 0000 0000 0000 0000)$_2$。

② 指令 srl $s1, $s2, 10 将$s2 右移 10 位，相当于删除$s2 右边 10 位二进制数，然后同时在左边补充 10 个 0，结果为 (0000 0000 0000 0000 0000 0010 0010 0000)$_2$。

③ 指令 srlv $s1, $s2, $s3 将$s2 右移$s3 寄存器存储的（4～0 位）数值位长，此时为 8，相当于删除$s2 右边 8 位二进制数，然后同时在左边补充 8 个 0，结果为 (0000 0000 0000 0000 0000 1000 1000 0000)$_2$。

接下来通过一个例子加深读者对逻辑运算类指令的理解。

例 11.16　要求利用移位指令实现乘法指令 10 * X，将 X 存放在$t1 中。

求解思路：我们固然可以使用乘法指令来实现，但使用移位指令可以使代码更加简洁。我们可以将 10 * X 视作 10 * X=2 * X+8 * X，同时 8 是 2 的 3 次方。

```
...                        # 从键盘读一个数
LI $v0, 5                  # 调用 5 号功能
syscall
MOVE $t1, $v0

                          # 计算 10 * X
SLL $t2, $t1, 1           # $t2 = 2 * X
SLL $t3, $t1, 3           # $t3 = 8*X
ADD $t4, $t2, $t3         # $t4 = $t2 + $t3
                          # 显示结果
LI $v0, 1                 # 调用 1 号功能
MOVE $a0, $t4
syscall
```

2. 置位指令

置位指令如表 11-12 所示。

表 11–12　置位指令

指令	格式	指令功能	其他
SLT	SLT $rd, $rs, $rt	小于置 1：R[$rd]←(R[$rs]<R[$rt])	有符号比较
SLTI	SLTI $rt, $rs, imm	小于置 1：R[$rt]←(R[$rs]<imm)	有符号比较，属于 I 型指令，将立即数看作有符号数
SLTIU	SLTIU $rt, $rs, imm	小于置 1：R[$rt]←(R[$rs]<imm)	无符号比较，属于 I 型指令，将立即数看作有符号数，会进行符号扩展，但是与 SLTI 不同的是，一旦完成符号扩展之后，会将这个数看作无符号数
SLTU	SLTU $rd, $rs, $rt	小于置 1：R[$rd] ←(R[$rs]<R[$rt])	无符号比较

11.2.4　转移指令

1. 无条件转移指令

无条件转移指令如表 11-13 所示。

表 11-13 无条件转移指令

指令	格式	指令功能	其他
J	J label	跳转至 label 处	PC←{（PC+4）[31:28],address,00}可实现在某个 256MB 区域内的自由跳转

J 指令无条件跳转到一个绝对地址 label 处。J 指令的前 6 位是操作码，后 26 位是地址，如图 11-7 所示。跳转以后的地址采用伪直接寻址方式，PC 等于取下一条指令的 PC 地址，即 PC+4 的 31～28 高 4 位，拼接上 address 的 26 位的地址，最后两位补 0，构成 32 位要跳转到的地址。

图 11-7 无条件转移指令格式

J 指令无条件跳转到一个绝对地址。实际上，指令跳转到的地址并不是直接指定的 32 位地址（所有 MIPS 指令都是 32 位长，不可能全部用于编址数据域）。由于目的地址的最高 4 位无法在指令的编码中给出，32 位地址的最高 4 位取当前跳转指令的下一条指令的 PC 地址的最高 4 位。对于一般的程序而言，28 位地址所支持的 256MB 跳转空间已经足够大了。跳转指令的地址都是 4 位一组，因此将该 26 位地址左移 2 位表示 28 位的地址，它没有正负之分，相对简单，具体如图 11-8 所示。在 11.3.2 节的伪直接寻址方式中对这部分内容亦进行阐述。

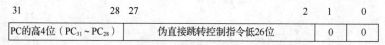

图 11-8 伪直接跳转指令标号所指示存储地址的构成

指令的使用格式是：

```
J LABEL
…
LABEL:
…
```

当程序顺序执行并遇到该指令时，无条件跳转至 label 处，则 label 地址的构成如图 11-8 所示。此外，无条件的分支指令可以很容易地由其他指令合成。

例 11.17 若指令 ag: J ag 的存储地址为 0x0000 0008，试指出该指令的机器码。

解答：

伪直接跳转地址（即标号所指示存储单元地址）的中间 26 位为 0x0000 0008 的 b27～b2，即 $(00\ 0000\ 0000\ 0000\ 0000\ 0000\ 0010)_2$。

J ag 指令的操作码：$(0000\ 10)_2$。

因此 ag: J ag 指令的机器码：$(0000\ 1000\ 0000\ 0000\ 0000\ 0000\ 0000\ 0010)_2$。

例 11.18 用 MIPS 汇编语言表示 C 语言程序：F=G+H。

```
# $s3=I, $s4 = J
# $s0=F, $s1=G, $s2=H
ADD $s0, $s1, $s2          # F = G + H
J EXIT                     # I == J 段运行结束
EXIT:                      # 程序结束
```

2. 分支转移指令

分支转移指令如表 11-14 所示。

表 11-14　分支转移指令

指令	格式	指令功能	等效指令
		与存储器或立即数比较时	
BEQ	BEQ $rs, $rt, label	if R[$rs]=R[$rt], PC ← PC+4+SignExt18b ({imm, 00})	
BGE	BGE $rs, $rt, label	if R[$rs]>=R[$rt], PC ← PC+4+SignExt18b ({imm, 00})	SLT $at, $rs, $rt BEQ $at, $0, label
BGT	BGT $rs, $rt, label	if R[$rs]>R[$rt], PC ← PC+4+SignExt18b ({imm, 00})	SLT $at, $rt, $rs BNE $at, $0, label
BLE	BLE $rs, $rt, label	if R[$rs]<=R[$rt], PC ← PC+4+SignExt18b ({imm, 00})	SLT $at, $rt, $rs BEQ $at, $0, label
BLT	BLT $rs,$rt label	if R[$rs]<R[$rt], PC ← PC+4+SignExt18b ({imm, 00})	SLT $at, $rs, $rt BNE $at, $0, label
BNE	BNE $rs, $rt, label	if (R[$rs]!=R[$rt]), PC ← PC+4+SignExt18b ({imm, 00})	
		与零比较时	
BEQZ	BEQZ $rs, label	if R[$rs]=0, PC ← PC+4+SignExt18b ({imm, 00})	BEQ rs, $0, label
BGEZ	BGEZ $rs, label	if R[$rs]>=0, PC ← PC+4+SignExt18b ({imm, 00})	BGE rs, $0, label
BGTZ	BGTZ $rs, label	if (R[$rs]>0), PC ← PC+4+SignExt18b ({imm, 00})	BGT rs, $0, label
blez	BLEZ $rs, label	if (R[$rs]<=0), PC ← PC+4+SignExt18b ({imm, 00})	BLE rs, $0, label
BLTZ	BLTZ $rs, label	if R[$rs]<0PC ← PC+4+SignExt18b ({imm, 00})	BLT rs, $0, label
BNEZ	BNEZ $rs, label	if R[$rs]!=0, PC ← PC+4+SignExt18b ({imm, 00})	BNE rs, $0, label

本节中的指令功能都是带条件的分支跳转，即当操作数寄存器 rs 满足一定条件时，跳转到 label 处。

（1）BEQ 指令

BEQ 指令和 BNE 指令都属于 PC 相对寻址指令，它们的特点是与存储器或者立即数进行比较。BEQ 指令包含两个操作数，以及跳转的分支地址，该地址是相对于下一条指令的相对地址。BEQ 指令发生跳转的条件是：待比较的两个数相等。

指令用法：

```
BEQ $rt, $rs, imm
```

如果 rt 寄存器和 rs 寄存器存储的内容相同，则跳转的地址 label 为在 PC 下一条指令的基础上，加上位移量 imm 左移两位的地址，即 PC=（PC+4）+4*imm。

需要说明的是，imm 先左移两位（因为一个指令 32 位占 4 个地址），然后进行符号位扩展，才是真正的 32 位位移量，才能与 PC+4 相加。

例 11.19　BEQ 指令应用。

```
BEQ $s0, $s1, exit
…
EXIT:
…
```

对于所有的分支转移指令而言，只要条件合适，指令之间是可以互相替换的。

（2）BNE 指令

BNE 指令发生跳转的条件是：待比较的两个数不相等。

例 11.20　BNE 指令应用。

```
BNE $s0, $s1, exit
…
EXIT:
…
```

执行 BNE 分支指令，比较$s0 和$s1 两个操作数中的数据，如果不相等则跳转到 EXIT 指定的地址。跳转的地址的形成方式与 BEQ 的一致。

根据上文我们知道这一类跳转指令常用的是 PC 寄存器，那么如何处理 16 位无法表达的远距离分支跳转呢？

常用的解决方法是插入一个无条件跳转到分支目标地址的指令，把分支指令中的条件变反以决定是否跳过该指令，如图11-9所示。

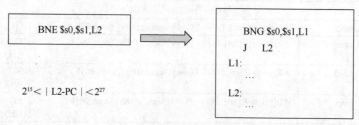

图 11-9 远距离分支跳转处理方法

（3）BEQZ 指令

BEQZ 指令的使用和上文提到的 BEQ 指令使用的唯一区别在于，该指令是与 0 比较。这样做的好处是执行速度更快。BEQZ 指令包含一个操作数，以及跳转的分支地址。BEQZ 指令发生跳转的条件是：操作数和 0 相等。

例 11.21 BEQZ 指令应用。

```
BEQZ $s0, exit
…
EXIT:
…
```

当寄存器$s0 内的数据为 0 时跳转至 EXIT。

11.2.5 访问存储器指令

MIPS 对于存储器的访问指令只有两种，一种是 LOAD 指令（类似于读操作），另一种是 STORE 指令（类似于写操作），如表 11-15 所示。

表 11-15 取指令（LOAD）和存指令（STORE）

指令	格式	指令功能
LA	LA $rd, address	将存储器 address 的地址存到寄存器 rd 中
LB	LB $rd, address	从存储器地址 address 中读取一个字节的数据到寄存器 rd 中
LW	LW $rd, address	从存储器地址 address 中读取一个字的数据到寄存器 rd 中
SB	SB $rs, address	把一个字节的数据从寄存器 rs 存储到存储器地址 address 中
SW	SW $rs, address	把一个字的数据从寄存器 rs 存储到存储器地址 address 中

取存储器地址：LA。LA 类似于 x86 中的 LEA 指令。

例 11.22 LA 指令应用。

```
LA $a0, myarray
```

该指令将存储器的地址存到寄存器，即将 myarray 地址（也就是 10000000h）存到$a0，如图 11-10 所示。

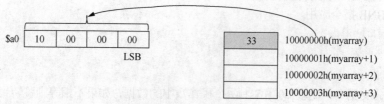

图 11-10 LA 指令应用 1

存储器取指令：LB 和 LW。LB 是取一个字节，LW 是取一个字，除此之外，LB 和 LW 的使用方法一致。

例 11.23　LA 指令应用 2。

```
LB $t1, array
```

该指令的意思是从 array 这个地址中取一个字节放到 $t1 寄存器中，如图 11-11 所示。

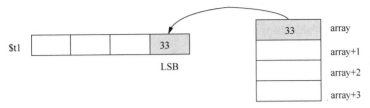

图 11-11　LA 指令应用 2

LB 也可以直接从地址中取字节。

例 11.24　LB 指令应用 3。

```
LB $t1,0x10000000H
```

直接从地址 10000000H 中取一个字节到 $t1 寄存器，如图 11-12 所示。

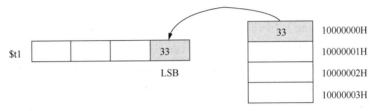

图 11-12　LB 指令应用

存储器存指令：SB 和 SW。SB 是存一个字节，SW 是存一个字。

例 11.25　SB 指令应用。

```
SB $t1,address
```

该指令的意思是将 $t1 寄存器中的一个字节放到 address 地址中，如图 11-13 所示。

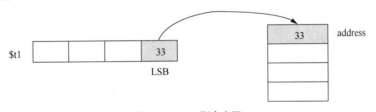

图 11-13　SB 指令应用

11.3　MIPS 32 位汇编寻址方式

MIPS 指令集主要支持寄存器寻址、立即寻址和偏移地址寻址这 3 种寻址方式。本节为了方便读者学习和理解，将访问存储器的对象分为操作数和指令，进行寻址方式的讨论。

11.3.1　操作数寻址方式

1．立即寻址

立即寻址（Immediate Addressing）中，操作数是位于指令中的常数，寻址原理如图 11-14 所示。

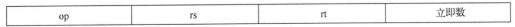

op	rs	rt	立即数

图 11-14　立即寻址原理

例 11.26 立即寻址方式应用。

```
ADDI $s4,$t5,-73
```

该指令中的"-73"就是一个立即数。MIPS 为简化硬件设计，只实现了 16 位立即数寻址。

2. 寄存器寻址

寄存器寻址（Register Addressing）中，操作数是寄存器，此时操作的数据对象存储在寄存器中，寻址原理如图 11-15 所示。

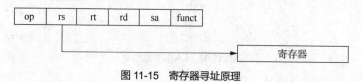

图 11-15 寄存器寻址原理

例 11.27 寄存器寻址方式应用。

```
ADD $s0,$t2,t3
```

该指令中所有操作数都是寄存器。

3. 基址寻址

基址寻址（Base Addressing）也叫偏移寻址（Displacement Addressing），其指令的操作数在存储器中，MIPS 要求由某个寄存器加上一个立即数指示数据的存储地址。如 LW 和 SW 是将 16 位立即数字段做符号扩展成 32 位与寄存器的值 PC 相加，得到操作数在内存中的地址。寻址原理如图 11-16 所示。注意，这里以 32 位 MIPS 机器为例，其中字为 32 位，半字为 16 位。

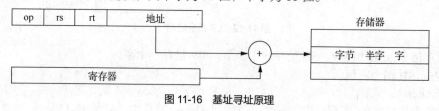

图 11-16 基址寻址原理

例 11.28 基址寻址应用。

```
LW $s4,72( $0 )
```

该指令中操作数在内存中存放的地址为$0 + 72。

```
SW $t2,-25( $t1 )
```

该指令中操作数在内存中存放的地址为$t1 − 25。

11.3.2 指令寻址方式

1. PC 相对寻址

PC 相对寻址指的是要寻找的下一条指令地址由 PC 寄存器的值和一个相对偏移地址构成。如指令"BEQ $t0, $0, else"，其中 else 为跳转目标指令的存储地址标号。

该指令在计算机中如何表示呢？已知 MIPS 所有指令都是固定长度 32 位，其中 6 位 OP 表示指令操作码，rs 和 rt 各 5 位分别表示两个不同寄存器的编码，因此只剩下 16 位可以表示跳转目标指令的地址。而存储地址在 32 位 MIPS 中是 32 位，16 位无法直接表示 else 标号所代表的地址，因此计算机采用了一种间接方式表示 else 标号的地址，即用 16 位数据表示当前指令的下一条指令到 else 标号的相对偏移地址。一个 16 位的相对偏移地址通常可以解决大部分程序跳转问题，因为实际应用中程序的跳转距离都不会太远。

条件跳转指令格式为：

```
BEQ (BNE)$rs, $rt, label
```

机器码如图 11-17 所示。

图 11-17　BEQ 机器码组成

其中 immediate（16 位偏移地址）为 label 减去 PC 右移两位之后的低 16 位。因此指令执行时，若条件成立，则获取跳转地址取值的方式为 PC←PC+4+SignExt18b({imm,00})。如图 11-18 所示；此时 BEQ 指令的下一条指令（PC+4）为"ADDI \$v0, \$s0, 1"，else 标号表示的指令为"ADDI \$a0, \$a0, −1"，它们之间间隔 3 条指令，MIPS 每条机器指令占据 4 个存储单元，因而地址偏移地址为 12。由于 MIPS 每条指令都是 4 字节，非常有规律，因此只需要记录间隔的指令条数就可以获得存储地址的实际偏移地址。该例中 16 位偏移地址为 12，右移两位之后的取值，即 3，编码为 $(0000\ 0000\ 0000\ 0011)_2$。又因为图 11-18 中"BEQ \$t0, \$0, else"的机器码的 op 字段为 $(000100)_2$，\$rs 为\$t0 编码 $(01000)_2$，\$rt 为\$0 编码 $(00000)_2$，所以"BEQ \$t0, \$0, else"的机器码为 $(000100\ 01000\ 00000\ 0000000000000011)_2$。

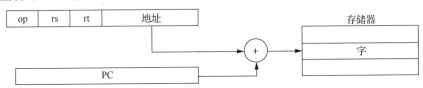

图 11-18　PC 相对寻址示例

寻址原理如图 11-19 所示。

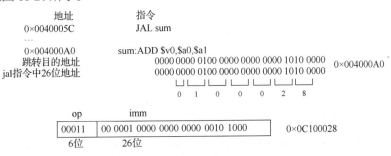

图 11-19　PC 相对寻址原理

2. 伪直接寻址

PC 相对寻址实现的跳转，跳转范围只能为 16 位符号数所能表示的范围×4，即 $[-2^{15}\sim(2^{15}-1)]\times4$，跳转范围非常有限，只能满足程序内条件跳转要求。当程序需要调用某个子程序时，跳转距离往往并非 16 位符号数所能表示的，因此 MIPS 设计了 J 型指令。

目标地址应为 32 位，指令中没有足够的位数来存放跳转的目标地址。在伪直接寻址中，目标地址最低两位永远是 00，再往高位的 26 位由指令中的 addr 字段指明，最高 4 位由 PC+4 的最高 4 位获得。已知图 11-20 所示的代码在存储器中，sum 标号的地址为 0x004000A0，去掉高 4 位和低 2 位，取中间 26 位，为 $(00\ 0001\ 0000\ 0000\ 0000\ 0010\ 1000)_2$；而 JAL 指令对应的 op 字段为 $(00011)_2$，因此"JAL sum"指令的机器码如图 11-20 所示。

```
地址                     指令
0×0040005C               JAL sum
...
0×004000A0               sum:ADD $v0,$a0,$a1
跳转目的地址              0000 0000 0100 0000 0000 0000 1010 0000    0×004000A0
jal指令中26位地址         0000 0000 0100 0000 0000 0000 1010 0000
                         0   1   0   0   0   2   8
```

op	imm
00011	00 0001 0000 0000 0000 0010 1000
6位	26位

0×0C100028

图 11-20　伪直接寻址示例

寻址原理如图 11-21 所示。

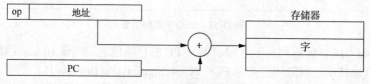

图 11-21　伪直接寻址原理

3. 寄存器间接寻址

为了实现任意范围跳转，MIPS 提供了寄存器间接寻址的指令寻址方式，即利用寄存器保存指令的存储地址，如指令"JR $ra"就属于这一类。

这类指令的符号指令格式为

```
JR $rs        #PC=$rs
```

当执行此类指令时，将指令中$rs 寄存器的值赋值给 PC，即由通用寄存器间接指示下一条指令的地址。

寻址原理如图 11-22 所示。

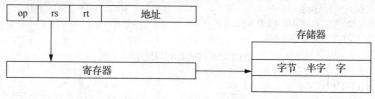

图 11-22　寄存器间接寻址

11.4　MIPS 程序基础

11.4.1　MARS 调试工具介绍

MARS（MIPS Assembler and Runtime Simulator，MIPS 汇编器和运行时模拟器）是一款轻量级交互 IDE，是 MIPS 开发和调试工具，能够运行和调试 MIPS 程序。由于 MARS 采用 Java 开发，因此运行时需要配置好 Java 程序运行环境。

我们首先来简单认识 MARS 界面。如图 11-23 所示，在"Edit"选项卡下 MARS 界面分为代码编辑区、结果显示区和寄存器区。

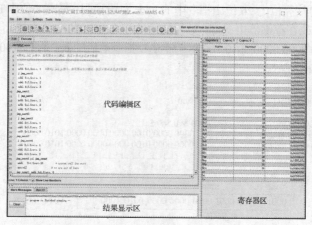

图 11-23　MARS 界面"Edit"选项卡

其中代码编辑区用于编辑 MIPS 程序源代码，结果显示区用于显示代码的运行状况和运行结果，寄存器区用于显示寄存器的内容。通过菜单栏中的 "File" → "New" 新建一个汇编源程序，或者通过 "File" → "Open" 打开已经存在的汇编源程序。

编辑好代码后，单击菜单栏的 "Run" → "Assemble" 会进入图 11-24 所示界面。

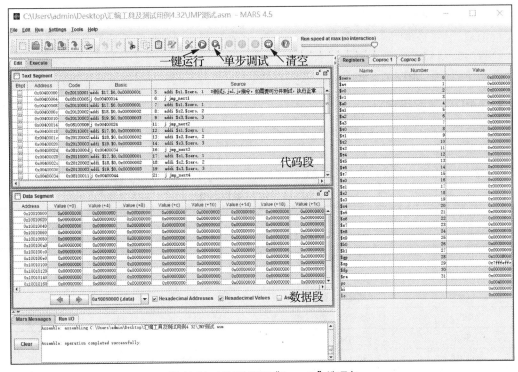

图 11-24　MARS 界面 "Execute" 选项卡

此时代码编辑区变成两个新的区域，分别是代码段区域和数据段区域。代码段区域用于显示代码的地址、指令，数据段区域用于显示数据的存放情况。使用菜单栏的 "Run" → "Assemble" 汇编源程序后，使用一键运行或单步调试等模式执行程序，其运行结果在结果显示区中呈现，也可以通过观察数据区（存储器）中存储的数据以及寄存器中数据来了解程序执行的情况。

11.4.2　MIPS 源程序框架

与 x86 汇编程序类似，MIPS 汇编程序也是分段表示的，MIPS 汇编程序分为数据段（.DATA）和代码段（.TEXT）。MIPS 源程序框架如图 11-25 所示。

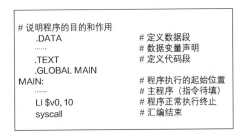

图 11-25　MIPS 源程序框架

段的声明通过段定义伪指令实现。MIPS 的段定义伪指令主要可分为 3 种：.DATA 伪指令、.TEXT 伪指令、.GLOBAL 伪指令（可省略）。

（1）.DATA 伪指令

.DATA 伪指令用来定义程序的数据段，程序的变量需要在该伪指令下定义，汇编程序会分配和初始化变量的存储空间。

（2）.TEXT 伪指令

.TEXT 伪指令用来定义程序的代码段。

（3）.GLOBAL 伪指令

.GLOBAL 伪指令声明某一个符号为全局变量，全局符号可被其他的符号引用，通常用该伪指令声明一个程序的 MAIN 过程。

下面将详细介绍 MIPS 汇编的各个段。

11.4.3　MIPS 数据段定义

数据段使用.DATA 伪指令声明，数据声明的格式为：

变量名：数据类型 变量值

MIPS 数据类型如表 11-16 所示，以 MIPS 32 位 CPU 为例。

表 11-16　MIPS 数据类型

数据类型	含义
.BYTE	以 8 位（字节）存储数值表
.HALF	以 16 位（半字长）存储数值表
.WORD	以 32 位（一个字长）存储数值表
.FLOAT	以单精度浮点数存储数值表
.DOUBLE	以双精度浮点数存储数值表
.ASCII	为一个 ASCII 字符串分配字节序列
.ASCIIZ	与.ASCII 伪指令类似，但是在字符串末尾添加 NULL 字符，类似 C 语言
.SPACE N	为数据段中 n 个未初始化的字节分配空间

下面看几个数据声明的例子：

```
VAR1:  .WORD 3 # 声明一个 WORD 类型的变量 VAR1，同时赋值 3
ARRAY1: .BYTE 'A', 'B' # 声明一个存储 2 个字符的数组 ARRAY1，并赋值'A'、'B'
ARRAY2: .SPACE 40 # 为变量 ARRAY2 分配 40 字节（BYTE）未使用的连续空间
STR1: .ASCII "HELLO WORLD\N" # 声明一段字符串，内容为"HELLO WORLD\N"
```

11.4.4　MIPS 代码段定义

代码段以.Text 为开始标志，代码段其实就是各项指令操作，在 11.1.2 节中我们了解了 MIPS 指令的类型，分别是 R 型、I 型、J 型。

MIPS 指令的基本格式如下：

[标号:] 操作符 [操作数] [#注释]

标号部分可选，用于标记内存地址，若定义标号则后面必须添加冒号。

操作符用于定义操作（如 ADD、SUB 等）。

操作数用于指明操作需要的数据，可以是寄存器、内存变量或常数，大多数指令有 3 个操作数。

11.4.5　MIPS 系统调用 syscall

通过改变寄存器$v0 的值再调用 syscall 可以实现不同的功能。寄存器$v0 的值与 syscall 对应的功能如表 11-17 所示。

表 11–17　$v0 的值与 syscall 对应的功能

功能	功能调用码	所需参数	返回值
输出整数	$v0 = 1	将要输出的整数赋值给$a0	
输出浮点数	$v0 = 2	将要输出的浮点数赋值给$f12	
输出双精度浮点数	$v0 = 3	将要输出的双精度浮点数赋值给$f12	
输出字符串	$v0 =4	将要输出的字符串地址赋值给$a0	
读取整数	$v0 =5		将读取的整数赋值给 $v0
读取浮点数	$v0 =6		将读取的浮点数赋值给$v0
读取双精度浮点数	$v0 =7		将读取的双精度浮点数赋值给 $v0
读取字符串	$v0 =8	将要读取的字符串地址赋值给$a0，将读取的字符串长度赋值给$a1	
同 C 中的 sbrk()函数，动态分配内存	$v0 =9	$a0 = amount（需要分配的空间大小，单位是字节）	将分配好的空间首地址赋值给$v0
退出程序	$v0 =10		

11.4.6　第一个 MIPS 汇编程序

例 11.29　有一段 MIPS 汇编源程序，该程序的功能是输出"I LOVE CHINA！"这段字符串。

```
.DATA                                   # 1：声明数据段
STR: .ASCIIZ        "I LOVE CHINA! \N"  # 2：声明字符串 STR
.TEXT                                   # 3：声明代码段
LA              $a0, str                # 4：将 STR 的地址赋给寄存器 $a0
LI              $v0, 4                  # 5：将寄存器$v0 赋值为 4
syscall                                 # 6：调用 syscall，输出字符串 STR
LI              $v0, 10                 # 7：将寄存器$v0 的值复制为 10
syscall                                 # 8：调用 syscall，退出程序
```

第 1 行.DATA 用于声明数据段，第 2 行声明字符串，变量名为 STR。

第 3 行.TEXT 用于声明代码段，第 4 行将要输出的字符串变量 STR 的地址赋给寄存器$a0，即$a0 = address(str)。

第 5 行赋值对应的功能调用码，通过对寄存器$v0 赋值再调用 syscall 可以实现不同的功能。

第 6 行调用 syscall，输出字符串 STR。

第 7 行赋值对应的操作代码，通过对寄存器$v0 赋值再调用 syscall 可以实现不同的功能。

第 8 行调用 syscall，退出程序。

例 11.30　编写一段 MIPS 汇编源程序，程序的功能是从键盘中读取一个字符并显示。

```
.DATA                                   # 1：声明数据段
MSG_READ: .ASCIIZ "GIVE NUMBER:"        # 2：声明字符串 MSG_READ
MSG_PRINT: .ASCIIZ "\NNUMBER = \n"      # 3：声明字符串 MSG_PRINT
.TEXT                                   # 4：声明代码段
LA $a0, MSG_READ                        # 5：将 MSG_READ 地址赋给寄存器$a0
LI $v0,4                                # 6：将寄存器$v0 赋值为 4
syscall                                 # 7：调用 syscall，输出字符串 MSG_READ
LI $v0, 5                               # 8：将寄存器 $v0 赋值为 5
syscall                                 # 9：调用 syscall，读取一个整数
MOVE $t1, $v0                           # 10：将寄存器$v0 赋值给寄存器$t1
LI $v0, 4                               # 11：将寄存器$v0 赋值为 4
```

```
LA $a0,MSG_PRINT              # 12：将 MSG_PRINT 地址赋值给寄存器$a0
syscall                       # 13：调用 syscall，输出字符串 MSG_PRINT
LI $v0, 1                     # 14：将寄存器$v0 的值赋值为 1
MOVE $a0, $t1                 # 15：将寄存器$t1 的值赋给寄存器$a0
syscall                       # 16：调用 syscall，输出一个整数
LI $v0, 10                    # 17：将寄存器$v0 赋值为 10
syscall                       # 18：调用 syscall，退出程序
```

本程序多次调用 syscall 指令，第 1 行声明数据段，第 2、3 行声明两个字符串作为提示信息。

第 4 行声明代码段，第 5 行将要输出的字符串的地址赋值给$a0。

第 6 行赋值寄存器$v0 对应的操作代码，第 7 行调用 syscall 指令实现输出字符串功能。

第 8 行赋值寄存器$v0 对应的操作代码，第 9 行调用 syscall 指令读取一个整型数字并赋值给寄存器$v0。

第 10 行将寄存器$v0 的内容赋值给寄存器$t1。

第 11 行赋值寄存器$v0 对应的操作代码，第 12 行将要输出的字符串的地址赋值给$a0，第 13 行调用 syscall 指令实现输出字符串功能。

同理，接下来的代码实现输出接收到的整数和退出程序的功能。

11.5 MIPS 编程

11.5.1 MIPS 汇编分支结构

程序几乎不可能总按照顺序来执行，每个程序中往往都存在分支判断，根据判断条件来决定程序的走向。分支程序有两种基本结构，分别对应 C 语言中的 if 语句和 else 语句。在汇编中，往往通过无条件转移指令和条件转移指令实现分支。

1. 双分支结构

双分支结构即 IF-THEN-ELSE 结构。

例 11.31 假定程序检测$t1 的值：如果$t1=10，则$t2=4，否则$t2=3。流程图如图 11-26 所示。

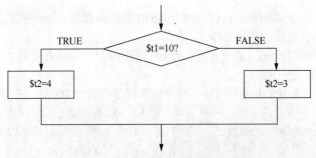

图 11-26 例 11.31 流程图（双分支结构）

用 MIPS 汇编语言描述为：

```
BEQ $t1, 10, JUMP      # 判断 t1 是否等于 10
LI $t2, 3              # 不相等则继续往下执行
J L2
JUMP:                  # 相等则跳转到 JUMP 处
   LI $t2, 4
L2:
```

2. 双重条件判断结构

双重条件判断结构即在双分支结构的基础上又增加了新的判断条件，出现了嵌套分支。

例 11.32　假定程序检测$t1=0 且$t2>=5：如果条件为真，则$t0=1，否则跳转到 L2。流程图如图 11-27 所示。

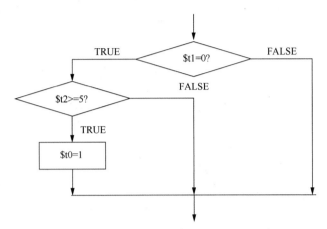

图 11-27　例 11.32 流程图（双重条件判断结构）

用 MIPS 汇编语言描述为：

```
LI $t0, 0
BEQ $t1, 0, SYN1
J L2
SYN1:
  BGE $t2, 5, SYN2
J L2
SYN2:
  LI $t0, 1
L2:
```

3. 三分支结构

根据一个判断对象，出现三个分支，即为三分支结构。

例 11.33　输入一个有符号数，判断其是正数、负数还是 0，如图 11-28 所示。

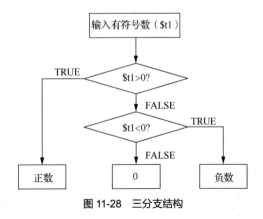

图 11-28　三分支结构

MIPS 汇编代码如下：

```
.DATA
MEG_MSG: .ASCIIZ "\N THE JUDGMENT RESULT IS NUMBER>0"
MIK_MSG: .ASCIIZ "\N THE JUDGMENT RESULT IS NUMBER<0"
```

```
MIDEN_MSG: .ASCIIZ "\N THE JUDGMENT RESULT IS NUMBER=0"
ARITH: .ASCIIZ "\N INPUT NUMBER ="


.TEXT
START                                    # 从键盘中读一个数
  LI $v0, 5                              # 调用 5 号功能
  syscall
  MOVE $t1, $v0                          # 数保存在$t1 中
                                         # 显示提示信息 "\NNUMBER="
  LI $v0, 4                              # 调用 4 号功能
  LA $a0, ARITH
syscall
                                         # 显示$t1
LI $v0, 1                                # 调用 1 号功能
MOVE $a0, $t1
syscall
                                         # 判断
BGTZ $t1, MEGA
BLTZ $t1,MIKR
LI $v0, 4                                # 如果$t1>0, 则跳转到 MEGA
                                         # 如果$t1<0, 则跳转到 MIKR
                                         # $t1=0, 显示提示信息"\NNUMBER=0"
                                         # 调用 4 号功能
LA $a0, MIDEN_MSG
syscall
J EXIT                                   # 无条件跳转到程序结束处
MEGA:                                    # $t1>0 的情况
                                         # 显示提示信息 "\NNUMBER>0"
LI $v0,4                                 # 调用 4 号功能
LA $a0, MEG_MSG
syscall
J EXIT                                   # 无条件跳转到程序结束处
MIKR:                                    # $t1<0 的情况
                                         # 显示提示信息 "\NNUMBER<0"
LI $v0, 4                                # 调用 4 号功能
LA $a0, MIK_MSG
syscall
EXIT:                                    # 程序结束
LI $v0, 10
syscall
```

11.5.2　MIPS 汇编循环结构

MIPS 汇编循环程序对应两个基本结构，分别是 do-while 结构和 while 结构。do-while 结构的典型特征就是先执行后判断，while 结构则是先判断再执行。

1. do-while 结构

do-while 结构如图 11-29 所示。

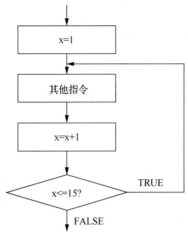

图 11-29　do-while 结构

用 MIPS 汇编程序描述为：

```
LI $t0, 1                      # 将 t0 赋值为 1
START:
    # INSTRUCTIONS
    ADD$t0, $t0, 1             # 等同于 x++
    BLE $t0, 15, START        # 如果 t0 小于等于 15 就跳转至 START
```

2. while 结构

while 结构如图 11-30 所示。

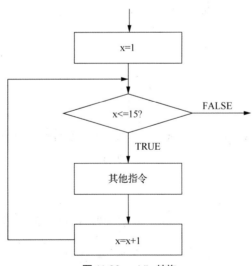

图 11-30　while 结构

用 MIPS 汇编语言描述为：

```
LI $t0, 1                          # 将 t0 赋值为 1
START:
    BLE $t0, 15, NEXT             # 将 t0 与 15 进行比较，小于等于 15 则跳转至 NEXT
    J CONT                       # 大于 15 则顺序执行，跳转至 CONT
NEXT:
    # INSTRUCTIONS
    ADD $t0, $t0, 1
```

```
    J START
CONT; # PROGRAM CONTINUE
```

例 11.34 用 MIPS 汇编语言描述下列 C 语言代码。

```
# INCLUDE<STDIO.H>
INT MAIN()
{
INT I = 1;
INT SUM = 0;
    DO
    {
        SUM = SUM + I;
        I = I + 1;
    } WHILE(I <= 100)
PRINTF("%D\N", SUM);
RETURN 0;
}
```

MIPS 汇编语言描述如下：

```
LI $t0, 1                        # $t0, I
LI $t1, 0                        # $t1, SUM
LOOP:
    ADD $t1, $t1, $T0
    ADD $t0, $t0, 1
BLE $t0, 100, LOOP               # 如果 I <= 100，则跳转到 LOOP 继续循环
MOVE $a0, $t1
LI $v0, 1
syscall
```

例 11.35 要求显示以下图形：N 是行数，B 是每行的星数。

```
*
**
***
****
*****
******
*******
```

求解思路：本程序用双循环实现更合理，其中外循环控制行数，内循环控制每行显示的星数。

```
.DATA                            # 数据段
DOSE: .ASCIIZ "N = "
ASTERI: .ASCIIZ "*"
LINE: .ASCIIZ "\N"
.TEXT 0X00400000                 # 代码段，指定代码段起始地址为 0X00400000H
                                 # 显示信息 "N = "
LI $v0, 4                        # 调用 4 号功能
LA $a0, DOSE
syscall
                                 # 读数字（行数）
LI $v0, 5                        # 调用 5 号功能
syscall
MOVE $t1, $V0                    # 保存数据到 $t1
LI $t3, 1                        # 初始化行数

AGAIN:
LI $t2, 1                        # 初始化 * 数
```

```
AGAIN2:                              #显示一个*
LI $v0, 4                            # 调用 4 号功能
LA $a0, ASTERI
syscall
ADD $t2, $t2, 1                      # *数加 1
BLE $t2, $t3, AGAIN2                 # *数$t2 <= 行数$t3
                                     # 跳转到 AGAIN2
                                     # 新的一行 "\N"
LI $v0, 4                            # 调用 4 号功能
LA $a0, LINE
syscall
ADD $t3, $t3, 1                      # 行数加 1
BLE $t3, $t1, AGAIN                  # 所有的行数没有显示完
                                     # 跳转到 AGAIN
                                     # 程序结束
LI $v0, 10
syscall
```

本章小结

本章主要介绍了 MIPS 体系结构与指令集、MIPS 32 位汇编常用指令和寻址方式，以及 MIPS 程序基础、MIPS 编程等内容。

习题 11

11.1　选择题。

（1）MIPS 32 CPU 的每条指令长度是（　　）位。

    A. 64　　　　　　　　　　　　　　B. 32

    C. 16　　　　　　　　　　　　　　D. 不确定，不同的指令长度不同

（2）单周期 MIPS 在一个时钟周期内不能完成（　　）。

    A. 更新 PC 内容和向数据存储器内写数据

    B. 从寄存器堆读数据、ALU 运算和向数据存储器写数据

    C. ALU 运算和向寄存器堆写数据

    D. 从数据存储器读数据和向数据存储器写数据

（3）某采用相对寻址的 MIPS I 型指令，其立即数据段的值为 1110000011100011，则计算操作数有效地址时，与 PC 内容相加的偏移地址是（　　）。

    A. 1111111111111111　1000001110001100

    B. 1111111111111111　1110000011100011

    C. 0000000000000000　1110000011100011

    D. 0000000000000000　1000001110001100

（4）下列 MIPS 32 指令系统中，与基址寻址相关的指令是（　　）。

    A. ADDI $rt,$rs,imm　　　　　　　B. LW $rt,$rs,imm

    C. BEG $rs,$rt,imm　　　　　　　D. ADD $rd,$rs,$rt

（5）如果$t1>=$t2，则跳转到 next 标号处，正确的指令是（　　）。

    A. BLE $t1,$t2,next　　　　　　　B. BNE $t1,$t2,next

    C. BGE $t1,$t2,next　　　　　　　D. BEQ $t1,$t2,next

（6）如果$t0=0，则跳转到 next 标号处，正确的指令是（　　　）。

    A．BEQ $t0,next   B．BGEZ $t0,next   C．BEQZ $t0,next   D．BLTZ $t0,next

（7）下列 MIPS 32 指令集的表述中错误的是（　　　）。

    A．J 型指令是跳转指令，它的低 26 位是一个立即数，且固定使用页面寻址方式形成跳转地址

    B．I 型指令中的最低 16 位是一个立即数，在使用该数之前必须要先把它扩展成 32 位

    C．所有的 R 型指令中，6 位操作码都为 0，也没有指令会涉及立即数

    D．可以使用的寄存器的数量最多只有 32 个

11.2 MIPS 架构处理器的通用寄存器有哪些？简述它们的约定命名和用处。

11.3 MIPS 的特殊寄存器有哪几种？简述它们的约定命名和用处。

11.4 利用 MIPS 汇编语言实现冒泡排序，待排序数组为 8、6、3、7、1、0、9、4、5、2。实现对改数组由小到大排序并输出。

11.5 若题图 11-1 所示汇编指令段首地址为 0x1001 0000，试指出题图 11-1 中各条汇编指令的机器指令的格式类型以及对应的机器指令编码。

11.6 已知寄存器$s0=0x1000 0040，采用汇编指令（指令序列）分别实现以下功能。

```
again

            ADD  $3,$2,$5
            ADDI $3,$2,5
            SRL  $3,$2,5
            BEQ  $3,$2,exit
            J  again
Exit:
```

题图 11-1　汇编指令段

（1）将地址为 0x1000 0040 的字数读入寄存器$t0。

（2）将地址为 0x1000 0041 的无符号字节数据读入寄存器$t0。

（3）将地址为 0x1000 0042 的符号字节数据读入寄存器$t0。

（4）将地址为 0x1000 0042 的半字数据读入寄存器$t0。

（5）将$t1 完整存入地址为 0x1000 0048 的子存储空间。

（6）将$t1 低半字存入地址为 0x1000 004c 的半字存储空间。

（7）将$t1 低半字存入地址为 0x1000 004c 的存储空间。

（8）将$t1 完整存入地址为 0x1000 004b 的非规则字存储空间。

11.7 已知寄存器$s0=0x1001 0000，其余通用寄存器的值都为 0，且存储空间 0x1001 0000～0x1001 0007 的存储映像如题图 11-2 所示。试指出题表 11-1 各条 MIPS 汇编指令写入数据的寄存器名称以及指令顺序执行完之后被写入寄存器的值（十六进制）。

0x1001 0000	0xf6
0x1001 0001	0x8
0x1001 0002	0xe3
0x1001 0003	0x67
0x1001 0004	0x34
0x1001 0005	0x96
0x1001 0006	0x86
0x1001 0007	0xf

题图 11-2　存储空间 0x1001 0000～0x1001 0007 的存储映像

题表 11-1　MIPS 汇编指令写入数据的寄存器名称及值

MIPS 汇编指令	写入寄存器的名称	写入寄存器的值
LB $t0,0($s0)		
LHU $t1,2($s0)		
LW $t2,4($s0)		
LWL $t3,5($s0)		
LWR $t3,2($s0)		

附录1 80x86 指令系统

汇编语言格式	功能	操作数	标志位 ODITSZAPC	备注
AAA	(AL)←把 AL 中的和调整到非压缩的 BCD 格式 (AH)←(AH)+调整产生的进位值		u – – – u u x u x	
AAD	(AH)←10*(AH)+(AL) (AH)←0 实现除法的非压缩的 BCD 调整		u – – – x x u x u	
AAM	(AX)←把 AH 中的积调整到非压缩的 BCD 格式		u – – – x x u x u	
AAS	(AL)←把 AL 中的差调整到非压缩的 BCD 格式 (AH)←(AH)−调整产生的借位值		u – – – u u x u x	
ADC dst,src	(dst)←(src)+(dst)+CF	reg, reg reg, mem mem, reg reg, imm ac, imm mem, imm	x – – – x x x x x	
ADD dst,src	(dst)←(src)+(dst)	reg, reg reg, mem mem, reg reg, imm ac, imm mem, imm	x – – – x x x x x	
AND dst,src	(dst)←(src)∧(dst)	reg, reg reg, mem mem, reg reg, imm ac, imm mem, imm	0 – – – x x u x 0	
ARPL dst,src	两个操作数分别表示两个选择符。执行本指令时,将两选择符的 RPL 字段(表示 CPU 的当前特权级)进行比较,并根据比较结果调整选择符的 RPL 字段		– – – – – x – – –	自 80286 起有 系统指令
BOUND rsg, mem	测数组下标(reg)是否在指定的上下界(mem)之内,是则往下执行,否则产生 INT 5 中断		– – – – – – – – –	自 80286 起有
BSF reg,src	自右向左扫描 src 指示的操作数,遇到第一个为 1 的位,则 ZF←0,该位位置装入 reg;如(src)=0,则 ZF←1	reg16, reg16 reg32, reg32 reg16, mem16 reg32, mem32	u – – – u x u u u	自 80386 起有

汇编语言格式	功能	操作数	标志位 ODITSZAPC	备注
BSR reg,src	自左向右扫描 src 指示的操作数，遇到第一个为 1 的位，则 ZF←0，该位位置装入 reg；如(src)=0，则 ZF←1	reg16，reg16 reg32，reg32 reg16，mem16 reg32，mem32	u－－－uxuuu	自 80386 起有
BSWAP r32	(r32)字节次序变反		－－－－－－－－－	自 80486 起有
BT dst,src	把由(src)指定的(dst)中的位内容送入 CF	reg，reg mem，reg reg，imm8 mem，imm8	u－－－uuuux	自 80386 起有
BTC dst,src	把由(src)指定的(dst)中的位内容送入 CF，并把该位取反	reg，reg mem，reg reg，imm8 mem，imm8	u－－－uuuux	自 80386 起有
BTR dst,src	把由(src)指定的(dst)中的位内容送入 CF，并把该位置 0	reg，reg mem，reg reg，imm8 mem，imm8	u－－－uuuux	自 80386 起有
BTS dst,src	把由(src)指定的(dst)中的位内容送入 CF，并把该位置 1	reg，reg mem，reg reg，imm8 mem，imm8	u－－－uuuux	自 80386 起有
CALL dst	段内直接调用：PUSH（IP 或 EIP） (IP)←(IP)+D16 或 (EIP)←(EIP)+D32 段内间接调用：PUSH（IP 或 EIP） (IP 或 EIP)←(EA) 段间直接调用：PUSH（CS） push（IP 或 EIP） (IP 或 EIP)←指定的偏移地址 (CS)←dst 指定的段基址 段间间接调用：PUSH（CS） PUSH（IP 或 EIP） (IP 或 EIP)←(EA) (CS)←(EA+2 或 4)		－－－－－－－－－	
CBW	(AL)符号扩展到(AH)		－－－－－－－－－	
CWDE	(AX)符号扩展到(EAX)		－－－－－－－－－	自 80386 起有
CLC	进位标志置 0		－－－－－－－－0	
CLD	方向标志置 0		－0－－－－－－－	
CLI	中断标志置 0		－－0－－－－－－	
CLTS	清除控制寄存器 CR0 的任务切换标志		－－－－－－－－－	自 80386 起有系统指令
CMC	进位标志求反		－－－－－－－－x	
CMP opr1，opr2	(opr1)－(opr2)	reg，reg reg，mem mem，reg reg，imm ac，imm mem，imm	x－－－xxxxx	

续表

汇编语言格式	功能	操作数	标志位 O D I T S Z A P C	备注
CMPSB CMPSW CMPSD	((SI 或 ESI)) − ((DI 或 EDI)) SI 或 ESI ± 1、2 或 4 DI 或 EDI ± 1、2 或 4		x − − − x x x x x	
CMPXCHG dst,reg	(ac) − (dst) 相等：ZF←1, (dst)←(reg) 不相等：ZF←0, (ac)←(dst)	reg, reg mem, reg	x − − − x x x x x	自 80486 起有
CMPXCHG8B dst	(EDS,EAX)←(dst) 相等：ZF←1, (dst)←(ECX,EBX) 不相等：ZF←0, (EDX,EAX)←(dst)		− − − − − x − − −	自 80586 起有
CPUID	(EAX)←CPU 识别信息		− − − − − − − − −	自 80586 起有
CWD	(AX)符号扩展到(DX)		− − − − − − − − −	
CDQ	(EAX)符号扩展到(EDX)		− − − − − − − − −	自 80386 起有
DAA	(AL)←把 AL 中的和调整到压缩的 BCD 格式		u − − − x x x x x	
DAS	(AL)←把 AL 中的差调整到压缩的 BCD 格式		u − − − x x x x x	
DEC opr	(opr)←(opr)−1	reg mem	x − − − x x x x −	
DIV src	(AL)←(AX)/(src)的商 (AH)←(AX)/(src)的余数 (AX)←(DX,AX)/(src)的商 (DX)←(DX,AX)/(src)的余数 (EAX)←(EDX,EAX)/(src)的商 (EDX)←(EDX,EAX)/(src)的余数	reg8 reg16 reg32 mem8 mem16 mem32	u − − − u u u u u	
ENTER imm16,imm8	建立堆栈帧 imm16 为堆栈帧的字节数 imm8 为堆栈帧的层数 L	L=0 L=1 L>1	− − − − − − − − −	自 80386 起有
HLT	停机		− − − − − − − − −	系统指令
IDIV src	(AL)←(AX)/(src)的商 (AH)←(AX)/(src)的余数 (AX)←(DX,AX)/(src)的商 (DX)←(DX,AX)/(src)的余数 (EAX)←(EDX,EAX)/(src)的商 (EDX)←(EDX,EAX)/(src)的余数	reg8 reg16 reg32 mem8 mem16 mem32	u − − − u u u u u	
IMUL src	(AX)←(AL) * (src) (DX，AX)←(AX) * (src) (EDX，EAX)←(EAX) * (src)	reg8 reg16 reg32 mem8 mem16 mem32	x − − − u u u u x	
IMUL reg,src	(reg16)←(reg16) * (src) (reg32)←(reg32) *(src)	reg8 reg16 reg32 mem8 mem16 mem32	x − − − u u u u x	自 80286 起有

汇编语言格式	功能	操作数	标志位 ODITSZAPC	备注
IMUL reg,src,imm	(reg16)←(src) *imm (reg32)←(src) *imm	reg8 reg16 reg32 mem8 mem16 mem32	x－－－uuuux	自 80286 起有
IN ac,PORT IN ac,DX	(ac)←(PORT) (ac)←((DX))		－－－－－－－－－	
INC opr	(opr)←(opr)+1	reg mem	x－－－xxxx－	
INSB INSW INSD	((DI 或 EDI))←((DX)) (DI 或 EDI)←(DI 或 EDI)±1、2 或 4		－－－－－－－－－	自 80286 起有
INT type INT（当 TYPE=3 时）	PUSH (FLAGS) PUSH (CS) PUSH (IP) (IP)←(type * 4) (CS)←(type * 4+2)		－－0 0－－－－－	
INTO	若 OF=1，则 PUSH(FLAGS) PUSH(CS) PUSH(IP) (IP)←(10H) (CS)←(12H)		－0 0－－－－－－	
INVD	使高速缓存无效		－－－－－－－－－	自 80486 起有系统指令
INVLPG opr	使指定线性地址的 TLB（Translation Lookaside Buffer，变换旁查缓冲器）中所有条目无效		－－－－－－－－－	自 80486 起有系统指令
IRET	POP　IP POP　CS POP　FLAGS		rrrrrrrrr	
IRETD	(EIP)←POP( ) (CS)←POP( ) (EFLAGS)←POP( )		rrrrrrrrr	自 80386 起有
JZ/JE opr JNZ/JNE opr JS opr JNS opr JO opr JNO opr JP/JPE opr JNP/JPO opr JC/JB/JNAE opr JNC/JNB/JAE opr JBE/JNA opr JNBE/JA opr JL/JNGE opr JNL/JGE opr JLE/JNG opr JNLE/JG opr	ZF=1 则转移 ZF=0 则转移 SF=1 则转移 SF=0 则转移 OF=1 则转移 OF=0 则转移 PF=1 则转移 PF=0 则转移 CF=1 则转移 CF=0 则转移 CF∨ZF=1 则转移 CF∨ZF=0 则转移 SF(XOR)OF=1 则转移 SF(XOR)OF=0 则转移 (SF(XOR)OF)∨ZF=1 则转移 (SF(XOR)OF)∨ZF=0 则转移	8 位位移量 16/32 位位移量	－－－－－－－－－	

续表

汇编语言格式	功能	操作数	标志位 O D I T S Z A P C	备注
JCXZ opr	(CX)=0 则转移		－ － － － － － － － －	
JECXZ opr	(ECX)=0 则转移		－ － － － － － － － －	自 80386 起有
JMP opr	无条件转移 段内直接短： (IP 或 EIP)←(IP 或 EIP)+D8 段内直接转移： (IP)←(IP)+D16 或 (EIP)←(EIP)+D32 段内间接转移： (IP 或 EIP)←(EA) 段间直接转移： (IP 或 EIP)←opr 指定的偏移地址 (CS)←opr 指定的段基址 段间间接转移： (IP 或 EIP)←(EA) (CS)←(EA+2 或 4)	reg mem	－ － － － － － － － －	
LAHF reg,src	(AH)←(FLAGS 的低字节)		－ － － － － － － － －	
LAR reg,src	取访问权限字节	reg，reg reg，mem	－ － － － － x － － －	自 80286 起有系统指令
LDS reg,src	(reg)←(src) (DS)←(src+2 或 4)		－ － － － － － － － －	
LEA reg,src	(reg)←(src)		－ － － － － － － － －	
LEAVE	释放堆栈帧		－ － － － － － － － －	自 80286 起有
LES reg,src	(reg)←(src) (ES)←(src+2 或 4)		－ － － － － － － － －	
LFS reg,src	(reg)←(src) (FS)←(src+2 或 4)		－ － － － － － － － －	自 80386 起有
LGDT mem	装入全局描述符表到 GDTR 寄存器 (GDTR)←(mem)		－ － － － － － － － －	自 80286 起有系统指令
LGS reg,src	(reg)←(src) (GS)←(src+2 或 4)		－ － － － － － － － －	自 80386 起有
LIDT mem	装入中断描述符表到 IDTR 寄存器 (IDTR)←(mem)	reg	－ － － － － － － － －	自 80286 起有
LLDT src	装入局部描述符表到 IDTR 寄存器 (LDTR)←(src)	reg	－ － － － － － － － －	自 80286 起有
LMSW src	装入机器状态字到 CR0 寄存器中 (MSW)←(src)	reg mem	－ － － － － － － － －	自 80286 起有系统指令
LOCK	插入 LOCK#信号前缀		－ － － － － － － － －	系统指令
LODSB LODSW LODSD	(ac)←((SI 或 ESI)) (SI 或 ESI)←(SI 或 ESI)±1、2 或 4		－ － － － － － － － －	
LOOP opr	(CX 或 ECX)≠0 则循环		－ － － － － － － － －	
LOOPZ/LOOPE opr	ZF=1 且(CX 或 ECX)≠0 则循环		－ － － － － － － － －	
LOOPNZ/LOOPNE opr	ZF=0 且(CX 或 ECX)≠0 则循环		－ － － － － － － － －	
LSL reg,src	取段界限	reg，reg reg，mem	－ － － － － － x － －	自 80286 起有系统指令

汇编语言格式	功能	操作数	标志位 ODITSZAPC	备注
LSS reg,src	(reg)←(src) (SS)←(src+2 或 4)		—————————	自 80386 起有
LTR src	装入任务寄存器	reg mem	—————————	自 80286 起有系统指令
MOV dst,src	(dst)←(src)	reg, reg reg, mem mem, reg reg, imm mem, imm ac, mem mem, ac	—————————	自 80386 起有

MOV reg,CR0-4
（控制寄存器）
MOV CR0-4,reg
	将 CR0 寄存器的低 4 位（CR0-4）的值复制到一个通用寄存器（reg）中
	将通用寄存器（reg）的值复制到 CR0 寄存器的低 4 位（CR0-4）中
		CR0, reg
		CR2, reg
		CR3, reg
		CR4, reg
			u———uuuuu	自 80386 起有系统指令

MOV reg,DR（调试寄存器）	(reg)←(DR)	reg, DR0–3 reg, DR0–5 reg, DR0–7	u———uuuuu	自 80386 起有系统指令
MOV DR,reg	(DR)←(reg)	DR0–3, reg DR4–5, reg DR6–7, reg	u———uuuuu	

MOV dst,SR
（段寄存器）
MOV SR,src
	(dst)←(SR)
	
	(SR)←(src)
		reg
		mem
		reg
		SR
			—————————	

MOVSB MOVSW MOVSD	((DI 或 EDI))←((SI 或 ESI)) SI 或 ESI±1、2 或 4 DI 或 EDI±1、2 或 4		—————————	
MOVSX dst,src	(dst)←符号扩展(src)	reg, reg reg, mem	—————————	自 80386 起有
MOVZX dst,src	(dst)←零扩展(src)	reg, reg reg, mem	—————————	自 80386 起有
MUL src	(AX)←(AL) * (src) (DX，AX)←(AX) * (src) (EDX，EAX)←(EAX) * (src)	reg8 reg16 reg32 mem8 mem16 mem32	x———uuuux	
NEG opr	(opr)←—(opr)	reg mem	x———xxxxx	
NOP	无操作		—————————	
NOT opr	(opr)←(opr)取反	reg mem	—————————	
OR dst,src	(dst)←(dst)∨(src)	reg, reg reg, mem mem, reg reg, imm ac, imm mem, imm	0———xxux0	

续表

汇编语言格式	功能	操作数	标志位 O D I T S Z A P C	备注
OUT port,ac OUT DX,ac	(port)←(ac) ((DX))←(ac)		− − − − − − − − −	
OUTSB OUTSW OUTSD	((DX))←((SI 或 ESI)) (SI 或 ESI)←(SI 或 ESI)±1、2 或 4		− − − − − − − − −	
POP dst	(dst)←((SP 或 ESP)) (SP 或 ESP)←(SP 或 ESP)+2 或 4	reg mem imm SR	− − − − − − − − −	
POPA	出栈到 16 位通用寄存器		− − − − − − − − −	自 80286 起有
POPAD	出栈到 32 位通用寄存器		− − − − − − − − −	自 80386 起有
POPF	出栈到 FLAGS		r r r r r r r r r	
POPFD	出栈到 EFLAGS		r r r r r r r r r	自 80386 起有
PUSH src	(SP 或 ESP)←(SP 或 ESP)+2 或 4 ((SP 或 ESP))←(src)	reg mem imm SR	− − − − − − − − −	
PUSHA	16 位通用寄存器进栈		− − − − − − − − −	自 80286 起有
PUSHAD	32 位通用寄存器进栈		− − − − − − − − −	自 80386 起有
PUSHF	FLAGS 进栈		− − − − − − − − −	自 80286 起有
PUSHFD	EFLAGS 进栈		− − − − − − − − −	自 80386 起有
RCL opr,cnt	带进位循环左移	reg, 1 mem, 1 reg, CL mem, CL reg, imm8 mem, imm8	x − − − − − − − x u − − − − − − − x	自 80286 起有
RCR opr,cnt	带进位循环右移	reg, 1 mem, 1 reg, CL mem, CL reg, imm8 mem, imm8	x − − − − − − − x u − − − − − − − x	自 80286 起有 自 80286 起有
RDMSR	读模型专用寄存器 (EDX,EAX)←MSR[ECX]		− − − − − − − − −	自 80586 起有系统指令
REP string primitive REP INS REP LODS REP MOVS REP OUTS REP STOS	当(CX 或 EAX)=0, 退出重复; 否则, (CX 或 EAX)←(CX 或 EAX)−1, 执行其后的串指令, 例如 INS、LODS、MOVS、OUTS、STOS			
REPE/REPZ string primitive REPE CMPS REPE SCAS	当(CX 或 ECX)=0 或 ZF=0, 退出重复; 否则, (CX 或 ECX)←(CX 或 ECX)−1, 执行其后的串指令, 例如 CMPS、SCAS			
EPNE/REPNZ string primitive REPNE CMPS REPNZ SCAS	当(CX 或 ECX)=0 或 ZF=1, 退出重复; 否则, (CX 或 ECX)←(CX 或 ECX)−1, 执行其后的串指令, 例如 CMPS、SCAS			

汇编语言格式	功能	操作数	标志位 O D I T S Z A P C	备注
RET	段内近调用：(IP)←POP( ) 段间远调用：(IP)←POP( ) (CS)←POP( )		─ ─ ─ ─ ─ ─ ─ ─ ─	
RET exp	段内近调用：(IP)←POP( ) (SP 或 ESP)←(SP 或 ESP)+D16 段间远调用：(IP)←POP( ) (CS)←POP( ) (SP 或 ESP)←(SP 或 ESP)+D16		─ ─ ─ ─ ─ ─ ─ ─ ─	
ROL opr,cnt	循环左移	reg，1 mem，1 reg，CL mem，CL reg，imm8 mem，imm8	x ─ ─ ─ ─ ─ ─ ─ x u ─ ─ ─ ─ ─ ─ ─ x	自 80286 起有 自 80286 起有
ROR opr,cnt	循环右移	reg，1 mem，1 reg，CL mem，CL reg，imm8 mem，imm8	x ─ ─ ─ ─ ─ ─ ─ x u ─ ─ ─ ─ ─ ─ ─ x	自 80286 起有 自 80286 起有
RSM	从系统管理方式恢复		x x x x x x x x x	自 80586 起有系 统指令
SAHF	(FLAGS 的低字节)←(AH)		─ ─ ─ ─ r r r r r	
SAL opr,cnt	算术左移	reg，1 mem，1 reg，CL mem，CL reg，imm8 mem，imm8	x ─ ─ ─ x x u x x	自 80286 起有 自 80286 起有
SAR opr,cnt	算术右移	reg，1 mem，1 reg，CL mem，cCL reg，imm8 mem，imm8	x ─ ─ ─ x x u x x	自 80286 起有 自 80286 起有
SBB dst,src	(dst)←(dst)−(src)−CF	reg，reg reg，mem mem，reg reg，imm ac，imm mem，imm	x ─ ─ ─ x x x x x	
SCASB SCASW SCASD	(ac) − ((DI 或 EDI)) (DI 或 EDI)←(DI 或 EDI) ±1、2 或 4		x ─ ─ ─ x x x x x	
SETcc dst	条件设置	reg mem		自 80386 起有
SGDT mem	从全局描述符表寄存器取 (mem)←(GDTR)		─ ─ ─ ─ ─ ─ ─ ─ ─	自 80286 起有 系统指令

汇编语言格式	功能	操作数	标志位 O D I T S Z A P C	备注
SHL opr,cnt	逻辑左移	与 SAL 相同		
SHLD dst,reg，cnt	双精度左移	reg, reg, imm8 mem, reg, imm8 reg, reg, CL mem, reg, CL	x – – – x x u x x	自 80386 起有
SHR opr,cnt	逻辑右移	reg, 1 mem, 1 reg, CL mem, CL reg, imm8 mem, imm8	x – – – x x u x x	自 80286 起有 自 80286 起有
SHRD dst,reg,cnt	双精度右移	reg, reg, imm8 mem, reg, imm8 reg, reg, CL mem, reg, CL	u – – – x x u x x	自 80386 起有
SIDT mem	保存 IDTR 寄存器中的中断描述符表到内存中 (mem)←(IDTR)		– – – – – – – – –	自 80286 起有系统指令
SLDT dst	保存 LDTR 寄存器中的局部描述符表到内存中 (dst)←(LDTR)	reg mem	– – – – – – – – –	自 80286 起有系统指令
SMSW dst	保存 CR0 寄存器中的机器状态字（MSW）到内存中(dst)←(MSW)	reg mem	– – – – – – – – –	自 80286 起有系统指令
STC	进位标志置 1		– – – – – – – – 1	
STD	方向标志置 1		– 1 – – – – – – –	
STI	中断标志置 1		– – 1 – – – – – –	
STOSB STOSW STOSD	((DI 或 EDI))←(ac) (DI 或 EDI)←(DI 或 EDI) ±1、2 或 4		– – – – – – – – –	
STR dst	从任务寄存器取 (dst)←(TR)	reg mem	– – – – – – – – –	自 80286 起有系统指令
SUB dst,src	(dst)←(dst)−(src)	reg, reg reg, mem mem, reg reg, imm ac, imm mem, imm	x – – – x x x x x	
TEST opr1,opr2	(opr1)∧(opr2)	reg, reg reg, mem mem, reg reg, imm ac, imm mem, imm	0 – – – x x u x 0	
VERR opr	检验 opr 中的选择符所表示的段是否可读	reg mem	– – – – – x – – –	自 80286 起有系统指令
VERW opr	检验 opr 中的选择符所表示的段是否可写	reg mem	– – – – – x – – –	自 80286 起有系统指令
WAIT	等待		– – – – – – – – –	系统指令

续表

汇编语言格式	功能	操作数	标志位 O D I T S Z A P C	备注
WBINVD	写回并使高速缓存无效		- - - - - - - - -	自 80486 起有系 统指令
WRMSR	写入模型专用寄存器 MSR(ECX)←(EDX,EAX)		- - - - - - - - -	自 80586 起有系 统指令
XADD dst,src	TEMP←(src)+(dst) (src)←(dst) (dst)←TEMP	reg，reg mem，reg	x - - - x x x x x	自 80486 起有
XCHG opr1,opr2	(opr1)←→(opr2)	reg，reg ac，reg mem，reg	- - - - - - - - -	
XLAT	(AL)←((BX 或 EBX)+(AL))		- - - - - - - - -	
XOR dst,src	(dst)←(dst)xor(src)	reg，reg reg，mem mem，reg/imm reg，imm ac，imm	0 - - - x x u x 0	

说明如下。

（1）附录 1 的指令表来源于 Intel Pentium 的用户手册，其中提供的数据只适用于 Pentium。

（2）本表列出了 80x86 中面向应用程序设计的指令和面向系统程序设计的指令，其中后者在备注栏中以"系统指令"注明。

（3）表中所用符号说明如下。

① 操作类型中的 ac——累加器，reg——通用寄存器，mem——存储单元，imm——立即数。其后可跟 8、16、32 表示位数，例如 reg 其后跟以 8、16、32 表示 8、16、32 位通用寄存器，以此类推。

② 标志位符号 O D I T S Z A P C 的意义如下。

0——置 0。1——置 1。x——根据结果设置。-——不影响。u——无定义。r——恢复原值。

附录2 伪指令与操作符

附表 2.1 伪指令

类型	伪指令名	格式	说明
处理器选择	.8086	.8086	允许使用 8086 和 8088 指令系统及 8087 专用指令
	.8087	.8087	允许使用 8087 指令
	.286	.286	在 8086 指令基础上,允许使用 80286 实模式指令和 80287 指令
	.286P	.286P	在 8087 指令基础上,允许使用包括保护模式在内的 80286 指令系统和 80287 指令
	.287	.287	在 8087 指令基础上,允许使用 80287 指令
	.386	.386	在 8086、80286 指令基础上,允许使用 80386 实模式指令和 80387 指令
	.386P	.386P	在 8086、80286 指令基础上,允许使用包括保护模式在内的 80386 指令系统和 80387 指令
	.387	.387	在 8087、80287 指令基础上,允许使用 80386 指令
	.486	.486	在 8086、80286、80386 指令基础上,允许使用 80486 实模式指令和 80387、80486 指令
	.486P	.486P	在 8086、80286、80386 指令基础上,允许使用包括保护模式在内的 80486 指令系统和 80387、80487 指令
	.NO87	.NO87	不允许使用协处理器指令
段定义	SEGMENT ENDS	Segname SEGNAME [align][combine][use]['class'] … segname ENDS	定义段 align 说明段起始地址的边界值,它们可以是 PARA、BYTE、WORD、DWORD 或 PAGE combine 说明连接时的段合并方式,它们可以是 PRIVATE、PUBLIC、COMMON、AT expression、MEMORP 或 STACK use 指出段的大小,它们可以是 USE16 或 USE32 'class'指定类别
段指定	ASSUME	ASSUME segreg:segname[,…] ASSUME datareg: qualified[type[,…]]	规定段所属的段寄存器 指定寄存器所指向数据的类型 如 ASSUME BX:PTR WORD 表示 BX 指向一个字数组,其下的指令中如有[BX]就不必再加类型说明
	ASSUME	ASSUME Reg:ERROR[,…]	限制使用某些寄存器 如使用 ASSUME SI:ERROR,则其后程序不允许再用 SI 寄存器
	ASSUME	ASSUME Reg:NOTHING	取消前面已指定的连接关系 如 ASSUME BX:NOTHING 或 ASSUME SI:NOTHING 均可取消前面指定的限制,也可用 ASSUME EX:NOTHING 表示段寄存器 ES 并未和任一段相关
存储模式及简化段定义	.MODEL	.MODEL memory _ model[,model options]	存储模式选择,用在所有简化段定义之前,memory _ model 指定所用存储模式,它们可以是 TINY、SMALL、MEDIUM、COMPACT、LARGE、HUGE 或 FLAT。model options 可以指定 3 项选择,高级语言接口可以是 C、BASIC、FORTRAN、PASCAL、SYSCALL 或 STDCALL;操作系统可以是 OS—DOS 或 OS—OS2;堆栈距离可以是 NEARSTACK 或 FARSTACK

续表

类型	伪指令名	格式	说明
存储模式及简化段定义	.CODE	.CODE[name]	定义代码段，对于一个代码段的模型，name（段名）为可选项；对于多个代码段的模型，则应为每一个代码段指定段名
	.DATA	.DATA	定义初始化数据段
	.DATA?	.DATA?	定义未初始化数据段
	.FARDATA	.FARDATA[name]	定义远初始化数据段，可指定段名
	.FAR DATA?	.FAR DATA?[name]	定义远未初始化数据段，可指定段名
	.CONST	.CONST	定义常数数据段
	.STACK	.STACK[size]	定义堆栈段，可指定堆栈段大小（以字节为单位），如不指定，默认值为 1KB
段组定义	GROUP	grpname GROUP segname [,segname…]	允许用户把多个段定义于一个段组中
程序的开始和结束	NAME	NAME module__name	指定目标文件模块名，如不指定，则汇编程序自动用源文件名作为模块名
	END	END [label]	表示源文件结束，label 指定程序开始执行的起始地址，在多个模块相连接时，只有主模块需要指定 label，其他模块则不需要指定
	.STARTUP	.STARTUP	定义程序的入口点，并产生设置 DS、SS 和 SP 的代码，在使用 STARTUP 时，END 后的 label 将不必指定
	.EXIT	.EXIT [return_value]	产生退出程序并返回操作系统的代码，return_value 为返回操作系统的代码
段排列	.SEQ	.SEQ	指示 MASM 按段在源文件中的次序写入目标文件在默认情况下，段排列与有.SEQ 时相同
	.ALPHA	.ALPHA	指示 MASM 按段名的字母次序写入目标文件
	DOSSEG	DOSSEG	指示 MASM 用 DOS 所规定的方式排列段，即代码段在低地址区，然后是数据段，最后是堆栈段
数据定义及存储器分配	DB	[variable] DB operand[,…]	定义字节变量
	BYTE	[variable]BYTE operand[,…]	定义字节变量
	SBYTE	[variable]SBYTE operand[,…]	定义有符号字节变量
	DW	[variable] DW operand[,…]	定义字变量
	WORD	[variable]WORD operand[,…]	定义字变量
	SWORD	[variable] SWORD operand[,…]	定义有符号字变量
	DD	[variable]DD operand[,…]	定义双字变量（允许单精度浮点数）
	DWORD	[variable] DWORD operand[,…]	定义双字变量（不允许浮点数）
	SDWORD	[variable] SDWORD operand[,…]	定义有符号双字变量
	DF	[variable]DF operand[,…]	定义 6 字节变量，一般存放远指针
	FWORD	[variable] FWORD operand[, …]	定义 6 字节变量，一般存放远指针
	DQ	[variable]DQ operand[,…]	定义 4 字变量
	QWORD	[variable] QWORD operand[,…]	定义 4 字节变量
	DT	[variable]DT operand[,…]	定义 10 字节变量
	TBYTE	[variable]TBYTE operand[,…]	定义 10 字节变量
	REAL4	[variable] REAL4 operand[,…]	定义 4 字节浮点数
	REAL8	[variable] REAL8 operand[,…]	定义 8 字节浮点数
	REAL10	[variable] REAL10 operand[, …]	定义 10 字节浮点数
	LABEL	name LABEL type	定义 name 的类型 如 name 为变量，则 type 可以是 BYTE、WORD、DWORD 等 如 name 为标号，则 type 可以是 NEAR、FAR 或 PROC
	TYPEDEF	typename TYPEDEF[distname]PTR qualified_type	建立指针类型 distname 可以是 NEAR、NEAR16、FAR、FAR32 或空，对于 16 位段，NEAR 是 2 字节，FAR 是 4 字节；对于 32 位段，NEAR 是 4 字节，FAR 是 6 字节；默认时，由存储模型控制 qualified_type 说明类型为 typename 的指针所指向目标的类型，可以是 BYTE、WORD、DWORD 等

类型	伪指令名	格式	说明
赋值	EQU	name　EQU expression	赋值
	=	name　=　expression	赋值
	TEXTEQU	name　TEXTEQU (string) name　　TEXTEQU tmname name　　TEXTEQU %(x+y)	赋值，与 EQU 等价，但 EQU 可用于数字表达式，TEXTEQU 可用于文本串
对准	ORG	ORG constant_expression	将地址计数器（可用$表示）设置成 constant_expression 的值
	EVEN	EVEN	使地址计数器成为偶数
	ALIGN	ALIGN boundary	使地址计数器成为 boundary 的整数倍，boundary 必须是 2 的幂
基数控制	.RADIX	.RADIX expession	改变当前基数为 expession 的值（用十进制数 2~16 表示）
文本串处理	CATSTR	newstring CATSTR string1,string2	合并串，连接 string1 和 string2 生成 newstring
	INSTR	pos INSTR start，string，substring	获取子串的位置，获取 substring 在 string 中的位置，pos、start 为搜索的起始点，在 pos 中以此点为 1 计
	SUBSTR	part SUBSTR string,startpos,length	抽取子串，从 string 中抽取起始位置为 startpos，长度为 length 的子串 part
	SIZESTR	strsize SIZESTR string	判断串长度，strsize 为 string 的长度
结构联合记录	STRUC 或 STRUCT	structure_name STRUC[alignmemt, NONUNIQUE] … structure_name ENDS	定义结构，结构中所有域顺序分配不同的内存位置 alignmemt 可以是 1、2 或 4 NONUNIQUE 表示这个结构体的定义是非唯一的。也就是说，可以有多个相同名称的结构体，每个都有不同的定义。这对于创建可以重用的、通用的、可扩展的结构体非常有用
	UNION	union-name UNION[alignment,NONUNIQUE] … union-name ENDS	定义联合，联合中所有域均共享同一内存位置
	RECORD	record-name RECORD fieldname:width[,…]	定义记录，在字或字节内定义位模式 fieldname 为字段名，width 为该字段的宽度
模块化程序设计：过程	PORC	porcname PORC[NEAR 或 FAR] … porcname ENDP	过程定义
	PORC	Porname PORC[attributes field][USES registerlist][,parameter field] LOCAL vardef[,vardef] … porcname ENDP	过程定义 attributes field 由以下各项组成： distance、language type、visibility、prologue。 其中 distance 可用 NEAR 或 FAR。 language type 可用 C、PASCAL、BASIC、FORTRAN 或 STDCALL。 visibility 可用 PRIVATE 或 PUBLIC。 prologue 控制与过程的入口和出口有关代码的宏名。 USES registerlist 字段允许用户指定所需保存和恢复的寄存器。 parameter field 允许指定过程所用参数，格式为：identifier:type[,identifier:type] 其中 identifier 为参数的符号名，type 为参数的模型 LOCAL 可以为局部变量申请空间，格式为以下 3 种： label 未指定类型，按 word 分配空间； label:type 可指定类型，如 byte、word、dword 等； label[count]:type 用来申请数组空间，Label 为数组名，count 为元素数，type 为类型

续表

类型	伪指令名	格式	说明
模块化程序设计：过程	INCLUDE	INCLUDE filename	把名为 filename 的文件插入当前 INCLUDE 语句所在位置，filename 可以是完整的路径名
	EXTRN	EXTRN name:type[,…] EXTRN[language]name：type[,…]	说明在本模块中使用的外部符号 name 如为变量，则 type 可为 BYTE、WORD、DWORD 等 name 如为标号，则 type 可为 NEAR、FAR 或 PROC，允许用户指定调用语言，language 可以是 C 或 PASCAL
	INVOKE	INVOKE procname[，arguments]	完成类型检查、转换参数、参数入栈、调用过程的工作，并在过程返回时清除堆栈 arguments 可以是地址表达式、立即数、寄存器对或是由 ADDR 引导的一个列表（传递地址时应在地址前加前缀 ADDR） INVOKE 要求其所调用过程已经由 PROC 定义或已由 PROTO 建立该过程原型 INVOKE 使用 AX、EAX、DX、EDX
	PROTO	label PROTO[distance][language type][parameters]	建立过程原型 label 为过程名，它是外部的或公用的符号，其他参数说明与 PROC 相同
	INCLUDELIB	INCLUDELIB libname	指定目标程序要与名为 libname 的库文件相连接，libname 只能是文件名，不允许使用完整的路径名
	PUBLIC	PUBLIC symbol[,…] PUBLIC [language] symbol[,…]	说明在本模块中定义的外部符号 允许用户指定调用语言，language 可以是 C 或 PASCAL
	COMM	COMM[NEAR 或 FAR]var：size[:number]	定义公共变量 var，它是一个未初始化的全局变量 NEAR 或 FAR 说明对该变量的访问是用偏移地址还是段基址加偏移地址的方式 size 为变量类型，可用 BYTE、WORD、DWORD 等，number 为变量个数（默认为 1），COMM 必须放在数据段中
	EXTRNDEF	EXTRNDEF [language_type] name:type[…]	说明公共和外部符号，既可以与 EXTRN 等同，又可以与 PUBLIC 等同
宏	MACRO ENDM	macro_name MACRO [dummylist] … ENDM 宏调用：macro_name[paramlist]	宏定义
	LOCAL	LOCAL symbol [,…]	说明宏中的局部符号，MASM 将对其指定的每个 symbol 建立 0000～0FFFFH 的符号 LOCAL 必须是宏定义中的第一个语句，有关 LOCAL 在过程中的作用见 PROC
	PURGE	PURGE macro_name [,…]	删除指定的宏定义
	EXITM	EXITM EXITM<return_value>	从宏（包括条件块和重复块）中退出 从宏函数退出，并返回字符串值
	GOTO	GOTO label	在宏定义体中，用来跳转到 label 处 目标标号的格式是：label

条件	IF
	ELSE
	ENDIF
		IF argument
		statements_1
		ELSE
		statements_2
		ENDIF
			argument 为真，则汇编 statements_1，否则汇编 statements_2

	IF	IF expression	表达式不为 0 则为真
	IFE	IFE expression	表达式为 0 则为真
	IFDEF	IFDEF symbol	符号已定义则为真

类型	伪指令名	格式	说明
条件	IFNDEF	IFNDEF symbol	符号未定义则为真
	IFB	IFB (argument)	自变量为空则为真
	IFNB	IFNB (argument)	自变量不为空则为真
	IFIDN	IFIDN <arg_1><arg_2>	arg_1 和 arg_2 相同时为真
		或 IFIDNI <arg_1><arg_2>	arg_1 和 arg_2 相同时为真，但参数比较与大小写相关
	IFDIF	IFDIF <arg_1><arg_2>	arg_1 和 arg_2 不相同时为真
		或 IFDIFI<arg_1><arg_2>	arg_1 和 arg_2 不相同时为真，但参数比较与大小写无关
	ELSExx	IFxx expression_1 … ELSEIFxx expression_2 … ELSEIFxx expression_3 … ENDIF	允许用 ELSExx 编写嵌套的条件汇编
重复	REPT	REPT expression … ENDM	REPT 和 ENDM 之间的语句重复次数由表达式的值指定
	REPEAT	REPEAT count … ENDM	作用与 REPT 的相同
	IRP	IRP dummy,<arg1,arg2,…> … ENDM	重复 IRP 和 ENDM 之间的语句，每次重复用自变量表中的一项取代语句中的哑元
	FOR	FOR dummy,<arg1,arg2,…> … ENDM	作用与 IRP 的相同
	IRPC	IRPC dummy,string … ENDM	重复 IRPC 和 ENDM 之间的语句,每次重复用字符串中的下一个字符取代语句中的哑元
	FORC	FORC dummy,string … ENDM	作用与 IRPC 的相同
高级语言宏	.IF .ELSEIF .ELSE .ENDIF	.IF expression_1 statements_1 .ELSEIF expression_2 statements_2 .ELSEIF expression_3 statements_3 … .ELSE statements_n .ENDIF	生成相当于高级语言 if、then、else、endif 的语句
	.WHILE .ENDW	.WHILE expression statements .ENDW	生成相当于高级语言中建立 while 循环的语句
	.REPEAT .UNTIL	.REPEAT statements .UNTIL expression	生成相当于高级语言中建立 until 循环的语句

类型	伪指令名	格式	说明
高级语言宏	.REPEAT .UNTILCXZ	.REPEAT statements .UNTILCXZ [expression]	与.REPEAT/.UNTIL 类似，但其不用 expression 时可用 CX 存放循环计数值；使用 expression 时，可以增加退出循环的条件
	.BREAK	.BREAK .BREAK .IF expression	可提前退出.WHILE 或.REPEAT 循环，前一种不带参数的格式表示无条件退出，后一种带参数的格式给出退出循环的条件
	.CONTINUE	.CONTINUE .CONTINUE .IF expression	控制直接跳转.WHILE 或.REPEAT 循环的测试条件，第一种不带参数的格式表示无条件跳转，后一种带参数的格式给出跳转的条件
列表格式	PAGE	PAGE lines_per_page, char_per_line PAGE PAGE+	设置列表文件每页的行数（0～255，默认为 50）和每行的字符数（60～132，默认为 80） 开始一个新页 开始一个新行
	TITLE	TITLE text_string	指定文本串（不超过 60 个字符）作为标题，该标题显示在列表文件的每一页上
	SUBTITLE 或 SUBTTL	SUBTITLE text_string	指定文本串（不超过 60 个字符）作为子标题，该子标题显示在列表文件的每一页的标题下面
有关源程序	.LIST	.LIST	在列表文件中开始包括源语句
	.XLIST	.XLIST	在列表文件中停止包括源语句
	.NOLIST	.NOLIST	含义与.XLIST 的相同
	.LISTALL	.LISTALL	在列表文件中列出程序的所有语句
有关宏	.LALL	.LALL	在列表文件中列出宏展开的所有语句
	.LISTMACROALL	.LISTMACROALL	含义与.LALL 的相同
	.XALL	.XALL	在列表文件中只列出宏展开产生代码或数据的（默认）语句
	.LISTMACRO	.LISTMACRO	含义与.XALL 的相同
	.SALL	.SALL	在列表文件中不列出宏展开的所有语句（只列出宏调用）
	.NOLISTMACRO	.NOLISTMACRO	含义与.SALL 的相同
有关条件汇编	.LFCOND	.LFCOND	在列表文件中列出条件块中的所有语句，包括测试条件为假而未被汇编的条件块
	.LISTIF	.LISTIF	含义与.LFCOND 的相同
	.SFCOND	.SFCOND	在列表文件中不列出测试条件为假而未被汇编的条件块（默认）
	.NOLISTIF	.NOLISTIF	含义与.SFCOND 的相同
	.TFCOND	.TFCOND	切换列出测试条件为假而未被汇编的条件块的状态，即如果已设置.LISTIF，则.TFCOND 可把它转换为.NOLISTIF，如果未设置.NOLISTIF，则.TFCOND 可把它转换为.LISTIF
交叉引用信息	.CREF	.CREF	使在交叉引用文件中出现有关其后符号的信息
	.XCREF	.XCREF	使在交叉引用文件中不出现有关其后符号的信息
	.NOCREF	.NOCREF	含义与.XCREF 的相同
其他	%OUT	%OUT text	汇编过程中使标准输出设备显示一行文本
	ECHO	ECHO text string	含义与%OUT 的相同
	COMMENT	COMMENT comment_delimiter	COMMENT 标记成块注释（;适用于单行注释）
	PUSHCONTEXT	PUSHCONTEXT context POPCONTEXT context	保存 MASM 状态，context 可以是 ASSUMES、RADIX、LISTIGN、CPU 或 ALL
	POPCONTEXT		恢复 MASM 状态

附表 2.2　操作符

类型	操作符名	格式	说明
算术	+	expression1+ xpression2	相加
	−	expression1−expression2	相减
	×	expression1×expression2	相乘
	/	expression1/expression2	相除
	MOD	expression1 MOD expression2	expression1 除以 expression2 所得余数
	.	offset notation.fieldname	访问结构数据中的变量, offset notation 为结构数据的首地址
	[ ]	expression1[expression2]	回送 expression1 加上 expression2 的偏移地址之和
逻辑和移位	AND	expression1 AND expression2	两个表达式按位与
	OR	expression1 OR expression2	两个表达式按位或
	XOR	expression1 XOR expression2	两个表达式按位异或
	NOT	NOT expression1	将表达式中的值按位求反
	SHL	expression1 SHL numshift	将表达式左移 numshift 位, 如 numshift 大于 15, 则结果为 0
	SHR	expression1 SHR numshift	将表达式右移 numshift 位, 如 numshift 大于 15, 则结果为 0
关系	EQ	expression1 EQ expression2	如两个表达式相等则回送真（0FFFFH）, 否则回送假（0）
	NE	expression1 NE expression2	如两个表达式不相等则回送真, 否则回送假
	LT	expression1 LT expression2	如 expression1 小于 expression2 则回送真, 否则回送假
	GT	expression1 GT expression2	如 expression1 大于 expression2 则回送真, 否则回送假
	LE	expression1 LE expression2	如 expression1 小于或等于 expression2 则回送真, 否则回送假
	GE	expression1 GE expression2	如 expression1 大于或等于 expression2 则回送真, 否则回送假
数值回送	TYPE	TYPE expression	回送表达式类型, 变量则回送元素的字节数, 标号则回送类型数值
	LENGTH		
	LENGTHOF	LENGTH variable	回送变量所定义的数据项个数, 对于 DUP, 回送 DUP 的计数值
	SIZE		
	SIZEOF	LENGTHOF variable	回送变量所定义的数据项个数
	OFFSET	SIZE variable	回送分配给变量的字节数, 它是 LENGTH 值与 TYPE 值的乘积
	SEG		
	MASK	SIZEOF variable	回送分配给变量的字节总数
		OFFSET variable 或 label	回送变量或标号的偏移地址值
		SEG variable 或 label	回送变量或标号的段基址值
		MASK fieldname	回送记录定义中指定字段所占位置的值, 其所占位为 1, 其他位为 0
	WIDTH	WIDTH fieldname	回送记录定义中指定字段名的位宽
属性	PTR	type PTR expression	建立表达式的类型, expression 可以是标号、变量或指令中用各种寻址方式表达的存储单元; type 可以是 NEAR、FAR 或 PROC, 也可以是 BYTE、WORD、DWORD 等

续表

类型	操作符名	格式	说明
	段操作符	Segname 或 segreg:expression	用段名或段寄存器来表示一个标号或变量的段属性
			表示 JMP 指令转向地址 label 在 ±127 字节的范围内
	SHORT	SHORT label	指定与当前地址计数器相等的一个地址单元的类型
			回送字表达式的高位字节
			回送字表达式的低位字节
	THIS	THIS type	回送双字表达式的高位字
			回送双字表达式的低位字
	HIGH	HIGH expression	定义表达式的各种属性，例如数据类型、存储方式和访问权限等
	LOW	LOW expression	
	HIGHWORD	HIGHWORD expression	
	LOWWORD	LOWWORD expression	
	OPATTR	OPATTR expression	
宏	&	& parameter	展开时可把前后两个符号合并而形成一个符号
	%	% expression	把表达式的值转换成当前基数下的数取代哑元
	!	! char	取消该字符的特殊功能
	;	;	注释开始符，这种注释在宏展开时不出现

附录 3　DOS 功能调用（INT 21H）

AH	功能	调用参数	返回参数
00H	程序终止	CS=PSP 段基址	
01H	键盘输入字符并回显		AL=输入字符
02H	显示输出字符	DL=输出字符	
03H	辅助设备（COM1）输入		AL=输入数据
04H	辅助设备（COM1）输出	DL=输出字符	
05H	打印机输出	DL=输出字符	
06H	直接控制台 I/O	DL=FF（输入） DL=字符（输出）	AL=输入字符
07H	键盘输入字符（无回显）		AL=输入字符
08H	键盘输入字符（无回显） 检测 Ctrl-Break 或 Ctrl-C		AL=输入字符
09H	显示字符串	DS:DX=串地址 字符串以$结尾	
0AH	键盘输入字符缓冲区	DS:DX=缓冲区首地址 (DS:DX)=缓冲区最大字符数	(DS:DX+1)=实际输入的字符数
0BH	检测键盘输入状态		AL=00，有输入 AL=FF，无输入
0CH	清除缓冲区并请求指定的输入功能	AL=输入功能号（1、6、7、8）	
0DH	磁盘复位		清除文件缓冲区
0EH	指定当前默认的磁盘驱动器	DL=驱动器号 （0=A、1=B、……）	AL=系统中驱动器数
0FH	打开文件（FCB，文件控制块）	DS:DX=FCB 首地址	AL=00，文件找到 AL=FF，文件未找到
10H	关闭文件（FCB）	DS:DX=FCB 首地址	AL=00，目录修改成功 AL=FF，目录中未找到文件
11H	查找第一个匹配目录项（FCB）	DS:DX=FCB 首地址	AL=00，找到匹配目录项 AL=FF，未找到匹配目录项
12H	查找下一个匹配目录项（FCB）	DS:DX=FCB 首地址 使用通配符进行目录项查找	AL=00，找到匹配目录项 AL=FF，未找到匹配目录项
13H	删除文件（FCB）	DS:DX=FCB 首地址	AL=00，删除成功 AL=FF，文件未删除
14H	顺序读文件（FCB）	DS:DX=FCB 首地址	AL=00，读成功 AL=01，文件结束，未读到数据 AL=02，DTA 边界错误 AL=03，文件结束，记录不完整
15H	顺序写文件（FCB）	DS:DX=FCB 首地址	AL=00，写成功 AL=01，磁盘满或文件为只读文件 AL=02，DTA 边界错误
16H	创建文件（FCB）	DS:DX=FCB 首地址	AL=00，创建文件成功 AL=FF，磁盘操作有错

续表

AH	功能	调用参数	返回参数
17H	文件改名（FCB）	DS:DX=FCB 首地址	AL=00，文件被改名 AL=FF，文件未被改名
19H	取当前默认磁盘驱动器		AL=00 默认的驱动器号 0=A、1=B、2=C……
1AH	设置 DTA（磁盘缓冲区）地址	DS:DX=FCB 首地址	
1BH	取默认驱动器 FAT（文件分配表）信息		AL=每簇扇区数 DS:BX=指向介质指针 CX=物理扇区字节数 DX=每簇盘簇数
1CH	取指定驱动器 FAT 信息		同上
1FH	取默认磁盘参数块		AL=00，无错 AL=FF，出错 DS:BX=磁盘参数块地址
21H	随机读文件（FCB）	DS:DX=FCB 首地址	AL=00，读成功 AL=01，文件结束 AL=02，DTA 边界错误 AL=03，读部分记录
22H	随机写文件（FCB）	DS:DX=FCB 首地址	AL=00，写成功 AL=01，磁盘满或只读文件 AL=02，DTA 边界错误
23H	测定文件大小（FCB）	DS:DX=FCB 首地址	AL=00，成功（记录数填入 FCB） AL=FF，未找到匹配的文件
24H	设置随机记录号	DS:DX=FCB 首地址	
25H	设置中断向量	DS:DX=中断向量 AL=中断类型号	
26H	建立 PSP	DX=新 PSP 段基址	
27H	随机分块读（FCB）	DS:DX=FCB 首地址 CX=读取的记录数	AL=00，读成功 AL=01，文件结束 AL=02，DTA 边界错误 AL=03，读部分记录
28H	随机分块写（FCB）	DS:DX=FCB 首地址 CX=写入的记录数	AL=00，写成功 AL=01，磁盘满或只读文件 AL=02，DTA 边界错误
29H	分析文件名字符串（FCB）	ES:DI=FCB 首地址 DS:SI=ASCIZ 串 AL=分析控制标志	AL=00，标准文件 AL=01，多义文件 AL=FF，驱动器说明无效
2AH	获取系统日期		CX=年（1980～2099） DH=月（1～12） DL=日（1～31） AL= 星期（0～6）
2BH	设置系统日期	CX=年（1980～2099） DH=月（1～12） DL=日（1～31）	AL=00，成功 AL=FF，无效
2CH	获取系统时间		CH:CL=时:分 DH:DL=秒:1/100 秒

续表

AH	功能	调用参数	返回参数
2DH	设置系统时间	CH:CL=时:分 DH:DL=秒:1/100 秒	AL=00，成功 AL=FF，无效
2EH	设置磁盘检验标志	AL=00，关闭检验 AL=FF，打开检验	
2FH	获取 DTA 首地址		ES:BX=DTA 首地址
30H	获取 DOS 版本号		AX=发行号，版本号 BH=DOS 版本信息 BL:CX=序号（24 位）
31H	结束并驻留	AL=返回码 DX=驻留区大小	
32H	获取驱动器参数块	DL=驱动器号	AL=FF 驱动器无效 DS:BX=驱动器参数块地址
33H	Ctrl-Break 检测	AL=00 取标志状态	DL=00，关闭 Ctrl-Break 检测 DL=01，打开 Ctrl-Break 检测
35H	获取中断向量	AL=中断类型	ES:BX=中断向量
36H	获取空闲磁盘空间	DL=驱动器号 0=默认、1=A、2=B……	成功:AX=每簇扇区数 BX=可用簇数 CX=每扇区字节数 DX=磁盘总簇数
38H	设置/获取国别信息	AL=00，获取当前国别信息 AL=FF，国别代码放在 BX 中 DS:DX=信息去首地址 DX=FFFF，设置国别代码	BX=国别代码（国际电话前缀码） DS:DX=返回的信息区首址
39H	建立子目录	DS:DX=ASCIZ 串地址	AX=错误码
3AH	删除子目录	DS:DX=ASCIZ 串地址	AX=错误码
3BH	设置目录	DS:DX=ASCIZ 串地址	AX=错误码
3CH	建立文件（handle）	DS:DX=ASCIZ 串地址 CX=文件属性	成功：AX=文件代号 失败：AX=错误码
3DH	打开文件（handle）	DS:DX=ASCIZ 串地址 AL=访问和文件共享方式 0=读，1=写，2=读/写	成功：AX=文件代号 失败：AX=错误码
3EH	关闭文件（handle）	BX=文件代号	失败：AX=错误码
3FH	读文件或设备（handle）	DS:DX=数据缓冲区地址 BX=文件代号 CX=读入的字节数	成功：AX=实际读入字节数 AX=0，已到文件尾 失败：AX=错误码
40H	写文件或设备（handle）	DS:DX=数据缓冲区地址 BX=文件代号 CX=写入的字节数	成功：AX=实际写入字节数 失败：AX=错误码
41H	删除文件	DS:DX=ASCIZ 串地址	成功：AX=00 失败：AX=错误码
42H	移动文件指针	BX=文件代号 CX:DX=位移量 AL=移动方式	成功：DX:AX=新文件指针位置 失败：AX=错误码
43H	设置/获取文件属性	DS:DX=ASCIZ 串地址 AL=00，获取文件属性 AL=01，设置文件属性 CX=文件属性	成功：CX=文件属性 失败：AX=错误码

续表

AH	功能	调用参数	返回参数
44H	设备驱动程序控制	BX=文件代号 AL=设备子功能代码（0～11H） 0=取设备信息 1=置设备信息 2=读字符设备 3=写字符设备 4=读块设备 5=写块设备 6=获取输入状态 7=获取输出状态，…… BL=驱动器代码 CX=读/写的字节数	成功：DX=设备信息 AX=传送的字节数 失败：AX=错误码
45H	复制文件代号	BX=文件代号1	成功：AX=文件代号2 失败：AX=错误码
46H	强行复制文件代号	BX=文件代号1 CX=文件代号2	失败：AX=错误码
47H	获取当前目录路径名	DL=驱动器号 DS:SI=ASCIZ 串地址 （从根目录开始的路径名）	成功： DS:SI=当前 ASCIZ 串地址 失败：AX=错误码
48H	分配内存空间	BX=申请内存字节数	成功： AX=分配内存初始段基址 失败：AX=错误码 BX=最大可用空间
49H	释放已分配内存	ES=内存起始段基址	失败：AX=错误码
4AH	修改内存分配	ES=原内存起始段基址 BX=新申请内存字节数	失败：AX=错误码 BX=最大可用空间
4BH	装入/执行程序	DS:DX=ASCIZ 串地址 ES:BX=参数区首地址 AL=00，装入并执行程序 AL=01，装入程序但不执行	失败：AX=错误码
4CH	带返回码终止	AL=返回码	
4DH	获取返回代码		AL=子出口代码 AH=返回代码 00=正常终止 01=用 Ctrl-C 终止 02=严重设备错误终止 03=用功能调用 31H 终止
4EH	查找第一个匹配文件	DS:DX=ASCIZ 串地址 CX=属性	失败：AX=错误码
4FH	查找下一个匹配文件	DTA 保留 4EH 的原始信息	失败：AX=错误码
50H	设置 PSP 段基址	BX=新 PSP 段基址	
51H	获取 PSP 段基址		BX=当前运行进程的 PSP
52H	获取磁盘参数块		ES:BX=参数块链表指针
53H	把 BIOS 参数块（BPB）转换为 DOS 的驱动器参数块（DPB）	DS:SI=BPB 的指针 ES:BP=DPB 的指针	

续表

AH	功能	调用参数	返回参数
54H	获取写盘后读盘的检验标志		AL=00，检验关闭 AL=01，检验打开
55H	建立 PSP	DX=建立 PSP 的段基址	
56H	文件改名	DS:DX=当前 ASCIZ 串地址 ES:DI=新 ASCIZ 串地址	失败：AX=错误码
57H	设置/读取文件日期和时间	BX=文件代号 AL=00，读取日期和时间 AL=01，设置日期和时间 (DX:CX)=日期:时间	失败：AX=错误码
58H	获取/设置内存分配策略	AL=00，获取策略代码 AL=01，设置策略代码 BX=策略代码	成功：AX=策略代码 失败：AX=错误码
59H	取扩充错误码	BX=00	AX=扩充错误码 BH=错误类型 BL=建议的操作 CH=出错设备代码
5AH	建立临时文件	CX=文件属性 DS:DX=ASCIZ 串（以结束）地址	成功：AX=文件代号 DS:DX=ASCIZ 串地址 失败：AX=错误代码
5BH	建立新文件	CX=文件属性 DS:DX=ASCIZ 串地址	成功：AX=文件代号 失败：AX=错误代号
5CH	锁定文件存取	AL=00，锁定文件指定的区域 AL=01，开锁 BX=文件代号 CX:DX=文件区域偏移值 SI:DI=文件区域的长度	失败：AX=错误代码
5DH	获取/设置严重错误标志的地址	AL=06，获取严重错误标志地址 AL=0A，设置 ERROR 结构指针	DS:SI=严重错误标志的地址
60H	扩展为全路径名	DS:SI=ASCIZ 串地址 ES:DI=工作缓冲区地址	失败：AX=错误代码
62H	取 PSP 地址		BX=PSP 地址
68H	刷新缓冲区数据到磁盘	AL=文件代号	失败：AX=错误代码
6CH	扩充的文件打开/建立	AL=访问权限 BX=打开方式 CX=文件属性 DS:SI=ASCIZ 串地址	成功：AX=文件代号 CX=采取的动作 失败：AX=错误代码

参考文献

［1］沈美明，温冬婵. IBM-PC 汇编语言程序设计[M]. 北京：清华大学出版社，2001.

［2］王庆生. 汇编语言程序设计教程[M]. 北京：人民邮电出版社，2013.

［3］廖智. 80x86 汇编语言程序设计[M]. 北京：机械工业出版社，2004.

［4］杨文显. 汇编语言程序设计简明教程[M]. 北京：电子工业出版社，2005.

［5］王成耀，姚琳. 汇编语言程序设计[M]. 北京：机械工业出版社，2003.

［6］王爽. 汇编语言[M]. 3 版. 北京：清华大学出版社，2013.

［7］郑晓薇. 汇编语言[M]. 北京：机械工业出版社，2014.

［8］钱晓捷. 汇编语言程序设计[M]. 5 版. 北京：电子工业出版社，2018.

［9］孙巧稚. 基于 MIPS64 指令子集的 RISC 处理器的设计与实现[D]. 南京：南京航空航天大学，2015.

［10］廖建明. 汇编语言程序设计[M]. 北京：清华大学出版社，2009.

［11］何云华，肖珂，曾凡锋，等. 汇编语言程序设计——基于 x86 与 MIPS 架构[M]. 北京：北京邮电大学出版社，2022.

［12］左冬红. 计算机组成原理与接口技术——基于 MIPS 架构[M]. 2 版. 北京：清华大学出版社，2020.

［13］谭志虎，周军龙，肖亮. 计算机组成原理实验指导与习题解析[M]. 北京：人民邮电出版社，2022.

［14］胡伟武. 计算机体系结构基础[M]. 北京：机械工业出版社，2017.